国家自然科学基金面上项目（51878139）

提升空间防灾效能的城市设计策略

——以多层及低层居住街区紧急疏散避难为对象

蔡凯臻　高源　金佳林　著

图书在版编目（CIP）数据

提升空间防灾效能的城市设计策略 ：以多层及低层居住街区紧急疏散避难为对象 / 蔡凯臻，高源，金佳林著. -- 天津 ：天津大学出版社，2024. -- ISBN 978-7-5618-7753-1

Ⅰ. X4；TU984.11

中国国家版本馆 CIP 数据核字第 2024BM7985 号

《提升空间防灾效能的城市设计策略——以多层及低层居住街区紧急疏散避难为对象》| TISHENG KONGJIAN FANGZAI XIAONENG DE CHENGSHI SHEJI CELÜE——YI DUOCENG JI DICENG JUZHU JIEQU JINJI SHUSAN BINAN WEI DUIXIANG

出版发行	天津大学出版社
地　　址	天津市卫津路 92 号天津大学内（邮编：300072）
电　　话	发行部：022-27403647
网　　址	www.tjupress.com.cn
印　　刷	廊坊市瑞德印刷有限公司
经　　销	全国各地新华书店
开　　本	787 mm × 1 092 mm 1/16
印　　张	16
字　　数	317 千
版　　次	2024 年 11 月第 1 版
印　　次	2024 年 11 月第 1 版
定　　价	80.00 元

内容介绍

在我国城镇环境中，多、低层居住街区防灾安全隐患多、空间利用资源有限、疏散避难能力不足的现象普遍存在。本书面对多、低层居住街区防灾建设与改造的现实需求，从城市设计的视角，研究与探讨提升空间疏散避难效能的设计策略。

本书首先概述城市防灾安全规划、防灾空间、安全城市设计等理论基础，主要针对地震及其引发的火灾，论述防灾疏散避难行动及其空间环境的基本框架；继而梳理多、低层居住街区层面紧急疏散避难的时空过程和主要威胁，分析空间要素及形态对疏散避难可达性、安全性的影响与评价，从距离和风险累积的视角，阐释空间形态对疏散避难效能的影响过程与作用机制；最后，从可达效能、安全效能和分层整合3个方面，提出空间疏散避难效能提升的城市设计策略，并对相关案例进行引介与探讨，以期补充和完善多、低层居住街区防灾安全的基础研究，推动相关规划设计研究及更新改造实践的发展。

本书适合建筑学、城市设计、城市规划及防灾减灾相关领域的专业人员和建设管理者使用，也可供高等院校相关专业的师生参考。

作者介绍

蔡凯臻，博士，东南大学建筑学院副教授，硕士生导师，建筑系副主任。

2009年迄今于东南大学建筑学院任教，主要从事城市设计与建筑设计的教学、研究与创作，长期承担建筑设计与城市设计课程本科教学。

主要研究方向为城市设计与建筑设计，重点关注城市空间形态与安全韧性的关联研究。主持国家自然科学基金面上项目1项及省部级科研项目1项。

出版专著2部及译著1部，其中专著为:《安全城市设计——基于公共开放空间的理论与策略》(蔡凯臻，王建国 著)、(国外著名建筑师丛书第3辑)《阿尔瓦罗·西扎》(蔡凯臻，王建国 编著)；参编“十二五”国家级规划教材《城市设计》(第2版)，于《建筑学报》等期刊发表论文10余篇；参与及主持城市设计和建筑设计创作项目20余项；参与的项目获省部级以上设计奖9项，其中全国建筑设计行业优秀勘察设计奖一等奖1项、江苏省优秀工程设计一等奖1项。

目 录 Contents

4 多、低层居住街区紧急疏散避难的空间与效能

5 多、低层居住街区空间形态对疏散避难效能的影响

1 绪论

1.1 研究背景

1.1.1 多、低层居住街区空间防灾效能提升的诉求与问题

居住社区是城市居民生活和城市治理的基本单元。近10年来，我国国家及地方层面将“进一步提升社区的防灾减灾救灾能力”作为城市安全建设的重要目标[①]。中国地震局等部门也大力创建“国家地震安全示范社区”。在推进防灾避难场所修建的同时，提升居住街区空间的避震疏散效能，是我国城市防灾安全建设的关键问题。2020年，由于居住社区在规模、设施、公共活动空间、物业管理覆盖面、管理机制等方面存在突出问题和短板，与人民日益增长的美好生活需要还有较大差距，住房和城乡建设部等部门提出到2025年基本补齐设施短板，建设安全健康、设施完善、管理有序的完整居住社区[②]。在推进防灾避难场所修建的同时，提升居住社区及街区空间的避震疏散效能，是建设完整居住社区和营造美好生活环境的必要途径，也是我国城市防灾安全建设的关键问题。

自2008年汶川地震后，我国城镇防灾避难场所等防灾空间的建设加速发展。防灾避难场所主要针对地震灾害,按照其体系构成和尺度分级，紧急避难场所与规划设计中的地块一街区尺度基本对应，居住街区是防灾疏散避难的基本空间单元。

在城市环境中，以低层、多层建筑为主的居住街区主要为既有住区，存量大、分布广。在物质空间层主要面，这些居住街区的防灾安全面临诸多问题。许多建筑建设年代久远，较为老旧，抗震设防标准低，建筑结构抗震和防火性能较低，地震发生时易于发生倒塌和出火等严重破坏。同时，居住区内存在大量的火源以及燃气电力等管线设施，也易于发生火灾等次生灾害，多、低层居住街区整体上具有高受害风险。从疏散避难的角度，多、低层居住街区人口和财产集中，需要大量的疏散避难空间才能满足防灾要求。但由于建筑密度较高，道路狭窄，其宽度普遍难以达到防救灾通道要求，绿地、广场等开放空间数量明显

不足，可用作疏散避难通道和场所的空间缺乏。同时，道路与开放空间的空间结构及形态布局缺乏防灾角度的系统性组织，震时可能发生建筑倒塌、出火、坠物的建筑要素广泛分布，易于造成疏散通道堵塞、避难场所有效面积较少等不利情况，也会危及上述避难空间的安全和使用效率，显著降低疏散避难空间的实际效能，加之防救灾设备设施配置不足或缺乏维护，进而加剧多、低层居住街区的灾害损失。

在1993年和2018年先后颁布的两版国家标准《城市居住区规划设计规范》(GB 50180-93)、《城市居住区规划设计规范》(GB 50180-2018)和其他居住街区规划设计的相关规范中，包含社区规模、用地指标、规划布局与空间环境、公共服务设施、绿地、道路、管线等方面的内容，主要满足日照、通风、交通、活动、公共服务等日常生活需求，对于防灾避难角度的规划设计虽在部分条目中有所涉及，但仍缺少系统性的考虑和规定。因而，对于既有和新建的多、低层居住街区，均缺乏针对防灾疏散避难的整体性规划设计指导，防灾应急疏散避难通道和应急避难场所也未能得到合理配置和布局，难以建构完整有效的防灾疏散避难空间系统，致使多、低层居住街区普遍存在防灾安全隐患。而既有多、低层居住街区由于空间资源有限、牵涉因素繁多、整体改造困难等，也广泛存在空间疏散能力较弱的现象，尤其是广泛分布于各个城市中1980—2000年间建造的大量老旧小区，成为城市防灾的高风险区域和防灾安全建设的薄弱环节。

总体上，街区是灾时第一时间逃生避险的关键领域，疏散避难行动、受灾风险水平与空间环境特征具有密切联系。如何通过合理的规划设计，提升居住街区空间的避震防灾效能，是城市防灾安全建设的重点与难点。

1.1.2 多、低层居住街区空间形态对于疏散避难的重要影响

与城市及片区尺度相比，居住街区避震疏散行动及空间环境具有自身特征。地震发生时，居民主要以步行方式自住宅向外部空间疏散，自发或有组织地就地就近避难，是灾时从住宅等建筑至紧急避难场所最为关键的“第一个500 m”(步行5~10 min之内)，其行动效果与灾害强度、心理行为、人流密集程度、环

境熟悉度、组织演练等因素有关。相对而言，居住街区中的居民较为熟悉疏散路径和避难场所等信息，步行疏散的选择调整也具有一定灵活性，在疏散避难空间容量规模一定的条件下，安全风险最小和可达距离最短是居民疏散路径及场所选择决策的关键因素，也是空间避震疏散效能的基本要求。

国内外多次震害表明，影响步行疏散空间安全与可达效能的除道路等步行空间自身断裂、隆起破坏之外，还包括建筑物倒塌破坏、出火、坠物等风险要素。其中，震时建筑物倒塌产生废墟和瓦砾是造成疏散路径有效宽度减小甚至完全阻断的主要原因[3]。建筑倒塌风险与建筑抗震设防类别、场地条件、结构类型、建造年代等因素相关。与高层居住街区相比，多、低层居住建筑主要为框架混合、砌体、砖等结构类型，地震时倒塌风险较高[4]。而且，即使是满足抗震设计规范设防等级要求的建筑，在发生高于基本烈度2度的大震和强震时，其倒塌率也会明显上升。此外，地震发生时，居住街区中餐饮、厨房、电力及燃气设施易发生局部出火，建筑附属物空调外机、雨篷、招牌、外饰面材料等也易于坠落伤人，也会影响疏散空间及疏散行动。

与城市及片区尺度相比，多、低层居住街区建筑密度较高，建筑与疏散路径和避难场所紧临分布、相互嵌套，难以依托宽阔道路及空地等空间建立连续的安全防护，疏散行动易于受到建筑的直接影响。若街区尺度、避难场所位置、路网形态等组织不当，易于造成疏散距离过长、安全风险过高，即使疏散避难空间满足宽度及面积等容量要求，其实际效能也会大幅降低、甚至完全失效。日本阪神·淡路地震时，大阪等地的居住街区中许多建筑倒塌、出火，阻断街道，大量居民疏散迟滞和中断。汶川地震中受害的都江堰及绵阳等地，也有许多开放空间和道路因布局不当而未被利用，同时却有许多居民滞留于受害区域[5]。

我国台湾“集集大地震”中，因住家附近缺少适宜疏散路径和避难场所，超过50%的居民绕行至较远的学校和公园避难，疏散距离、安全风险和周边区域疏散负荷均明显增加[6]。

多、低层居住街区中建筑、道路及步行路径、开放空间构成的空间形态特征对于避震疏散的安全性与可达性等效能具有重要影响。

1.1.3 多、低层居住街区空间疏散避难效能提升的城市设计途径

近年来，从物质空间规划设计层面对于多、低层居住街区空间防灾疏散避难问题的研究逐步获得关注。现有研究主要以高密度老旧住区等高风险街区为对象，关注其防灾空间体系的理论建构（胡斌，吕元，2008）、疏散避难的行为学规律（胡继元，叶珊珊，翟国方，2009）、避难路径选择模式及其空间特征（林姚宇，丁川，吴昌广，等，2013）、避难道路评价方法与设计策略（王江波，戴慎志，苟爱萍，2014）、开放空间等避难场所的规划控制（卜雪旸，曾坚，2009；曾坚，左长安，2010）和防灾空间系统的改造对策（孔维东，曾坚，钟京，2014）等方面的问题，在规划层面取得丰富成果和显著进展，并对相关规范标准的完善与施行具有支撑作用（马东辉，周锡元，苏经宇，等，2006）。

值得关注的是，相关研究以往主要关注疏散道路及避难场所系统自身的容量结构控制和局部重点空间的安全控制，近来逐步趋向疏散避难空间容量配置、结构布局、形态组织与防灾设施的系统整合。在实践中，防灾疏散避难的相关规划成果侧重于较为刚性的系统构成分级与容量指标分解。而在居住街区相关空间规划的落实与深化中，面对受容积率、日照等条件约束形成的街区空间总体框架，由于建筑、道路路径与开放空间组合形态丰富多样，加之疏散路径选择时安全与可达的权衡取舍、局部与整体效能提升效率的潜在矛盾，在进行建筑空间形态组织的优选判断和设计决策时，往往难以有效确保空间避震疏散效能的充分发挥。

因此，需要从城市设计的视角进行多、低层居住街区防灾疏散避难空间的研究，系统探究空间形态与空间避震疏散效能的关联性，探讨三维空间形态层面的方法与技术衔接，总结多、低层居住街区提升空间疏散避难效能的城市设计途径。

1.2 研究动态

1.2.1 城市设计与空间形态视角的防灾研究

总体上，虽然国内外学者及其城市设计相关论著大多将防灾等安全问题作为城市设计的具体目标，但现代城市设计针对城市防灾减灾的系统研究相对较少，基本上结合具体实践展开探讨。在1974年及1985年提出的美国夏威夷希罗（Hilo）市市区再开发规划中，针对海啸及其引发的洪水灾害，从城市设计层面提出了一系列空间设计策略。包括建筑选址和基础设施选址避开潜在洪水区域，尽可能位于海拔较高处；建筑采用底层架空形式；建造停车楼等形成阻挡海浪进入密集建成区的物质屏障；通过设置成角度的墙体、滨水台地，老结合植物和建筑布局，封堵和减缓水流，控制其速度与方向等措施⑦（图1-1）。

自20世纪90年代，现代城市设计将城市发展面临的主要问题纳入研究视野，在研究对象、理论目标、方法手段等方面不断创新和拓展，呈现出新的特点和发展方向。随着城市灾害的不断发生，人们日益强调防灾减灾应当成为空间环境日常开发过程的有机组成部分，并认为建成环境的设计是确保减灾原则和灾后恢复措施贯彻实施的本质方式。而在社区层面，基于防灾的建成环境设计包括交通、基础设

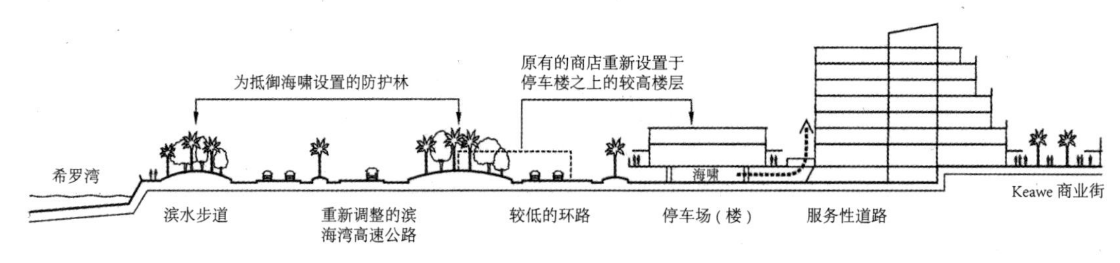

图1-1 夏威夷希罗市市区再开发规划应对海啸的城市设计示例

施、开放空间等系统和功能、构成、使用及形态等要素的组织[8]。诸多灾害经验与教训也表明，灾害严重性与城市空间形态格局的不合理具有密切关系，应当从包括空间形态组织在内的环境综合设计角度加以系统研究。这也引发了城市设计及空间形态研究领域的思考。

21世纪初，城市规划设计学界逐步意识到城市设计对于城市防灾等安全建设的作用。在美国2006年颁布的城市规划及设计标准中，倡导“鼓励包括自然灾害减灾措施的创新性城市设计原则”[9]。王建国（2005）在我国国家自然科学基金委员会《建筑、环境、土木工程学科发展战略》中所作的《21世纪初中国建筑和城市设计发展战略研究》专题报告，也强调“防灾减灾是中国21世纪建筑和城市设计学科的关键科学问题与重点建议研究方向”[10]。诸多学者先后探索和论证了城市形态及城市设计对于地震等灾害适灾韧性的作用，认为“城市形态与灾害的关联性策略研究是防灾减灾的重要机会”[11]。2016年第23届“城市形态国际论坛（Twenty-third International Seminar on Urban Form）”也以“城市形态和韧性城市”为主题，就城市形态、可持续性、气候变化、防灾减灾等方面展开积极探讨。实际上，从空间规划及设计角度减少建成环境的灾害弱点，增强防灾能力，在国际防灾减灾领域已经成为重要的研究方向之一，需要从空间形态和空间环境综合组织的城市设计角度展开系统研究，逐步获得学界的广泛共识。国内学者亦开始关注城市空间形态与城市防灾减灾的关系。吕元(2005)与金磊（2006）于理论认知层面认为“完整的防灾空间概念包括空间功能、结构及形态要素的整合”，而空间形态是疏散行为特征、疏散空间属性、空间构成要素等防灾相关要素相互影响的外显结果。段进等人（2003）探讨了基于城市防灾的城市空间总体形态优化对策，刘海燕（2005）分析了城市形态与城市防灾之间的辩证关系，主要从城市空间结构和城市用地形态等方面展开探讨。

在实践层面，日本东京都市整备局2003年启动了以防灾避难空间为主要对象的“防灾城市设计推进计划”(防災都市づくり推進計画)，其基本要点如下。防止震灾引发大规模街区大火的延烧遮断带建设、针对防震避难救援活动的广域城市防灾生活圈划设、紧急疏散道路两侧建筑抗震措施、安全居住街区的形成、针对防灾的街区整备及优先处置措施、结合地域特征的引导政策制订、避难场所及道路的建设等[12]。在城市规划建设中，东京都市整备局展开示范区域的城市设计工作，并将防灾避难空间的城市设计研究逐步覆盖整个区域，取得了阶段性成果，表明基于防灾避难的城市设计作为防灾空间规划建设的必要组成部分，已开始融入防灾空间规划的具体实践之中。

1.2.2 居住街区疏散避难空间研究与实践

由于地震灾害多发，日本自20世纪70年代开始针对城市中住宅密集的居住街区防灾展开深入研究。通常以地域危险性评价为基础，强调从城市规划、城市设计、土地整理及防灾设施的各个层面，通过灾害隔离带与防灾生活圈划设、防灾公园建设、防灾道路整备、空间形态布局优化来提升居住街区整体防灾机能。此后，日本在国家与地方层面，持续进行"安全街区"与"密集市街地防灾提升改造""1995年阪神地震后东京防灾规划""防灾城市设计推进计划"等建设实施。我国台湾地区主要借鉴日本经验，在居住区层面以中小学校结合医疗、治安、消防等形成防灾据点，建立覆盖500~600 m范围的基本避难单元。日本与我国台湾地区的相关研究除关注避难圈划设、避难场所及疏散道路规划、建筑抗震安全设计外，还重点探讨疏散避难路线选择、行为空间关系及其评价方法，多针对建筑倒塌、坠落物、出火及延烧危险、道路障碍物等要素，探讨疏散时间、距离、道路密度、街道调和比等空间及相关指标的评价[13]。

美国在联邦政府、州及地方政府层面建立了一套完备的城市安全规划与设计法规体系，疏散人口与疏散路径、避难场所规模、社区环境是灾害风险及易损性评估的重要因素。在《特殊事件的应急计划》和《建筑立面检查标准》等国家标准中，均强调紧急疏散情况下道路安全畅通的必要性，并针对建筑立面坠落物安全、应急场所设计等提出相应导则。而且，各城市还制定了灾害疏散规划及预案，强调保障用于疏散的城市道路及基础设施建设[14]。2007年纽约发布了《市区灾害紧急步行疏散预案》白皮书，明确提出建立街区层面步行疏散备灾体系的目标与计划[15]。

我国自2008年汶川地震后，城市应急避难场所等防灾空间和技术规范研究加速完善，城市防灾空间研究也逐步由城市、片区而深入街区尺度。居住街区层面不仅探讨社区防灾体系理论建构、避难空间选址布局及场地设计原则，也针对高风险老旧住区、高层住区的具体对象展开深入研究。林姚宇（2013）从行为学视角构建了疏散路径及避难场所选择决策的理论模型。常健与邓燕（2010）分析了不同社区空间结构的防灾疏散避难效应。曾坚及其研究团队针对既有住区现状问题，从防灾空间规划与建筑防灾能力提升的结合，土地利用、公共空间布局结构与设施的整合优化，宏观－微观多层面防灾空间体系、结构形态及防救灾设施体系的改造等方面，总结了居住区抗震减灾能力提升的空间规划及改造策略。王江波（2016）基于老旧住区居民疏散行为和路径选择的调查数据，分析了疏散空间特征，并从规划层面研究了避难圈划设方法，以及避难场所的布局模式及平面构型等具体策略。此外，戴慎志（2012，2015）不仅建构了城市综合防灾和疏散避难空间规划的完整体系，也提出慢行空间与公共避难空间的规划设计整合思路。周铁军（2017）系统梳理了商业中心区步行疏散空间的作用及构成，并确立了布局合理性、安全性、便利性等设计目标。上述成果具有广泛的学术影响，奠定了居住街区避震疏散行为、空间研究和规划设计的基础。

1.2.3 避震疏散效能及其空间形态研究

国内外学者针对疏散避难空间的容量适应性、可达性、安全性等核心要求，展开相应的效能分析与评价研究。

在避震疏散的可达性研究中，胡强(2010)以安全和效率为评价因子、徐嵩等人（2016）以时间和人口为评价因子，研究了山地城市及村落避难场所的可达性评价与布局。窦凯丽（2011）和付飞等人（2016）则将引力模型与空间句法结合，进行避难场所的可达性分析及传统城镇街道网络分析。Adam J. Mathews(2016) 运用GIS（地理信息系统）网络分析法，评价了避震疏散场所空间分布与服务状况。孙澄（2018）运用疏散模拟技术，针对东北地区居住区的路网结构特征提出相应的优化策略。上述研究多针对避难场所及疏散路网自身，引入城市交通、应急疏散等学科方法及空间网络分析、空间句法等分析方法。

在疏散空间安全性分析与评价的研究中，日本与我国台湾地区学者多依托丰富的震害调查资料展开。市川総子等人（2001）进行震时建筑倒塌、出火等影响要素的识别，并分析了其导致道路阻塞的疏散影响。郑军植等人（2008）建构了疏散路径安全性及路网信赖度的评价方法。

许多学者以相对单一的疏散路径为对象，展开多种视角的整合研究。陈亮全等（2003）根据街道高宽调和比、建筑物比、道路损坏概率等因子，评价路段避难救灾信赖度。周铁军等（2013）综合距离可达性、出火和坠物风险，结合概率前提设定，运用灰关联分析法进行商业中心区避难道路安全评价。

我国结构工程防灾等相关学科的学者

对建筑震害进行了较为深入的研究，包括建构建筑物震害矩阵，计算建筑倒塌等震害的发生概率（郭小东，苏经宇，马东辉，等，2006）；综合火源、可燃物质等条件，判定各类建筑物震时着火可能性（赵振东，余世舟，钟江荣，2003；郭惠，2013）；依据震时易坠物分布、发生比率、轨迹估算影响距离（高广华，周浩翔，王淼，等，2014）。此外，马东辉等人（2016）和孙澄等人（2017）运用计算机模拟，展开震时建筑倒塌情况及废墟的研究。

此外，我国学者已进行了从城市整体到街区尺度防灾疏散避难空间的评价研究。苏薇（2012）采用层次分析法构建了山地城市商业中心区避难疏散评价模型及指标体系。王峤、曾坚等人（2015）通过危险因子、暴露因子及脆弱因子等评价因子，建构了低层、多层和高层高密度城市中心区灾害风险评价方法。管友海等人（2010）使用层次分析法将人口、建筑、绿地、道路、疏散场所和危险源等因子进行权重转换，提出了街区疏散能力综合评价指数。

值得关注的是，日本逐步结合道路宽度、密度、距离指标与建筑倒塌、火灾等因素，并基于多年实际震害经验数据获得效能及空间因子相关关联，开发了针对建筑密集居住街区的地域综合危险度评价方法[16]。

总体上，物质空间规划设计是防灾减灾的研究重点之一。防灾疏散避难的相关规划研究在进行防灾疏散避难角度的功能匹配、土地利用、结构控制、设施配置等方面工作的同时，也需要从城市设计角度对空间形态、空间要素关系及设计组织进行深入研究。而在多、低层居住街区空间关于避震疏散的研究领域，相关研究越来越强调疏散避难空间容量配置、结构布局、形态组织与防灾设施的整合，从规划控制向设计深化逐步推进。基于疏散行动时空规律、居民疏散避难选择情景、安全与可达效能的综合要求，展开物质空间层面的分析评价与高效优化，逐步成为居住街区空间环境设计及形态组织的重要研究方向。但仍尚未从整体角度针对建筑、道路路径与开放空间所构成的街区三维形态架构，展开避震疏散安全与可达效能视角的系统研究，亦难以形成多、低层居住街区空间相关规划设计的有效参考。本书将充分针对建筑承载的主要风险要素，借鉴风险评价与空间网络等理论与方法的视角，主要基于疏散距离与安全风险在街区空间网络中逐步累积与差异分布的视角，研究空间形态对于疏散避难效能的影响，并探讨提升多、低层居住街区空间疏散避难效能的城市设计途径。

1.3 研究目标与方法思路

本书关注多、低层居住街区空间形态与避震疏散效能的关联研究，主要针对我国快速城市化背景下大量建设和普遍现存的多、低层居住街区，以及仍在建设的新建多、低层居住街区，对地震时发生的紧急步行疏散避难展开研究。在本书中，“街区空间形态”主要指建筑、道路路径与开放空间构成的街区三维空间形态，即建筑布局肌理—路径网络布局模式—开放空间位置组合形成的空间形态的基本框架。街区中开放空间、道路路网、建筑布局的组合多变，导致街区空间形态具有丰富的类型。多、低层居住街区在容积率、强度、日照间距等因素的控制下，同一类型在同一地域的变化范围不大，而在不同地域之间具有明显变化。在其三维空间形态中，水平维度主要是开放空间、道路、建筑布局、建筑单体的平面形态特征；垂直维度主要是建筑高度分布和疏散空间界面的竖向形态特征。

1.3.1 研究目标

本书力求实现以下目标。

（1）针对多、低层居住街区空间避震疏散效能提升的现实诉求，揭示从城市设计学科角度研究多、低层居住街区防震安全及其融入防灾安全规划及建设体系的合理性和可行性，初步建构从安全城市设计视角研究居住区震害等防灾安全课题的理论与内容架构。

（2）从安全城市设计的空间形态与环境设计角度，系统审视和论证多、低层居住街区中建筑与空间要素的安全意义，揭示街区建筑环境中的公共空间、空间要素、空间形态与避震疏散效能的关系，分析其影响过程、作用及规律，尝试建构空间形态对于避震疏散效能影响评价的基本方法框架。

（3）经由观念和对象层面的研究，总结形成具有操作可行性的多、低层居住街区避震疏散效能的安全城市设计优化途径与策略，为多、低层居住街区相关改造更新与规划设计实践决策提供指导和参考依据。

1.3.2 研究方法

本书从城市设计的视角，针对多、低层居住街区的防震安全，展开基于空间避震疏散效能的安全城市设计研究。

本书研究过程中主要采用的方法如下。

（1）多学科理论与方法的综合运用。基于本书研究内容的学科交叉特点，结合运用灾害学、防灾空间、安全城市设计等相关领域的理论与方法。

（2）理论推演与实证研究的结合。梳理相关研究成果，厘清基本问题，建构理论框架，借鉴相关学科原理进行层层推演，总结设计策略，并结合实地调查与相关实践，论证理论、原理、策略的可行性和科学性。

（3）定性及定量分析方法的结合。定性研究旨在分析和归纳多、低层居住区避震疏散行为、空间属性和空间要素影响的基本性质。定量分析主要通过相关资料和数据的对比分析，为居住区空间避震疏散效能、属性和优化途径的分析研究提供佐证和依据。

1.3.3 研究思路

本书主要因循问题提出—理论论述—空间属性分析—时空过程与空间影响分析—空间设计策略的基本思路。

（1）在理论层面，通过对国内外相关文献和案例的解读，把握城市防灾安全规划、现代城市设计对城市防灾研究的现状及趋势，主要针对地震及其引发的火灾，总结城市防灾安全规划、防灾空间、安全城市设计等领域的成果经验，概述多、低层居住街区防灾疏散避难相关研究的理论基础。

（2）运用相关理论及方法，从行动特征、空间构成、空间属性要求、空间与行动的关联等方面，论述防灾疏散避难行动及其空间环境的基本框架。

（3）梳理多、低层居住街区层面紧急疏散避难的时空过程和主要威胁，分析空间要素及空间形态对疏散避难可达性、安全性的影响与评价。

（4）分析疏散避难空间网络及其效能，

从距离和风险累积的视角，阐释空间形态对疏散避难可达和安全效能的影响过程与作用机制。

（5）从可达效能、安全效能和分层整合3个方面，提出空间疏散避难效能提升的城市设计策略，并对相关案例进行引介与探讨。

---

① 中华人民共和国国务院办公厅. 国务院办公厅关于印发国家综合防灾减灾规划（2016—2020年）的通知：国办发〔2016〕104 号[A/OL].（2017-01-13）[2023-02-21]. https://www.gov.cn/zhengce/zhengceku/2017-01/13/content_5159459.htm.

② 住房和城乡建设部. 住房和城乡建设部等部门关于开展城市居住社区建设补短板行动的意见：建科规〔2020〕7号[A/OL].（2020-08-18）[2022-12-05]. https://www.gov.cn/zhengce/zhengceku/2020-09/05/content_5540862.htm.

③ 塚门博司，戸谷哲男，中辻清恵. 阪神・淡路大震災における道路閉塞状况に関する研究[J]. 国際交通安全学会誌，1996，22（2）：21-31.

④ 范悦，周博. 汶川地震震害考察与震害研究体系化思考[J]. 大连理工大学学报，2009，49（5）：680-686.

⑤ 胡继元，叶珊珊，翟国方. 汶川地震的灾情特征、灾后重建以及经验教训[J]. 现代城市研究，2009(5)：25-32.

⑥ 李泳龙，何明锦，戴政安. 震灾境况条件下影响居民避难行为因素之研究：永康市为例[J]，建筑学报（台湾），2008，65（9）：27-44.

⑦ National Tsunami Hazard Mitigation Program(NTHMP). Designing for tsunamis：seven principles for planning and designing for tsunami hazards[EB/OL].（2001-05-01）[2024-04-19]. https://nws.weather.gov/nthmp/documents/designingfortsunamis.pdf.

⑧ GEIS D E. By design：the disaster resistant and quality-of-Life community[J]. The journal of natural hazards review，2000，1(3)：151-160.

⑨ American Planning Assoiation. Planning and urban dseign standards[M]. Hoboken, New Jersey:John Wiley & Sons, Inc. 2006.

⑩ 王建国. 21世纪初中国建筑和城市设计发展战略研究[J]. 建筑学报，2005(6)：5-10.

⑪ CASTILLO M M. The study of urban form and disaster: an opportunity for risk reduction[J]. Urban morphology，2016, 20（1）：69-71.

⑫ 東京都都市整備局. 防災都市づくり推進計画 [EB/OL].（2024-03-28）[2024-05-20]. https://www.funenka.metro.tokyo.lg.jp/promotion-plan/.

⑬ 浅见泰司. 居住环境评价方法与理论[M]. 高晓路，张文忠，李旭，等，译. 北京：清华大学出版社，2006.

⑭ BARBERA J A, MACINTYRE A G. US emergency and disaster response in the past, present, and future: the multi-faceted role of emergency health care[M/OL]//PINES J M，ABUALENAIN J，SCOTT J,et al.Emergency care and the public’s health. Chichester:John Wiley & Sons Ltd，2014:111-126.[2024-02-15].https://onlinelibrary.wiley.com/doi/epdf/10.1002/9781118779750.

⑮ ERCOLANO J M. Pedestrian disaster preparedness and emergency management: white paper for executive management[R/OL].（2007-07-16）[2023-06-15]. https://www.dot.ny.gov/divisions/engineering/design/dqab/dqab-repository/PedDisasterPlans.pdf.

⑯ 東京都都市整備局. あなたのまちの地域危険度：地震に関する地域危険度測定調査報告書（第7回）[R]. 东京：昭和商事株式会社，2013.

2 理论基础概述

2.1 地震灾害及城市防灾规划相关理论

2.1.1 城市地震灾害及其表现

地震是一种自然现象，表现为在地壳快速释放能量的过程中造成振动，并产生地震波。地震及其灾害具有突发性，破坏范围广，破坏程度高，是严重威胁城市和居民生命财产安全的主要自然灾害。

在城镇环境中，强烈地震的直接灾害首先是房屋等建构筑物的大面积破坏和倒塌，并导致大量人畜伤亡。次生灾害主要为火灾，以及危险物爆炸、有毒气体扩散等。而且，地震还会造成道路开裂、铁轨扭曲、桥梁折断，供电、供水等基础设施管道破裂和切断，城市交通及生命线系统中断，发生停水、停电和通信受阻，疏散避难和救援活动无法有效实施，继而引发社会恐慌、秩序混乱、停工停产等广泛危害。

地震是对人类危害最大和造成伤亡最多的自然灾害。在世界范围内，许多城市曾发生强烈地震，并导致严重灾害。当地时间3月1日，土耳其灾害与应急管理局称，2023年2月6日，土耳其南部发生7.7级地震，造成重大人员伤亡和财产损失。截至4月14日，已有31万栋建筑物受损，50 500人遇难，370多万人流离失所[①]（图2-1）。

我国地处世界环太平洋地震带与欧亚地震带之间，地质构造复杂，地震活动频繁，是世界上大陆地震多发的国家之一。在我国各类自然灾害中，因地震死亡的人数占比达到50%。在我国许多城市和地区也曾发生严重震害。1976年中国河北唐山地震中，70% ~ 80%的建筑物倒塌，人员伤亡惨重。2008年我国发生的“5・12”汶川地震造成巨大人员伤亡和财产损失，是新中国成立以来破坏性最强、波及范围最广、灾害损失最重、救灾难度最大的一次地震。震中位于四川省汶川县，震级为里氏8.0级，最大烈度达11度，严重破坏地区约50万平方千米。截至2008年9月25日，共计造成69 227人遇难、17 923人失踪、374 643人不同程度受伤、1 993.03万人失去住所，受灾总人口达4 625.6万人，直接经济损失8 451.4亿元[②]（图2-2）。此后，先后发生2010年青海玉树特大地震、2013年四川雅安特大地震。2015年以后，我国发生6级以上地震10余次。

我国地震基本烈度 7度以上地区占国土总面积的32.5%，位于地震基本烈度6度及6度以上地区的城市接近80%，超过50%的大中城市位于地震基本烈度7度及7度以上地区，其中北京、天津等超大城市和西安、南京等特大城市位于基本烈度8度的高危区域[③]。城市及建筑的抗震设防与安全保障，是我国城镇防灾减灾建设的重要内容。

图2-1 2023年土耳其“2·6”地震中倒毁的居住建筑

图2-2 2008年汶川“5·12”大地震中北川县城倒毁的居住建筑

地震引发的次生灾害中，火灾是最常见和危害最严重的灾害类型。地震火灾大多是因地震时房屋倒塌而引起的。各类化学危险品生产和储存场所、各类加油站、液化气站等易燃易爆场所易于在地震中引发大规模灾害。在建筑和人口集中的城市中，主要为各类生活设施引起的次生火灾。地震时建筑倒塌，屋内炉灶倾倒、燃气管道破裂、电路损坏、火源失控，容易发生局部出火。由于震后城市道路及消防供水设施受损，消防救援行动难度增大，效率降低，社会秩序较为混乱，难以及时有效地控制火势，若建筑及空间环境过度密集，加之风向风力等不利天气条件，火势易于蔓延扩散，形成街区大火乃至城市大火，造成大规模次生火灾。日本关东地震发生于1923年9月1日中午，当时东京大多数居民正在做午饭，地震使室内炉灶翻倒，火炭飞溅。大多数民居为木构建筑，耐燃性低，顿时起火。由于供水管道在地震中破坏严重、无法使用，城市消防设施系统瘫痪，全城一片火海，大火持续数天。在这次地震和大火中，东京30万幢建筑损毁。1995年1月17日日本阪神大地震发生的当天，仅神户市内就起火147起，几天之内相继发生多处火灾，共烧毁100万平方米建筑，因火灾死亡的人数占总死亡人数的10%[④]。

2.1.2 灾害系统论

灾害系统理论认为，完整的灾害过程及灾害系统由灾害(D)、孕灾环境(E)、致灾因素(H)、承灾体(S)构成。灾害形成的完整机制可用公式$D = E \cap H \cap S$来表述。致灾因素可以分为自然致灾因素、人为致灾因素及环境致灾因素。地震、洪水、海啸、滑坡、泥石流、台风、火山喷发等属于自然致灾因素。危险品爆炸、核泄漏、战争、动乱、交通事故等属于人为致灾因素。环境致灾因素因自然、人为因素相互作用而导致环境系统及要素变化而形成。承灾体包括人类本身、各类财产与物质资源等要素，是致灾因素作用的对象。灾害是各种致灾因素对承灾体的作用结果，比如人的伤亡及心理影响、建筑物破坏等财产损失、生态环境及资源破坏、直接或间接经济损失等。孕灾环境是灾害形成与产生的自然环境和人为环境。

根据灾害系统论，孕灾环境、致灾因素和承灾体相互关联并相互影响，决定了灾害的程度。致灾因素是灾害的源头，承灾体是灾害发生的必要条件。致灾因素的强度越大、频率越高和持续时间越长，承灾体发生损失的可能性就越高。承灾体适应和承受灾害的能力影响灾害的严重程度。孕灾环境对致灾因素和承载体都具有影响。一方面，自然环境条件会影响致灾因素，比如气候变化、水土流失等因素加剧洪水、海啸、滑坡、泥石流等致灾因素的形成过程、发生频率和作用强度。另一方面，承载体所处的物质环境、文化环境、技术环境也会导致承灾体具有不同水平的适灾和承灾能力。承灾体承灾能力与致灾因素作用的相对关系决定了灾害是否发生及其发生的严重程度。孕灾环境的稳定性、致灾因素的风险性、承灾体的脆弱性相互关联并相互影响，决定了灾害造成损失的程度⑤。

2.1.3 灾害风险理论

灾害风险是安全科学及防灾减灾的重要研究内容。风险通常被定义为特定危害性事件发生的可能性与其危害后果的组合，由风险因素、风险事故、损失三者构成。

因此，灾害风险是一定时空范围内特定灾害事件发生的可能性与其灾害后果的组合。从灾害发生的过程角度，灾害风险由危险因子（致灾因子）、灾害事件和灾害损失3个要素构成。其中，危险因子指引起灾害事件发生或提高其发生机会的条件，是灾害事件发生的潜在原因。灾害事件指导致损失的偶发事件，是造成灾害损失的直接或外在原因。灾害损失通常指非预期和非故意的经济等方面价值的减少。若考虑到承灾体的实际影响，灾害风险的构成要素主要包括危险因子、暴露因子、脆弱因子和适灾程度，灾害风险水平的高低取决于危险度、暴露度、脆弱度和适灾度。危险度体现了危险因子导致灾害发生的可能性，暴露度体现了人员和财产受灾害影响的可能性，脆弱度体现了灾害下人员和财产的脆弱程度，而承灾体适灾程度指其对于灾害的应对能力，决定了承灾体受到灾害影响程度的大小。适灾程度高则受到灾害影响小，反之则受到影响大。

灾害风险评估是对灾害致灾因子发生概率和可能造成的人口、经济、环境、基础设施等损失的评估。灾害风险评估通常包括危险因子分析、暴露要素分析、脆弱性分析、灾损量化分析及风险建模等环节，是灾害风险管理及防灾减灾的关键基础。

一般认为，灾害风险评估包括广义与狭义2种类型。广义的灾害风险评估在对孕灾环境、致灾因子、承灾体分别进行风险评估的基础上，评估整个灾害系统的风险水平。狭义的风险评估主要是针对致灾因子造成的风险进行评估，假定一定时间内承灾体的脆弱性与恢复力相对不变，仅评估不同水平致灾因子发生的可能性及其造成的损失。狭义的灾害风险可以用致灾因子的发生概率与其造成的损失后果进行描述，其灾害风险评估模型的表述如下：

$R=P\times C$（即致灾因子的发生概率与其所造成的后果的乘积）。

式中，

R为灾害风险，P为致灾因子的发生概率，C为致灾因子造成的损失后果。

多年来，国内外学者从多个领域不断深化研究并取得进展。总体上，灾害风险评估的基本路径大致包括三类：基于既往灾害数据的数理统计、规律分析及预测，进行风险概率建模与评估；通过指标选取、指标优化及权重计算，进行基于指标体系的风险评估⑥。

近年来，在深入研究灾害系统内在机制的基础上，灾害风险评估越发注重从社会、经济、行为等方面对可接受风险水平的研究。而且，城市灾害风险评估还愈发强调动态性和综合性，以理解灾害引发的灾害链、多种灾害相互关联的复合灾害及各环节的风险水平，为城市综合防灾减灾提供理论研究和科学决策的基础和前提。

2.1.4 城市防灾规划理论

城市灾害是指以城市为发生地点或影响范围的灾害，以城市为承灾体，对城市空间和系统中的生命财产和社会财富造成危害。城市灾害往往是自然要素发展演化的自然灾害和城市建设等人为活动的负面作用相互叠加的结果。城市中各类致灾源头众多，空间和社会环境复杂，因而，城市灾害具有发生频次高、易于引发次生灾害和灾害扩大连锁效应、灾害损失大、难以恢复等特点。

根据《城市规划基本术语标准》（GB/T 50280—98），城市防灾 (urban disaster prevention) 是指为抵御和减轻各种自然灾害和人为灾害及由此而引起的次生灾害，对城市居民生命财产和各项工程设施造成危害的损失所采取的各种预防措施。城市综合防灾应对城市各类自然灾害与人为灾害、原生灾害与次生灾害，涵盖灾前、灾中、灾后的全部阶段，包括针对灾害的防灾、减灾、抗灾、救灾及灾后重建，即对灾害的监测、预报、防护、抗御、救援和灾后恢复重建等全部活动。城市综合防灾主要由防灾监测与预警系统、防灾组织指挥系统、防灾专业设施系统、防灾生命线系统和防灾支持系统构成，注重综合运用工程、规划和管理的防灾措施，具有多灾种、多手段和全过程的特点。

城市综合防灾规划通过多种手段合理配置资源，科学应对城市主要灾害类型，降低城市综合风险水平，提升城市综合防灾能力，保障城市居民的生命财产安全和社会经济的可持续发展。在实际工作中，城市综合防灾规划针对城市主要灾害展开风险评估，判别城市总体和内部分区的风险水平，从政策法规、物质空间、工程技术、应急组织管理等方面，制订系统性的规划对策，并为城市单项防灾规划提供框架和依据。在城市规划中，针对物质空间的城市综合防灾规划主要从防灾安全角度对土地利用、空间布局和各项防灾工程、防灾空间与防灾设施进行综合安排。就规划编制的体系层次而言，与城市总体规划和城市详细规划相对应，城市综合防灾规划可以分为城市防灾总体规划和城市综合防灾详细规划2个层次。

世界各国都在城市综合防灾规划领域的理论与实践层面展开积极探索。美国的城市综合防灾规划强调工程性和非工程性减灾手段的综合运用，包括综合减灾和灾害应急管理。美国联邦紧急措施署 (FEMA) 也提出灾害风险周期的理论，认为灾害风险管理的工作内容与灾害循环周期关系密切，可分为减灾阶段 (mitigation)、灾前准备阶段 (preparedness)、应急响应阶段 (response)、复原重建阶段 (recovery)4个阶段，各阶段具有不同的目标、任务和内容。日本在1995年发生阪神大地震遭受重大损失后提出安全都市理念，并制订和推广以《神户市复兴计划》为代表的一系列防灾规划，在国家和地方各个层面强调建构安全都市的目标，通常强调基本方针、防灾生活圈、防灾都市基础和防灾管理4个方面。基本方针主要包括生活圈形成、日常性灾害调和，以及居民、专业技术人员和政府的防灾责任。防灾生活圈主要划设各层级生活圈及各自的防灾据点和指挥所，以构建令人安全和安心的生活空间环境。防灾都市基础主要规划各级防灾轴、防灾据点体系和都市生命线系统，形成确保防灾安全的城市基本空间架构。防灾管理旨在提升城市防灾救灾能力，主要制订灾害预防、紧急应变、灾害救援、灾后重建和防灾教育活动的计划。在防灾规划编制中，日本各地方政府(都、道、府、县以及市、街、村)根据防灾基本计划，结合本地区的灾害特征和具体情况制订相应的地区防灾规划，注重日常运行与灾害管理结合，并逐步建立了完善的法规保障体系。我国强调建设“安全城市”，通过城市空间环境和结构的组织优化，提升作为承灾体的城市系统自身的防灾能力，以有效应对具有不确定性的各种城市灾害和安全威胁。安全城市建设强调综合应用多种手段解决城市防灾安全的复杂问题，在实现城市防灾安全目标的同时进行综合评估，充分论证多种规划的可能性，作出最优化的规划决策，从而保障安全、经济、社会、环境等多种规划目标的实现⑦。

2.2 城市防灾空间相关理论

2.2.1 城市防灾空间的基本概念

城市防灾空间具有狭义和广义的内涵。狭义的防灾空间主要指灾害发生时支持应急避难与救援的空间。广义的防灾空间涵盖与灾害预防、减缓、救援及灾后恢复重建有关的全部空间场所与设施，承载与防灾减灾相关的各类活动。防灾空间的内涵不仅意指具有防灾功能的城市外部空间、地下空间及相关设施，还包括在城市发展因素与防灾要求综合作用下所形成的的与防灾救灾相适应的城市防灾空间结构及空间形态，是城市防灾救灾活动在空间地域上的综合体现[⑧]。

2.2.2 城市防灾空间的主要构成

按照不同的功能，防灾空间主要包括灾害防御空间及灾害应急空间[⑨]。城市中的防护林带、高压走廊绿地、生态保护区、水体及湿地等空间在灾害发生时，能够起到直接或间接的防护作用，属于灾害防御空间。灾害应急空间主要是指在灾害发生时用于应急疏散、避难、救援的空间，由应急避难场所及道路、消防、医疗、物资供应、警察等与防灾生命线系统构成。其中，应急避难场所是指用于受害居民紧急疏散、避险及临时生活的开放空间、建筑及地下空间。防灾道路系统是指用于疏散、避难、消防、救援及灾后重建活动的人员与物资运输的系统。消防系统包括消防指挥所、消防站和必要的消防设施。医疗系统主要用于灾害时救助救护受害人员，以及灾时的公共卫生防疫，主要包括临时医疗救护场所和中长期使用的各级医院、救护中心等。物资供应系统用于救灾及避难生活物资的储存、运输、分配，主要包括防灾物资储备仓库、运输渠道和发放场所。警察系统的作用在于维护灾害时的公共秩序和社会治安，并协助灾害救援、信息管理、防救灾指挥及措施的落实，主要由各级派出所和公安局构成。防灾生命线系统主要包括供水、排水、电力、燃气、通信等工程设施及其物质空间，是支持灾时城市运行、防灾设施效能发挥和防灾活动实施的基础条件。

居住社区层面的防灾空间系统的构成要素主要包括社区区位环境、场地安全条件等宏观要素，以及应急避难空间系统、灾害隔离空间系统、防灾救灾通道系统、生命线工程系统、消防空间系统及防救灾设施。各类空间要素相互联系，共同承载社区防灾功能，为社区防灾、救灾和灾后恢复重建提供物质空间的基础，并分别满足灾前、灾中、灾后各阶段的防灾要求[10]。

2.2.3 城市防灾空间的理论意义

防灾空间理论充分论述了城市物质空间对于防灾减灾的作用，为物质空间层面的防灾建设建立了基础。同时，诸多灾害经验教训也表明，灾害严重性与城市空间形态格局的不合理具有密切关系。防灾空间理论经过逐步完善，强调空间功能、结构及形态要素的整合，为从城市空间结构与形态维度展开灾害构成要素、要素作用机制、灾害形成过程、防救灾活动影响的研究，提供了基本视角与途径。

2.3 安全城市设计相关理论

2.3.1 历史上城市设计的安全思考

工业革命之前，城市设计与城市规划的主要工作对象都是物质空间形态，因此在城市三维空间形体环境设计与组织的意义上，二者并无明确分野。在城市建立和发展的历史过程中，安全始终是城市的基本功能要求，也成为城市设计与城市规划始终关注的重点问题。针对威胁城市公共安全的入侵战争、动乱事件和各类自然灾害，综合营造安全的空间环境，是城市设计和规划建设的重要任务。古今中外的城市设计研究与实践也形成了丰富经验。比如，从城市选址、城墙城门、外部空间、道路系统、内城宫城、内城街坊组织等方面，加强应对外来战争和内部动乱的军事防卫；配建城市基础设施，改善日照、通风等居住建筑与街区生活环境的卫生条件，以避免瘟疫等流行病的大规模危害；从趋利避害角度，城市选址和建设用地尽可能避让洪涝、地震等大型自然灾害；利用建筑防火墙、街区道路、自然及人工河道水网，构成火灾隔离空间和消防基础设施，降低城市大火的风险；结合道路规整、广场布局、建筑工程技术设施，提供安全高效的防灾避难空间。

1）早期城市设计

为了防范野兽侵袭和外族战争，在城市出现之前的村寨等人类聚落多利用山体、高地等自然形胜，并在周边设置寨墙和围栏，挖掘壕沟，形成防御工事。随着社会经济和建造技术的发展，修建坚固的城墙，设置宽阔的堑壕，结合山地、河流或海岸等自然条件，构筑城市及其宫城的城防系统，逐渐成为军事防卫的主要手段。西亚两河流域的城市中，新巴比伦城具有由内外双层的厚重城墙和护城河构成的防护系统。古亚述时期科萨巴德城（Khorsabad）的宫殿修建于高18 m的巨大

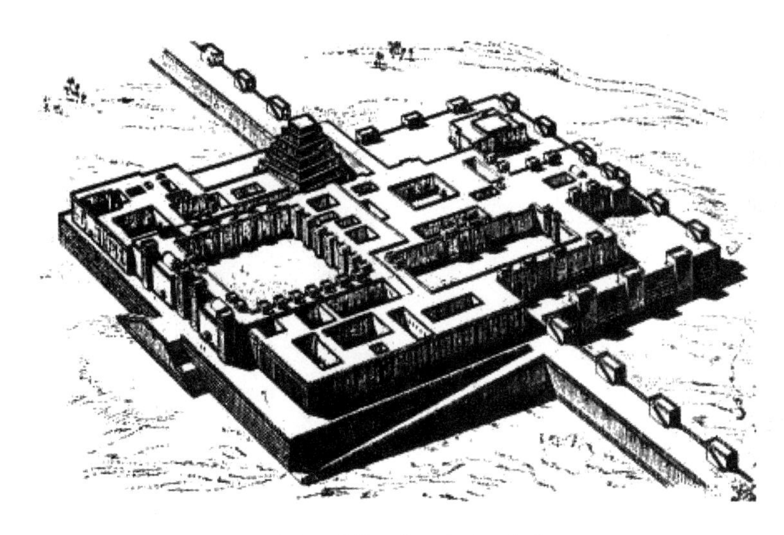

图2-3　科萨巴德城宫殿示意图

高台之上，并结合宫墙和宫门抵御敌人和内部起义[11]（图2-3）。

各类自然灾害也是重点关注的问题。比如，针对洪涝灾害，中国史前聚居地及早期城市往往利用山地、墩台择高而居，并采取修建干栏式建筑和排水壕沟等多种方式。公元前2600 — 2000年的湖北天门石家河古城址设有宽度80~100 m的环城壕池，用于防洪排涝和军事防卫[12]。

2）古代城市设计

古希腊城市在防止海水侵袭的同时，也充分利用山体和高地等地形优势加强安全防卫。雅典城市的核心为具有神庙的卫城，位于高出地面约70~80 m的山顶。出于防卫考虑，卫城四周砌筑了陡峭的挡土墙，仅设置一个孔道供上下通行。卫城周围的低处为下城，包括商业、行政机构、居民点。雅典城内具有狭窄而曲折的街道，外敌侵入时，利于巷战（图2-4）。

在古罗马时期，勘测与工程技术较之前得到很大发展，加之大量奴隶被投入城市建设，城市的防卫体系主要从依赖自然地理条件，转为更多运用人工建设手段。城市不仅在周边设有城墙，城内还修建了道路、桥梁，用于军队和物资的运输调动。米兰、佛罗伦萨、维也纳等城市也作为军

图2-4　雅典城市鸟瞰

事要塞，多采用矩形平面，在十字形主要道路相交的城市中心设置广场和公共建筑，道路直通四面的城门。古罗马城市建设也在应对其他安全威胁方面形成了丰富的经验。在经典著作《建筑十书》中，维特鲁威指出，城市选址应避开沼泽地、疫病滋生地、强风和酷热等不利气候，水源和农产资源充足，道路和河道交通便捷，街道布局还需考虑主导风向的影响。维特鲁威对军事防卫提出构想，并对其后的城市建设产生重要影响，包括城市平面为八边形，按照弓箭射程控制城墙塔楼的间距。内部采用环形放射道路，为了避开强风，路口不直接面对城门（图2-5）。此外，有的城市建有排水渠道，防止积水内涝；有的城市设置柱列和柱廊，分隔车行道与人行道，并为行人遮挡暴烈的阳光；有的城市还规定住宅等建筑的高度必须低于18 m，以防止建筑因质量缺陷而倒塌⑬。

中世纪时期的西欧战争频发。城市选址通常选择易守难攻和粮食水源充足的地点，同时修建高大坚固的城墙。自城市中心处的教堂及广场，设置放射状的主要道路和环路系统。道路多较为曲折，还有很多尽端路，既可迷惑敌人，也便于设置路障和狙击点。在文艺复兴运动时期，由于数学、工程学和机械学等学科的长足发展，城市设计领域从工程、技术、形态等方面综合考虑，进一步拓宽了研究视野和方法手段，以更为科学理性的方式应对城市安全问题。阿尔伯蒂在其经典著作《论建筑》中，为了应对城市防灾与军事防卫问题，针对地形地貌、气候环境、水源、土壤等要素，对城市选址、构成、街道与建筑布局等方面的设计展开深入阐述。在阿尔伯蒂提出的星形城市原型中，军事防卫成为其空间布局和形态的出发点。城墙边界为多边形平面，在城市几何中心与各个城门之间设置放射状道路，以环状街道串联，构成整体道路系统。此后，火器等新型武器的威力大大提升，可以轻易摧毁城墙，加上内部动乱多发，以费拉瑞特、斯卡莫齐为代表的规划师和军事工程师对星形城市的军事防卫设计进行了改良。斯卡莫齐主导了军事前哨堡垒帕马诺瓦城的选址和规划设计，该城于1593年开始建造。在对外防卫的角度，帕马诺瓦城的城墙为九边形，在每条边的转角处分别设置了凸出的棱堡，全城共有9个，不仅具有更为广阔的视野和攻击面，也利于更多士兵停留和驻守。全城共有3个城门，分别

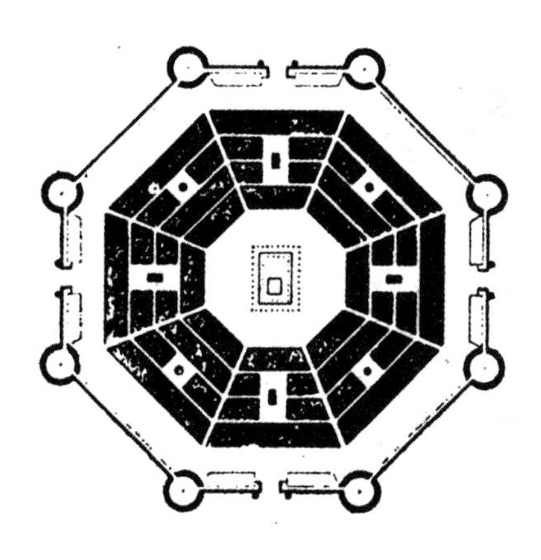

图2-5　维特鲁威理想城市平面示意图

设置于3段城墙的中部，每个城门的两侧都有两个棱堡进行保护。由外向内，雇佣兵的军营、阅兵场和兵器库分布在临近城墙的外部区域，军事指挥官和更为忠实可靠的当地士兵居住在中心广场及其周边区域，二者之间较为广大的区域由市民居住。城市中心的广场为六边形，设置较高的塔楼等建构筑物。道路系统呈现中心放射和多层环路的形态。从中心广场向外，共有6条主要道路呈放射状分布，并通过3条环路连接成网。主要道路中，3条主要道路直通城墙的棱堡，另有3条在不同方向上分别连接一个城门。城市建筑和道路系统的布局形态为防卫安全提供了很大便利，一旦外来的敌人攻破城墙、城门而进入城区，或是内部的雇佣兵和市民发生暴乱，位于城市中心的统治者和卫队都有充分的时间应对。而且，中心广场及其周边的高大塔楼可以俯瞰所有棱堡和主要道路，便于瞭望战情和进行攻击。此外，只要控制了由中心广场向外放射的6条道路，就可以高效地保护中心广场及其周边区域。帕马诺瓦城将城市形态、建筑与道路布局和军事工程相互结合，形成了军事防卫角度城市设计的重要经验（图2-6）[14]。

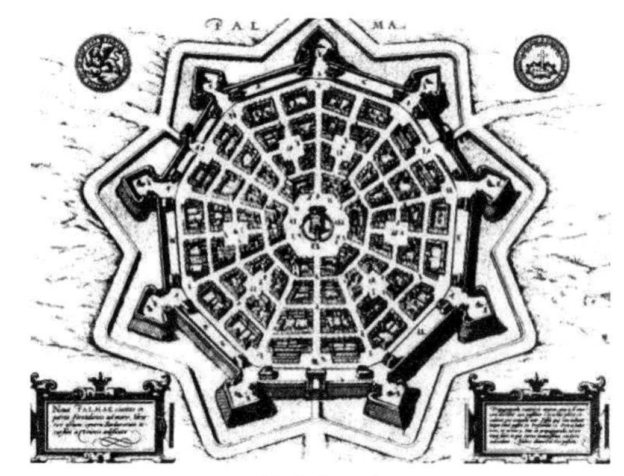

(a) 帕马诺瓦城平面

(b) 帕马诺瓦城鸟瞰

图2-6 帕马诺瓦城

军事防卫同样是中国古代城市规划与设计的重要内容。“筑城以卫君，造廓以守民”的城市建设思想表明了城市建设中防卫安全的重要性。经过长期的探索和实践，中国古代城市同样在城市建设选址、城市建筑与道路布局等方面，形成了具有自身特色的城市防卫安全的建设经验。中国古代城市选址强调利用山水形胜的自然条件，形成有利的自然屏障和防卫态势。在城防设置方面，坚固的城墙、重点设防的城门与环绕城墙四周的护城河形成整体性的防御系统。城墙的军事防卫安全设计中根据地形地貌和建造技术等因素，创设了富有特色的多种形式。早期的城墙多用夯土，后期的城墙主要为砖砌。城墙上设置的垛口供士兵瞭望和攻击敌人，马道主要用于士兵通行和物资运输。城墙之上通常还建有城楼，并逐渐探索形成角楼、硬楼、团楼或敌楼等多种防御形式，并在城门等重点部位以瓮城等形式强化防御（图2-7）。

图 2-7　北京安定门城楼及城墙

与西方城市类似，除了城墙系统，道路布局也是城市规划设计中针对防卫安全的重要方面。比如，西汉时期的都城长安虽基本遵照王城制度，但出于防卫安全考虑，12座城门具有一定的错位，两座城门之间并未以直通道路连接。从每座城门进入后一定距离的丁字路形态降低了侵入城内敌人的行动便利性。这种丁字路的道路形态在兰州古城、甘肃平凉等军事重镇的防卫安全设计中多有运用，通过城门与道路的错位，形成丁字路道路系统，可以降低敌人行进的速度，使其对行进方向产生迷惑。同时，便于将敌人限制于局部区域、展开分阶段的截击。

针对内部动乱和社会治安，中国古代城市将普通居民区域划分成若干街坊，每个街坊建立坊墙和坊门。坊门早间开放、晚间封闭，实施禁夜制度，确保夜间安全。比如，唐长安城规模庞大，人口众多，实行里坊制度。全城平面呈方形，外围分布高大坚固的城墙，作为统治中心的宫殿由宫墙环绕，形成宫城。为了防止发生内乱，宫城位于城市北部，紧靠城墙，设有专门的出城道路，便于统治者撤退。城市内部划分为相对独立的方形街坊，便于社会安全的管理[15]（图2-8）。

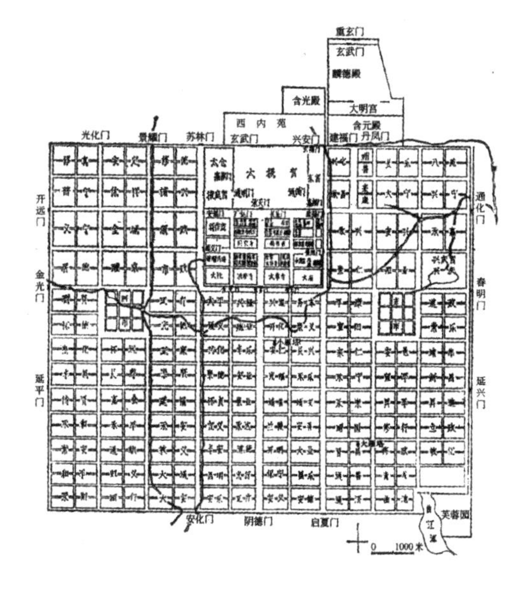

图 2-8　唐长安复原想象图

中国古代城市对于防火具有较为系统的设计处理。古代建筑主要为木构建筑，为了防止相邻建筑的火势蔓延和街区大火，在建筑设计中多在两侧设置防火墙，城市设计层面利用街道、水道构建街坊周边的防火隔离空间，抑制火灾扩散和影响范围。同时城市设计充分考虑火灾预警、消防灭火、应急救援活动的需求，利用河湖池塘等自然水体，设置水井、水缸等人工设施，提供应急消防水源⑯。

古代平江府（今苏州）以密集的水网划分建筑街区，街区周边的河道不仅可以有效隔离火势，而且也保障了充足的消防用水（图 2-9）。宋代东京商业繁华，房屋密集，曾发生大规模火灾，在城市改造中拓宽道路，增设开放空间场地，扩大建筑的防火间距，并建有砖砌望火楼用于瞭望和火灾报警。许多古代城市中都将高大的钟楼与鼓楼修建于中心位置，兼作报时和报警之用。

图 2-9　古代平江城平面
（注：图中白色表示水道）

古代城市从建设选址与空间形态组织等方面积极应对气候因素导致的灾害。为了避免强风灾害，城镇与建筑选址注重与风向的关系，利用山体的背风面进行遮挡，并强调“凡宅不居当冲口处”，以避开对强风具有加剧效应的风口地带。比如，福建沿海岛屿的居住聚落往往选址于背海的山脚，以遮挡来自海上的台风⑰。

北京传统的四合院民居既利于遮挡西北风带来的寒冷和风沙，也利于引入夏季的东南风进行通风散热。在南方城市中，沿街沿河的建筑外廊和骑楼可以供行人防风遮雨和遮阳纳凉。

3）近现代城市设计

到了近现代，随着新的城市安全问题不断出现和灾害程度的持续扩大，城市设计对于城市安全的研究视野、对象内容及方法手段等方面得到进一步拓宽。

为了适应军事战争的发展，欧洲城市的军事防卫设计在原有基础上进一步改进。在1723年修建的芬兰哈米纳（Hamina）等城市中，城市防卫系统逐步向外围拓展，通过设置钳堡等防御工事构建外围防御圈。城墙和棱堡实际上成为第二防御圈层，军事防卫作用降低，不再强调通过道路直通棱堡运送士兵、武器和给养，放射状道路的必要性相应降低，因而方格网型的城市道路也越来越多地出现了。

在城市街道、开放空间布局及建筑材料、构造等方面，也重点考虑了城市层面的防火问题。伦敦于1666年发生城市大火，受灾严重。伦敦灾后重建中设置的委员会为防止城市街区大火的再次发生，进行了一些专门规定。比如，建筑普遍改用砖、石等耐火性能较好的建筑材料，在城市设计中增加街道的宽度，控制建筑高度，以限制街道高宽比，防止街道一侧建筑发生火灾而蔓延至街道对面的建筑（图2-10）。

针对地震灾害，城市建设通过建筑结构体系、建筑材料、建造方式的设计提高建筑抗震性能，还重点完善了街道、广场和建筑的合理布局，以更好地支持地震发生时居民的疏散和避难要求。卡塔尼亚是意大利西西里岛东南部海港城市，在1693年发生的大地震中受灾惨重，几乎全城被毁。而且，城市原有的街道十分狭窄，地震时大量的建筑倒塌和损毁，严重堵塞了道路，使居民无法疏散。曲折形态的街道也减缓了居民的疏散速度，导致大量居民遭受二次灾害。在灾后重建过程中，卡塔尼亚为了防止地震再次造成大规模危害，重点从防灾疏散角度进行了城市形态的优化。在保留了部分原有放射性道路的基础上，将不规则的曲线街道改建为直线形道路，对狭窄街道进行拓宽，建立城市的应急疏散道路系统。结合主要道路设置面积较大的公共广场，作为灾害发生时的应急疏散和避难生活的场所，为居民提供安全保障（图2-11）。1755年11月，葡萄牙里斯本发生8.9级大地震，是迄今欧洲发生的最大的地震。地震中大量建筑倒塌和损毁，被瓦砾掩埋和击中的居民众多，大量街道被建筑废墟堵塞。地震引发的海啸洪

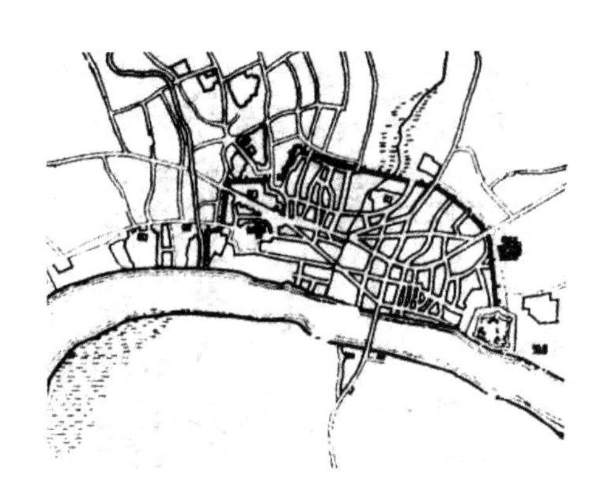

（a）1666年大火前的伦敦平面

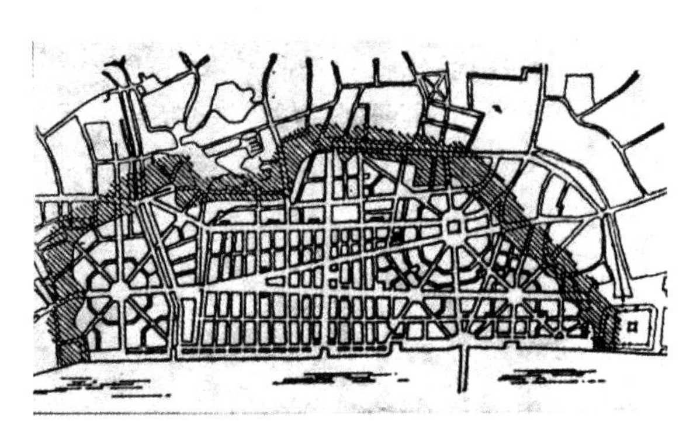

（b）1666年大火后伦敦规划平面

图2-10 1666年大火前后的伦敦城市平面

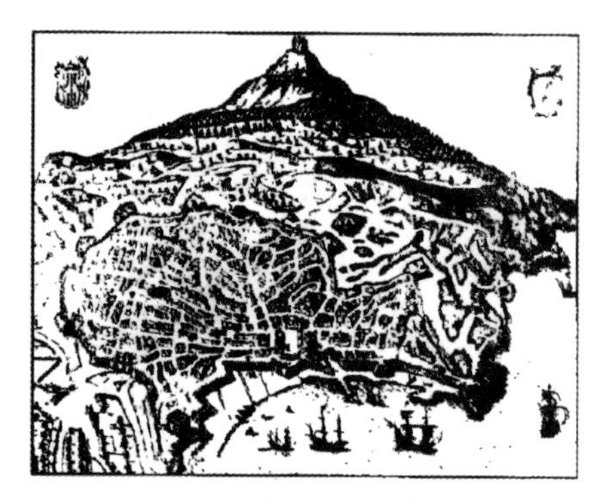

（a）1693年地震前的卡塔尼亚

（b）1693年震后重建的卡塔尼亚

图2-11 1693年地震前及震后重建的卡塔尼亚

水淹没了城市低洼地区。随着住宅和教堂起火，许多分散的火灾逐步汇集形成城市大火。地震后随之而来的海啸、火灾造成里斯本全城9万人遇难，约占城市总人口的1/3，全城85%的建筑物发生损毁。在随后的灾后重建中，国王和首相聘请了许多建筑师和工程师，从防灾角度进行了重新规划和设计。在城市层面，为了便于灾时的疏散避难和防止火势蔓延，兴建了新的城市中心和大量的广场，城市道路也进行拓宽，形成规则路网和方整的街区形态，通过宽直的道路将公共广场相互连接，建立防灾避难道路和广场的整体系统。而且，规定道路两侧建筑的高度不得超过街道的宽度，避免建筑倒塌堵塞道路，保障疏散通道的安全。在建筑层面，建筑内部增设木构的结构框架，提升建筑的抗震性能，成排建筑的屋顶设置防火墙，以阻断建筑出火扩散到相邻建筑[18]（图2-12）。

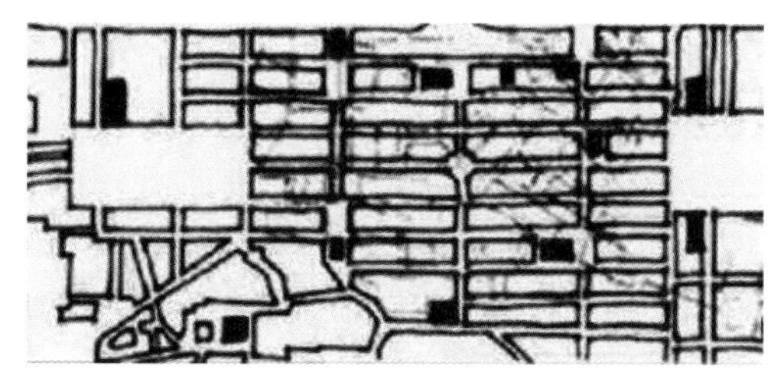

图2-12　震后重建的里斯本城市局部

18—19世纪，欧洲城市的政治、经济、社会、环境发生巨大变化，城市安全也面临着全新挑战。在防卫方面，火器等新武器的发展使城墙逐渐丧失了防卫作用，军事防卫的依托从以城墙为主转变为城市内外及各国边境体系化的工事与设施。与此同时，城市规划设计逐步关注防范城市内部经常爆发的起义。欧斯曼在1853—1870年间主持进行了著名的巴黎改建，鉴于1848年及之前发生的多次革命，除了解决城市发展、功能配置、空间结构等方面的需求，也对市民暴动和起义采取了一系列防范措施。不仅将工人等从市中心迁至城区东部，与贵族相互隔离，还重点改造了城市道路系统。改建前的巴黎老城街巷狭窄曲折，紧临建筑，大大削弱了统治者骑兵和火炮的攻击力，并易于被起义者利用进行巷战。因而拓宽主要道路，并开辟宽直大道连接各城区，构成较为规则的路网形态，减少利于起义者隐蔽于视线死角的空间和建筑，使骑兵、炮队可以迅速调动，也便于城外军队进入城内展开行动[19]（图2-13，2-14）。

图2-13 18世纪末巴黎地图

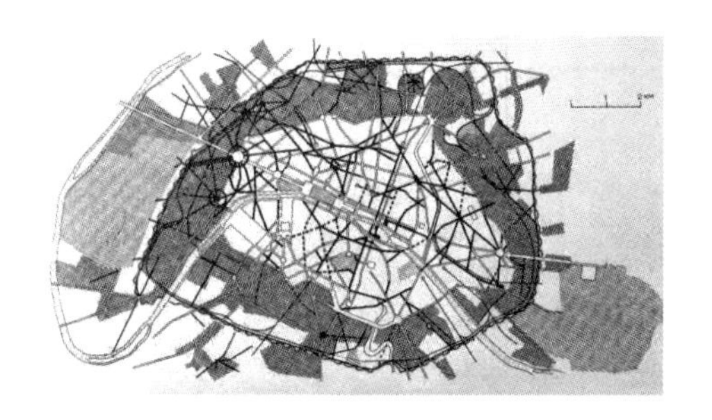

图2-14 欧斯曼巴黎改建规划平面

第一次工业革命极大地加速了城市化的进程，城市的人口和规模迅速增长，城市物质空间发生重大改变，也引发了新的环境和安全问题。城市不断扩张，建筑与道路大量建设，挤占绿地、河道等自然生态空间，也破坏了原有的生态空间系统。大量工厂随意排放废气、废水等环境污染物。工业、交通、仓库、居住等功能区分布无序。广大工人的居住区建筑和人口过度密集，缺少必要的日照和通风，基础设施建设不足，卫生条件恶化。在大城市中，不仅火灾和犯罪频发，还多次发生大规模的流行性病害。英国于1832年、1848年和1866年先后爆发全国性的霍乱，导致城市居民大量死亡。1875年，英国对《公共卫生法》进行修订，控制新建道路及建筑间距，保证基本的通风与日照，并加强建设排水等基础设施，努力改善环境卫生，并降低疫病和洪涝灾害的风险[20]。

19世纪末，针对城市发展中的环境与安全问题，许多学者和规划设计师先后展开新的探索，比如"田园城市"（图2-15）"广亩城市""工业城市""带型城市"等。其中，柯布西耶提出了以"现代城市"为代表的城市规划设计思想，力求从城乡融合、功能分区、规模控制、人口疏散、物理及卫生环境改善等方面，解决犯罪、环境恶化、疫病、空气污染等社会与自然维度的安全问题，对于近现代城市规划设计

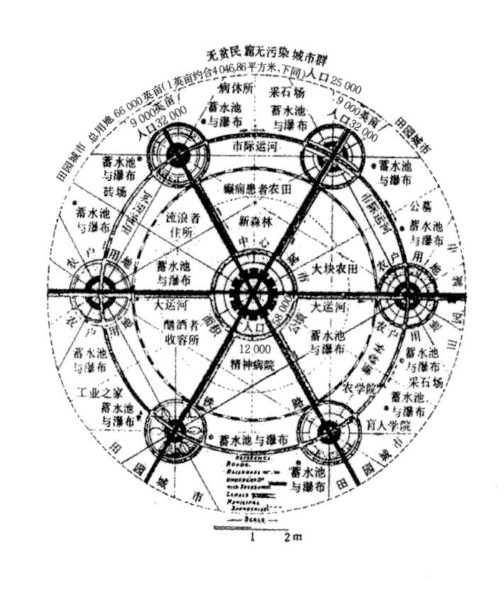

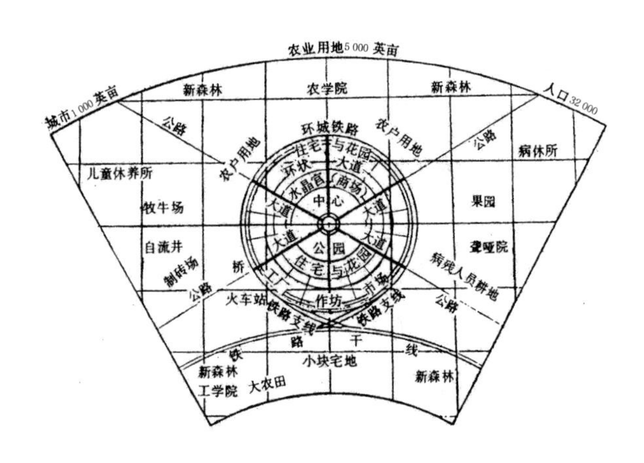

图2-15　霍华德“田园城市”图解

与建设产生了重大影响。

从历史发展的角度，营造安全的城市空间环境是城市规划与设计的基本任务，需要综合应对威胁城市安全的人为与自然要素，并根据社会、环境及科技等条件采取适宜的应对措施。随着城市规划与城市设计领域的不断发展，今天的城市规划应由经济规划、社会规划、土地规划、空间规划、物质规划等几方面的规划组成，其内容所及远远超出城市设计的对象范畴[21]。

同时，现代城市设计与城市规划既有联系又有区别，更加趋向成为合性的城市环境设计。在这一意义上，城市设计领域应当针对城市公共安全问题，展开空间环境设计的研究与实践。

2.3.2　安全城市设计的概念与内涵

城市设计与其他城镇环境建设学科密切相关，主要研究城市空间形态的建构机理和场所营造，是对包括人、自然、社会、文化、空间形态等因素在内的城市人居环境所进行的设计研究、工程实践和实施管理活动。

城市设计的工作重点是围绕城市美好人居环境的营造，着重贯彻城市整体维度的设计创意，同时也要努力探寻城市形态组织和建构的规律和特征。城市设计致力于优化各种城市设施功能并使之相互协调，组织各利益相关方的合作参与,整合各种系统和要素的空间安排和设计，并最终取得综合性的环境效益。城市设计不仅要体现自然环境和人工环境的共生结合，而且还要反映包括时间维度在内的历史文化与现实生活的融合，以期为人们创造一个舒适宜人、方便高效、健康卫生、优美且富有文化内涵和艺术特色的城市空间环境，对城市社会发展和人居环境建设产生应有的积极影响[22]。

塑造安全的城市空间环境，是城市设计的基本目标。安全城市设计立足于现代城市设计的理论和方法，对城市公共安全展开系统研究，是以建立安全的城市空间环境为目标，对包括人、社会、自然等因素在内的城市形体空间进行的设计研究与实践。安全城市设计的基本内涵是为实现城市公共安全目标而进行的空间形态和空间环境综合性设计与组织，强调与安全科学、防灾减灾、公共安全等学科领域的交叉融合，为城市社会和人居环境的安全建设提供思路与方法[23]。

2.3.3 安全城市设计的内容与重点

安全城市设计涵盖公共安全威胁要素、人的安全需求、人的心理行为要素、自然环境要素、城市空间要素，主要内容包括行为安全设计、防卫安全设计和灾害安全设计。行为安全性设计针对城市空间日常生活中的常见行为事故，包括预防跌倒事故、跌落及溺水事故、高空坠物事故、步行交通事故的空间环境设计。防卫安全设计针对城市空间中的犯罪行为、恐怖袭击等破坏和攻击行为，提升潜在受攻击对象的防卫能力。灾害安全设计以地震、洪涝、风灾、高温气象灾害、空气污染、火灾等自然及人为灾害为对象，主要包括灾害调节、灾害缓冲隔离和灾害避难救援的设计，旨在减少空间环境对灾害的影响，强化空间环境的防灾与抗灾能力，降低灾害风险。其中，灾害调节设计通过对致灾因素形成过程的适当干预，降低和减少环境中的致灾因素。灾害缓冲隔离设计通过防护空间及设施的组织，减轻致灾因素对潜在承灾体的危害程度，限制灾害影响及其规模。灾害避难救援设计主要通过疏散避难及救援空间系统的设计，提供防救灾活动的空间保障，最大限度地减小灾害损失。

安全城市设计重点研究城市空间形

态、建筑与公共开放空间、公共安全威胁要素、公共安全风险之间的相互关联与影响机制，并展开基于公共安全的空间形态组织建构与空间环境综合设计，关注人的安全和公共的安全利益，注重关系组合和整体协调，强调适应变化和富有弹性的原则。

2.3.4 安全城市设计与城市安全规划

近现代城市规划的发展集中体现了对城市快速变化所产生的人口增长、社会变革、工业污染、环境品质等问题的思考与探索，城市公共安全始终是其重要议题，甚至是其基本的出发点之一。在霍华德的“田园城市”、佩里的“邻里单位”、柯布西耶的“明日城市”、艾伯克隆比主持编制的大伦敦规划等经典理论、模式及实践中，从不同的视角，就与城市公共安全密切相关的城市及人口规模、人群居住分区、汽车及步行交通安全、绿化空间及减缓工业污染、环境品质改善、人口疏散等方面，提出规划设想，并在物质空间规划的基础上，引入经济、社会、政治、人口等多种视角。

之后，随着城市规划自身的综合化和城市公共安全需求的变化，城市规划领域中的公共安全研究逐步呈现出两个特征。一方面，针对城市公共安全的重大威胁，逐步形成专门化的研究课题，在实践中也着手进行专项规划的编制工作。在我国的城市规划体系中，主要针对火灾、地震、洪涝灾害和战争防空等安全威胁，以防灾系统专项规划的形式进行研究与编制，如防洪系统规划、抗震系统规划、消防系统规划、防灾救护与生命线系统规划、防空系统与地下空间规划等。各防灾系统专项规划的内容主要包括防灾系统工程和灾害应急处置。其中，与物质性要素密切相关的防灾系统工程规划主要包括防灾设防标准确定、防灾设施与防灾生命线等系统的配置与组织，并制订其建设、使用、管理等方面的对策。在具体实践中，防灾系统专项规划分为总体规划、分区规划和详细规划3个层次，并与土地规划、道路交通规划、基础设施规划等空间系统规划相结合。

另一方面，由于城市公共安全问题的产生原因和应对措施与人口、交通、环境污染、社会经济发展等规划内容在物质因素层面的关联日益密切，规划内容也逐步拓展，在物质空间、工程设施的基础上，逐步涵盖防灾救灾等公共安全的应急保障机制及社会公共政策，强调建构空间建设、技术设施等工程性措施与应急组织管理等非工程性措施的综合体系。美国、日本和我国等各个国家也在此方面积极探索，逐步强调城市公共安全规划的系统性。其研究对象不仅包括传统的自然灾害和道路交通安全等类型，也涵盖环境灾害、恐怖袭击、公共场所活动、传染性疫病公共卫生事件等新型安全问题。在研究内容上，重点针对安全风险分析、安全风险减缓、应急救援系统、信息管理系统、规划对策实施，从空间、设施、管理、保障等方面，建立系统性的城市公共安全综合规划体系。随着当今城市公共安全威胁要素类型、危害程度和关联要素复杂性的上升，城市公共安全规划逐渐趋于整体性、综合性和跨学科的特征，也正在形成相对完整的专门领域。

作为城市设计和城市规划的组成部分，安全城市设计与城市安全规划之间的关系也体现了城市设计与城市规划二者关系的相似之处。城市安全规划比安全城市设计具有更为广泛的内容。二者都以城市公共安全的威胁要素作为研究对象，并以减缓危害和营造安全城市环境为基本目标。

在物质空间的维度上，安全城市设计与城市安全规划的一致性与差异性并存。二者均从公共安全的角度，对城市用地、开放空间、道路、建筑、工程设施等空间要素进行综合的组织与协调。

城市安全规划主要从城市建筑及设施设防标准、建设选址、防灾工程及生命线系统、防灾避难空间等方面，合理安排土地利用，配置各类资源，建构总体空间结构，控制空间与设施的容量规模，协调社会、经济、环境、技术等要素，并结合公共政策的制订，保障城市公共安全。

安全城市设计主要关注城市三维空间形态和空间环境与公共安全的关联，分析与研究空间物质要素形态布局对于自然灾害致灾因子形成与作用过程、行为事故与犯罪等不当行为、疏散避难等灾害减缓和防救行动的影响，并进行合理的空间干预。安全城市设计与人在公共安全方面具体的心理和行为活动的联系更为紧密，也更为贴近人的安全需求和应对行动。

在具体工作中，一方面，城市安全规划从与公共安全相关的土地使用和空间格局的角度，建立了城市空间环境的二维结构，也为安全城市设计奠定了三维空间环境设计的基底。在这一意义上，城市安全规划成果是安全城市设计的前提。安全城市设计在三维空间环境的维度上，具体落实和深化城市安全规划的要求。另一方面，在将城市安全规划确定的用地布局、空间结构等内容落实的过程中，安全城市设计也可以对城市安全规划进行调整、优化和完善。在城市安全规划的各个层次上，安全城市设计的思考和内容可以加强空间容量、结构和形态之间的适应和匹配，从而使城市安全规划更为合理和有效。

2.3.5 安全城市设计与建筑安全设计

建筑安全设计的目标在于保障建筑自身安全，并确保使用建筑的居民免受生命伤害和财产损失。建筑安全设计需要应对的安全威胁要素与城市尺度的类型基本一致，只是其安全影响范围和程度相对局限于建筑尺度，主要包括应对各类灾害的建筑抗震、防洪涝、防海洋灾害、防风、防火、防爆等方面的设计，应对偷盗、破坏等不当行为的防卫安全设计，以及针对各类行为事故的无障碍设计、安全防护设计等方面的专项设计[24]。

建筑安全设计不仅进行总体场地设计、形体空间处理和功能流线组织，也需要整合结构、构造、材料、设备等工程技术设施。

在物质空间环境层面，建筑安全设计和安全城市设计在形态及尺度上具有连续性，都从安全维度关注实体、空间及二者关系，具有一定程度的重合。建筑空间与城市空间彼此交融，各类灾害等安全威胁在建筑与城市空间之间互相作用。建筑空间安全和空间界面对外部城市空间的安全具有影响。反之，城市空间构成了建筑空间安全的外部环境条件。

对于空间环境的处理，建筑安全设计和安全城市设计的工作对象、范围、角度和内容不同。

从空间范围看，建筑安全设计包含于安全城市设计之中。建筑安全设计主要关注建筑自身的安全问题及其相关的场地环境组织，工作范围包括建筑及其场地的局部尺度，除了安全方面的基本刚性要求，较少关注自身对于外部城市空间及环境的安全影响。公共开放空间是安全城市设计的主要工作对象，尤其是建筑物之间的城市外部空间，安全城市设计主要关注建筑物之间、公共开放空间之间的相互关系对城市空间环境安全的影响。安全城市设计的研究范围涵盖地段、分区及城市总体尺度，建筑及其场地是其基本的空间单元。

对于空间环境的处理，建筑安全设计和安全城市设计的出发点和内容也有所不同。建筑安全设计虽然也涉及建筑形体和场地环境的组织，但其出发点是建筑自身的安全要求。安全城市设计以城市空间环境整体安全为出发点，分析研究建筑与外部公共开放空间之间的关系及其对于城市公共安全的影响，进而系统组织包括建筑在内的城市空间要素与空间形态，整合公共安全相关的工程技术与设施，提升空间环境的安全品质。而且，在服务对象上，建筑安全设计主要满足建筑开发业主和使用者的安全需求，安全城市设计则需要满足多方不同业主、相关利益方和人群的安全需求，其中涉及关系和矛盾也较为复杂。安全城市设计服务于城市整体的公共安全需求，强调公众的公共安全利益。因此，与建筑安全设计和传统城市设计相比，安全城市设计更需要以理性主导的系统性思考、综合性判断和整体性设计决策。

综上所述，虽然城市安全规划、安全城市设计和建筑安全设计都对物质空间展开研究，但侧重点有所不同。城市安全规划侧重于公共安全角度的城市性质、规模、用地功能布局，以及城市防灾、生命线设施的总体安排和资源配置。建筑安全设计侧重建筑单体及场地内的处理。而安全城市设计以城市安全规划确定的二维基底、土地利用性质和强度等指标为基础，对城市三维空间形态进行综合组织，侧重从公共安全的角度调节公共开放空间与建筑之间的布局关系及相关要素的组合，建立适应防灾减灾等安全要求的空间形态原则与框架，从整体性的视角为建筑安全提供适宜的外部条件。安全城市设计受到城市安全规划的制约和指导，也从物质形态角度对城市安全规划进行落实和调整。安全城市设计是城市安全规划的具体化和形象化，是城市安全规划的结构性纲要在具体的城市物质空间中“赋形”的过程，其成果渗透于城市规划及城市安全规划的各个层级和阶段，对建筑安全设计形成一种由外向内的约束条件，并对建筑安全设计进行控制和引导。建筑安全设计对安全城市设计进行深化和局部修正。三者之间的关系具有叠合、连续和互动的关联特征。安全城市设计是将城市安全规划和建筑安全设计相互联系的重要环节㉕。

---

① 陈慧慧．央视新闻．土耳其2月强震已致该国50500人遇难．(2023-04-14)[2024-04-15]．https://news.cctv.com/2023/04/14/ARTI05Wxknd7qnJpZVHamydS230414.shtml.

② 汶川特大地震四川抗震救灾志编纂委员会．汶川特大地震四川抗震救灾志・总述大事记[M]．成都：四川人民出版社，2017：1，6-35.

③ 吕元．城市防灾空间系统规划策略研究[D]．北京：北京工业大学，2005.

④ 王国权，马宗晋，周锡元，等．国外几次震后火灾的对比研究[J]．自然灾害学报，1999，8(3)：72-79.

⑤ 史培军．三论灾害研究的理论与实践[J]．自然灾害学报，2002，11(3)：1-9.

⑥ 尹占娥．自然灾害风险理论与方法研究[J].上海师范大学学报(自然科学版),2012,41(01):99-103，111.

⑦ 戴慎志．城市综合防灾规划[M]．2版．北京：中国建筑工业出版社，2015：37-42.

⑧ 金磊．城市安全之道：城市防灾减灾知识十六讲[M]．北京：机械工业出版社，2007：209.

⑨ 吕元，胡斌．城市防灾空间理念解析[J]．低

温建筑技术，2004（5）：36-37.

⑩ 孔维东，曾坚，钟京. 城市既有社区防灾空间系统改造策略研究[J]. 建筑学报，2014（2）：6-11.

⑪ 沈玉麟. 外国城市建设史[M]. 北京：中国建筑工业出版社，1989：14.

⑫ 吴庆洲. 建筑安全[M]. 北京：中国建筑工业出版社，2007：23.

⑬ 沈玉麟. 外国城市建设史[M]. 北京：中国建筑工业出版社，1989：36-46.

⑭ 斯皮罗・科斯托夫. 城市的形成：历史进程中的城市模式和城市意义[M]. 单皓，译. 北京：中国建筑工业出版社，2005：160 — 161，189 — 192.

⑮ 张驭寰. 中国城池史[M]. 天津：百花文艺出版社，2003：172 — 181.

⑯ 肖大威. 中国古代城市防火减灾措施研究[J]. 灾害学，1995，10(4)：63-68

⑰ 吴庆洲. 建筑安全[M]. 北京：中国建筑工业出版社，2007：102-103.

⑱ 张敏. 国外城市防灾减灾及我们的思考[J]. 国外城市规划，2000，16(2)：101-104.

⑲ 斯皮罗・科斯托夫. 城市的形成：历史进程中的城市模式和城市意义[M]. 单皓，译. 北京：中国建筑工业出版社，2005：230.

⑳ 谭纵波. 城市规划[M]. 北京：清华大学出版社，2005：44.

㉑ 王建国. 城市设计[M]. 4版. 南京：东南大学出版社，2021：41.

㉒ 王建国. 城市设计[M]. 4版. 南京：东南大学出版社，2021：3.

㉓ 蔡凯臻，王建国. 安全城市设计：基于公共开放空间的理论与策略[M]. 南京：东南大学出版社，2013：27.

㉔ 吴庆洲. 建筑安全[M]. 北京：中国建筑工业出版社，2007.

㉕ 蔡凯臻，王建国. 安全城市设计：基于公共开放空间的理论与策略[M]. 南京：东南大学出版社，2013：43-50.

3 防灾疏散避难行动及其空间环境

3.1　防灾疏散避难行动的基本特征

3.1.1　疏散避难行动过程与时序

从时间与空间角度看，疏散避难行动表现为连续的过程，具有明显的阶段性和时序性，主要包括灾害发生后的灾害情况认知、疏散避难行动决策、疏散避难行动实施3个阶段。

灾害情况认知和疏散避难行动决策决定了居民开始疏散避难的时间及机会。在城市居住区等建成区域中，灾害发生时人们首先会通过自身感知、他人或外界途径接收到灾害信息，对灾害持续时间、影响程度等形成各自的认知。继而，根据对于灾害严重情况的判断，进行是否自所处空间向建筑出入口进行疏散避难的决策。若认为灾害较为轻微或处于可控范围，往往会原地等待或采取防护和补救措施。若居民个体认为或被告知灾害可能造成严重伤害，通常会立刻开始疏散避难行动。居民的年龄、灾害经验、获取灾害信息的途径和能力、人的身体状态和空间位置是影响灾害情况认知和疏散避难行动决策过程快速性和准确性的关键因素。通常情况下，年龄较大、夜间熟睡、缺乏灾害经历和相关知识的居民，其开始疏散避难行动的时间和行动速度较为迟缓。

疏散避难行动的实施主要包含两个阶段，随着灾害发生的时间顺序而依次展开。通常情况下，第一个阶段即在地震发生后，居民从所处的建筑内部空间向建筑疏散出口移动。第二个阶段发生于户外空间或用于避难的防灾建筑之中。有序的疏散避难行动以受害建筑疏散出入口或受害区域为起点，经由各级疏散道路，向紧急避难场所、临时避难场所及中长期避难场所转移。从时间角度看，居民在灾害发生后5~10 min内到达紧急避难场所，经过1~3 d的紧急和临时避难，根据灾情发展在必要时向固定避难场所转移，并进一步展开期限分别为15 d的短期避难、30 d的中期避难和100 d的长期避难，同时也会同步进行消防、医疗等救援行动。

3.1.2 疏散避难行动的主要方式

疏散避难行动除了步行之外，还有车行、水运、空运等多种方式。在城市环境中，居民一般采取步行和车行方式进行应急疏散，依托道路和路径系统展开。在地震灾害中，若道路严重破坏、高架桥倒塌堵塞道路等无法通行的情况出现，针对特定区域也会利用船只或飞机等交通工具进行疏散避难。

在城市环境中，尤其是城市居住区中，居民在选择疏散方式时根据多种因素作出判断和决定，主要包括疏散距离、受害情况、疏散畅通性和安全性的考虑。根据以往地震灾害中出现的情况，若避难场所较远，疏散距离较长，居民认为所处区域受害较为严重、受害区域持续扩大、受害程度继续加剧，居民会自发选择利用车辆，向更远的安全区域疏散和避难，有时也会由相关部门组织车辆运送。

在更多的情况下，在地震灾害发生后的第一时间内，居民自发地开始疏散行动，从建筑等危险区域向外部快速逃生避险，通常采用步行方式，尽快到达周边的避难场所。而且，考虑到城市街区环境中道路宽度和整体通行能力具有一定限制，灾时情况也较为混乱，以车辆疏散易于发生拥堵，加之建筑倒塌及道路破坏等因素可能造成道路堵塞而无法通行，绝大多数居民都会通过步行进行应急疏散。因此，步行是灾害发生后第一时间应急疏散避难的主要方式。

3.1.3 疏散避难行动速度与距离

作为疏散避难的主要方式，步行疏散避难的速度及在一定时间内的行进距离，是决定疏散避难成效的关键因素。一般情况下，影响步行速度的因素主要包括季节与天气等环境因素、年龄与性别等身体条件、服装与装备等穿戴条件、目的和心情等心理条件、群体人数与速度等群体条件。其中，除了个体差异，群体条件对疏散避难速度产生影响。疏散避难人群密度过大时，步行人群彼此之间相互限制，个体疏散避难的步行速度下降。总体上，疏散避难人群的平均速度与人群密度呈现负相关，即群体密度越低，其移动速度越快①。

通常，个人行走的速度约为100 m/min。除了上诉因素，在结合考虑灾时疏散道路环境和老人、儿童、伤员等不同类型人员的速度差异，疏散避难人群的步行平均速度会所有降低。综合各种因素并结合灾害资料，灾时至紧急避难场所的疏散行动一般为步行时间5~10 min，其疏散距离以500 m为宜。

3.1.4　疏散避难空间的选择规律

疏散避难相关空间环境应当适应疏散避难行动行为模式和特征的要求，才能确保成功有效的疏散避难。

疏散避难行动具有明确的目的性。地震灾害发生时，一旦居民从建筑等危险区域逃生，随即会根据自己对于避难场所和相应疏散路线的选择，展开后续行动，其决策和行动具有明显的规律性特征。对以往灾害及活动的研究表明，人在灾害中对疏散避难方向、出入口及路线的选择与居民个体的灾害认知程度、对周围空间环境的认知、平时日常生活习惯等因素密切相关，其共性特征主要包括，从进入的路线向外疏散，从经常使用和熟悉的出入口和路线疏散，向外部、明亮、更为开阔的空间疏散，从交通便捷、安全具有保障的路线进行疏散，且一旦遭遇实际危险或感知可能发生的危险，会立刻远离危险区域，选择其认为安全的空间进行疏散避难（图 3-1）。

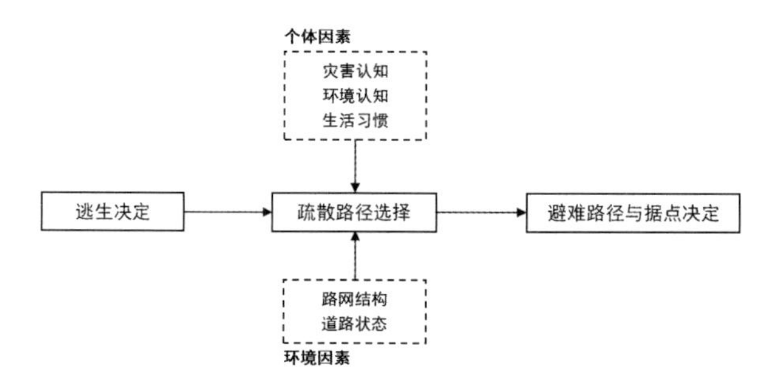

图 3-1　居民个体疏散避难行为示意图

1）安全性与开放性

疏散避难行动目标是从可能受害的地点逃出，躲避和远离危险，疏散路线和避难场所的安全是首要前提。地震主要导致城市建筑及设施大面积损毁和倒塌，并引发火灾等二次灾害，建筑空间是主要的危险和受害区域。从疏散角度看，开放空间环境相对开敞，建筑设施破坏及火灾等对其影响范围有限，安全性高。在多次震灾中，对于地震应急避难地点，居民通常选择较为宽阔的城市道路、绿地和广场、学校、居住小区中心绿地、体育场馆及大型商业设施周边空地、停车场、宅前空地。而且，从避难角度看，除了安全考虑，开放空间一般具有一定规模和面积，地面较为完整，进出便利，便于居民集中、停留和转移，也便于避难生活过程中物资分配、医疗救助、人员组织等活动的展开和车辆、设备的作业。

2）就近性与便捷性

就近避难是应急疏散避难行动的主要特点之一。在历次灾害中，对于灾时第一时间的紧急疏散避难，大部分居民都会选择距离自己当时所处住家或办公空间较近的地点。一般情况下，居民往往会选择自己熟悉的场所，多为平时生活中经常到达或经过疏散避难演练而熟悉的道路及场所，尤其是居住小区周边、附近甚至内部的绿地、广场等开放空间。选择这些场所

图3-2 汶川地震发生时居民利用居家附近沿街空地紧急避难

进行紧急避难，主要原因是在灾后第一时间，居民通过步行进行疏散，尽可能快速地远离危险区域，附近熟悉的空间可以提高居民疏散行动的速度，避免在紧张状态下错误地选择绕远的路线。一旦快速避险，居民可以在附近的空间中了解灾情的严重性和后续信息，并及时照看和保护自己的住房及财产。而且，出于心理因素，居民对于熟悉的空间环境更易于建立环境归属感，在灾害发生时相应具有更强的安全感，也有利于居民之间的相互支援和救助。

在实际的疏散避难过程中，除了安全性的考虑，疏散人群还会选择更为便捷的疏散路线。不论是在建筑内部空间向建筑出入口、还是从建筑出入口向应急避难场所疏散的过程中，疏散人群选择的路线和出入口具有明显的行为规律。比如，大多选择视觉可见度高、最先看到或易于看到的疏散路线；选择实际距离最短的疏散路线；选择可以直接到达、迂回较少的疏散路线等，也真实反映了对于一定时间内疏散避难行动效率的要求（图3-2）。

3) 集体性与从众性

地震发生时，所有居民感受到震感后，出于即时受害和后续余震受害的担心，绝大多数居民即使并未获得疏散避难的信息，也能感受到危险，立刻开始紧急逃生和疏散行动，各建筑或区域的居民短时间内汇聚，形成集体性的疏散避难人群。

从众行为是个体及群体行为的一种常见现象，表现为个体因自身心理、身份和认知等方面原因，使群体表现出一致性的行为及趋势。居民个人在疏散避难过程中，由于缺少充分的信息，难以对行动路线、方向和场所作出准确的判断和选择，或是由于周围居民群体行为对其形成外在暗示，而居民个体往往会相信多数人的判断和选择，并获得心理上的安全感，从而与其采取一致性的行为，追随多数居民人群，选择相同的出入口、路线、方向和场所进行疏散避难。在居民应对灾害处于恐慌状态时，从众心理也可能导致其判断能力下降而产生盲目行为。因此，通过防灾知识普及、防救灾行动演习等活动，提升居民个体应对灾害的心理水平、判断决策和行动能力，可以避免盲目从众等不利现象，实现高效的集体性疏散避难。

3.2 防灾疏散避难空间的主要构成

根据空间要素及其对应的防灾疏散避难作用，防灾疏散避难空间主要包括疏散避难通道、应急避难场所、防灾配套设施，三者共同构成防灾疏散避难空间系统。

3.2.1 疏散避难通道

疏散避难通道主要用于灾时避难人员的转移和疏散，是疏散避难空间的重要组成部分。而且，疏散避难通道往往也是防灾救援通道，用于灾时抢险救灾人员、物资及受伤人员的输送和转运。

根据灾后疏散避难的功能和服务范围，城市疏散避难通道可以分为主要疏散避难通道、次要疏散避难通道和应急疏散通道。主要疏散避难通道通常连接城市中心、固定避难场所及指挥中心等城市级救灾机构，用于运输疏散人员及救灾物资车辆的进出，并确保大型救援车辆和消防车通行，一般为城市主干道路。次要疏散避难通道是避难人员从紧急疏散场所通往固定避难场所的路径，兼作消防通道之用，一般为城市次干道路，有时也可选择城市主干道路。次要疏散避难道路也应确保消防车和救援车辆通行，并满足疏散避难和救援行动的要求。应急疏散通道是连接居民住宅建筑等疏散起始空间和紧急避难场所的路径，主要由街区道路和可用于疏散的步行空间构成，满足步行疏散和消防救援行动的要求。此外，考虑到城市整体发生巨灾的风险，在城市主体疏散避难通道的基础上，还需设置城市主要救灾通道，用于城市外部对内部的救援运输，通常选择城市快速路等道路，对内连接各城市级的中心避难场所、救灾指挥中心、医疗救护中心等避难救援空间与设施，对外联系城市出入口及城市周边安全区域。

城市疏散避难通道以城市道路系统为基础，也可根据情况设置水运、空运、铁路等通道。主要疏散避难通道、次要疏散避难通道的总体布局在城市总体和分区层面的总体规划中确定，应急疏散通道通常在街区尺度及详细规划阶段进行深入布局和规划（表 3-1）[②]。

表 3-1　城市疏散避难通道的主要类型、职能与构成

类型	职能	要求	主要构成
城市主要疏散避难通道	连接城市中心、固定避难场所及指挥中心等场所，确保城市救灾疏散和救援安全通行	满足运输疏散人员及救灾物资车辆和消防车通行要求	城市主干道路
城市次要疏散避难通道	连接紧急疏散场所和固定避难场所的疏散避难路径，兼作消防救援通道	满足疏散人员和消防车等救援车辆通行要求	城市次干道路为主，必要时可为城市主干道路
城市应急疏散通道	居民自住宅建筑等疏散起始空间到达紧急避难场所的路径	满足疏散人员步行及消防车等救援车辆通行要求	街区道路和步行空间等

3.2.2　应急避难场所

应急避难场所是灾害发生时居民从受害程度高的区域紧急撤离、疏散、集结及需要时避难生活的场所。城市中的应急避难场所主要有城市各级公园、绿地、广场、学校、空地、运动场等公共开放空间，也包括可用于防灾避难的体育场馆等设防等级高的建筑。

避难场所的主要作用是保障居民在住宅等居所受到破坏或对所处空间安全存有担忧时，能够进行安全避难。同时，避难场所也是受灾居民获得救援、获取灾情信息、接收救灾物资和接受医疗救护的重要场所。从避难场所服务范围空间层次的角度，日本将避难场所分为广域防灾据点、广域避难场所、紧急避难场所及避难场所③。

根据我国城市规划及城市设计的尺度层级一般划分，应急避难场所分别分布并服务于城市、分区及地段层级。

根据疏散避难行动时序及不同阶段功能的差异，日本及我国台湾地区将避难场所分为收容型、转运型和活动型避难场所，或紧急避难场所、临时避难场所、临时收容场所和中长期收容场所④。

我国的防灾避难场所划分为紧急避难场所、固定避难场所和中心避难场所。紧急避难场所用于避难人员在灾害发生后自发性的就近紧急或临时疏散避难，也作为避难人员集合并转移到固定避难场所的过度性场所，主要服务于灾后 1~3 d的疏散避难。固定避难场所服务于灾后 15~100 d的疏散避难，用于避难人员短期、中期和长期的固定避难，并展开集中性救援，要求为避难人员提供避难宿住功能和相应避难生活及保障设施。中心避难场所提供城市级救援指挥、应急物资储备分发、综合应急医疗卫生救护、专业救灾队伍驻扎等功能，服务于城镇或城镇分区的空间范围，其设计开放时间为100 d（表3-2）。

表3-2　防灾避难场所的类型层次、职能与构成

场所类型	服务层次	主要职能	主要构成
中心避难场所	城镇（或城镇分区）	具备服务于城镇或城镇分区的城市级救灾指挥、应急物资储备分发、综合应急医疗卫生救护、专业救灾队伍驻扎等功能	城市级大型公园、绿地、大专院校校园等
固定避难场所	分区或居住区	具备避难宿住功能和相应配套设施，是用于避难人员固定避难和进行集中性救援的避难场所	分区级公园、绿地、广场、学校校园、体育运动场等
紧急避难场所	街区或居住小区	用于避难人员就近紧急或临时避难的场所，也是避难人员集合并转移到固定避难场所的过度性场所	街区及居住小区内部广场、空地、活动场地和街头绿地等

3.2.3　防灾配套设施

防灾配套设施为疏散避难空间相应职能和疏散避难行动提供保障，主要支持疏散避难、避难生活、疏散避难空间安全防护、灾情信息收集及传达、消防、医疗、防疫及清洁、救援与生活物资运输发放甚至灾害恢复重建活动。

防灾配套设施主要指应急避难场所配置的应急设施，即用于保障避难人员生活和抢险救援的工程设施，包括应急保障基础设施和应急辅助设施。应急保障基础设施用于保障应急供电、供水、交通、通信等基本需求。应急辅助设施保障应急保障基础设施和避难单元运行，满足避难人员的公共卫生、用水取水、医疗等基本生活需求，以及为信息发布、管理相关的办公、会议等需求提供应急公共服务。广义上，防灾配套设施包括工程设施、设备、环境设施及建筑与空间，保障灾时应急疏散避难救援行动与组织管理的顺利实施，包括医疗、消防、物资运输等公共设施系统，也包括为疏散避难过程中各类活动提供安全防护的缓冲防护空间与建筑，以及支持应急照明、灾情信息收集传达等方面的环境设施。实际上，日常环境中的大多数设施通过适当转化，可以为疏散避难行动提供切实的支持和保障，需要从平灾结合的角度综合配置与设计防灾配套设施，提高结构、材料和工程的适灾性，并保障防灾配套设施灾时功能的正常发挥。

3.3　防灾疏散避难空间的属性要求

疏散避难行动具有特定方式和明确目的，城市绿地、广场、道路等公共开放空间是疏散避难行动发生的主体空间，呈现出适应于防灾疏散避难行动的基本属性和空间要求。

3.3.1　可达性

可达性具有多种含义，既可表达从一个地点到其他地点时克服空间阻隔的难易程度，也可表达单位时间内接近发展机会的数量，或被理解为相互作用的潜力。总体上，可达性体现了从空间中任意一点到达其他地点交通联系的难易程度，以及空间分布中的不同地点或区域之间相互影响或彼此接近的程度，常用时间、距离、费用等指标来衡量，与空间区位、空间尺度及空间关系等密切相关。

从防灾疏散避难的角度，可达性反映了从需疏散建筑等疏散起点，通过步行或车行的特定交通方式，在适当时间内到达疏散道路及避难场所的能力。可达性是防灾疏散避难空间的关键属性，体现了疏散避难起点和避难场所目的地之间的联系程度。可达性越高，受害建筑或区域与安全疏散空间及避难场所之间的联系越为紧密，疏散避难行动越为便捷。地震等灾害发生时，能否在一定时间内快速到达应急避难场所，直接影响疏散避难行动的效果及受害损失的严重性。因此，避难场所是否位于一定距离的可达范围之中，是疏散避难可达性的主要衡量标准。避难场所距离过远，可达性低，则难以快速到达并进行安全避难。而且，疏散避难行动主要依托道路展开，其效率很大程度上取决于灾时疏散道路的实际交通状况。因此，避难场所位置、疏散道路布局、疏散人群或车辆数量、周边环境情况等因素对于疏散避难可达性具有重要影响。

3.3.2 安全性

疏散避难行动的首要目标是灾害发生时尽快远离危险，最大限度地避免人员伤害和财产损失。因此，疏散避难空间自身安全是疏散避难行动有效展开的前提条件。地震发生时，疏散道路和应急避难场所若发生断裂、塌陷、严重变形等现象，存在较大安全隐患，无法保障自身安全，也就失去了防灾作用。而在城市环境中，震时建筑倒塌或严重损坏，树木倒伏，不仅会直接伤害疏散人群，也会引发火灾、爆炸等次生灾害，危及疏散避难空间的安全性。从空间环境的角度，疏散道路和避难场所安全性的威胁主要来自外部环境，尤其是紧临的周边环境。疏散避难空间不仅要远离各种灾害源头和危险要素，还需使其物质空间要素及构成能够最大限度地抵御地震等原生灾害及次生灾害。

3.3.3 连续性

从时间与空间角度，疏散避难行动表现为连续的过程。从防灾角度，有序的疏散避难行动从受害建筑或区域开始，经由各级疏散道路，向紧急避难场所、临时避难场所及中长期避难场所转移。从时间角度看，居民在灾害发生后第一时间段的5~10 min内到达紧急避难场所，经过1~3 d的紧急和临时避难，视灾情发展，有必要时向固定避难场所转移，并分别进行短期避难、中期避难和长期避难。从城市规划和设计的角度，疏散避难行动在建筑单体、建筑场地及周边环境、疏散道路和各级避难场所的连续空间系统中展开，并历经建筑、地块、街区、城市的连续空间层次。与疏散避难行动的连续阶段和时序关系对应，疏散避难空间应当具有与之相适应的连续性与层次性。局部疏散避难空间中因灾害发生阻碍，不仅易于形成局部的堵点或断点，也会影响整个疏散避难空间系统的功能，导致疏散避难行动中断、时间延迟，甚至受困于受害区域，无法到达外部安全区域而扩大灾害损失。而随着疏散避难行动的时空转移，疏散避难空间系统整体完整、层级明确、分布合理，局部空间满足相应层级梯度的规模和功能要求，是确保疏散避难空间系统作用与效能的重要条件。

3.3.4 可识别性

从城市设计的角度看，空间的可识别性是影响人在空间中活动的重要属性。空间的独特性可以使人将其与其他空间进行区分，继而形成后续行进、停留等活动的判断依据。

应急避难标识等导向设施、明确的空间界限、合理的道路系统和充分的灯光照明等城市设计要素与空间可识别性关联紧密，对于应急疏散人员在紧急情况下的应急避难行为具有重要影响。疏散避难是地震等灾害发生时的应急性行动。空间可识别性影响居民疏散避难时对于空间的熟悉程度、认知空间环境的难易程度及行动决策的速度和正确性，继而影响疏散避难行动的效率。易于辨识和较为熟悉的空间环境有利于居民尽快确立空间参照物、确定空间位置、对后续的疏散方向和疏散路线作出正确的选择，缩短疏散时间。在成片开发的大规模居住街区中，住宅外观形象、景观处理、道路环境往往较为相似，局部区域可识别性低，在灾时疏散避难身心紧张的紧急状态下，疏散人群需要花费更多时间寻找和辨识空间参照物来确定所处位置与下一步的行进方向，从而减慢疏散行进速度。若判断有误，则可能盲目选择相对迂回及难以疏散的错误路线，甚至在行进相当距离后才发觉，被迫走回头路，增加不必要的疏散距离和迟滞于危险区域的时间，增大受害风险。而且，地震可能导致建构筑物损毁、树木倒伏等现象，原本较为熟悉的视觉特征和空间标志物会发生不同程度的改变，进一步加剧了疏散避难行动空间定位和定向的困难，因而疏散避难空间环境需要在灾害发生前后均能够易于识别和认知。此外，夜间发生的地震若造成照明灯具和电力管线损坏，疏散人群在黑暗中的可见视域范围大为减小，会导致疏散避难行动产生很大困难。总体上，疏散避难行动对于空间可识别性的要求更高，需要从空间形态、环境设计、标识系统、照明系统等方面进行强化，形成更为稳定和具有更高凸显度的空间环境特征。

3.3.5 冗余性

冗余性是设计安全系统的重要准则，意指对执行特定安全功能的部件或系统，进行重复的设置，以保证不论其他部件或系统是否处于正常状态，这些部件或系统都能正常运转并发挥其安全功能。冗余性及与之相关的可选择性和替代性是确保疏散避难空间系统功能的重要属性要求。疏散道路和避难场所本身会受到地震及其引发的二次灾害的影响，根据影响程度的不同，其疏散避难作用和效能会不同程度地降低，甚至完全失效，若发生在关键疏散道路和避难场所，会导致大部分疏散避难行动受阻或中断，产生巨大损失。而且，地震及其引发的二次灾害具有一定的不确定性，其灾害的强度、受害情况、对于疏散避难空间形成的危险及其影响程度也难以准确预测，因此，在空间组织层面，对于主要疏散路径和避难场所等空间系统的重要节点，在一定空间范围内应具备相应的应急备用空间，并提供步行、车行、水运、空运等多种疏散避难通道。实际上，空间系统整体的冗余性与空间形态密切相关，网络状的疏散道路系统因彼此之间的相互连通而具有较好的冗余性，往往能够在个别疏散道路堵塞时，为疏散人群提供其他的替代疏散路线和路线选择的机会。因此，疏散避难空间系统整体的冗余性，使得具有重要作用及关键影响的疏散避难路段及避难场所一旦发生破坏，也能够确保疏散避难行动的安全性和可靠性。

在局部层面，冗余性能够确保疏散避难空间适应灾变影响的能力。应急避难场所和疏散道路的容量规模对应特定的疏散人流和车流要求。在灾害发生时，由于自身损坏及环境中危险因素的影响，避难场所的有效面积和疏散道路的有效宽度可能发生变化，出现人流车流拥堵、应急避难混乱的情况，且具有突发性和不可预知性。在外部条件发生变化时，具有冗余性的疏散避难空间仍能够提供一定的空间余地和使用弹性，使自身空间的有效规模及形态在灾害发生前后基本稳定，从而确保疏散避难的顺利进行。

3.4 防灾疏散避难空间的形态与环境

3.4.1 防灾疏散避难空间的形态结构

1）空间结构

城市中各种疏散避难空间和防灾配套设施具有不同的空间位置、分布特征和组合关系，表现出疏散避难空间的总体布局形态和结构形式，主要由点、线、面不同的要素构成。

（1）点要素。主要包括各级应急避难场所、防灾据点设施、防灾基础设施及重大危险源、重大次生灾害源。其中，应急避难场所是疏散避难空间系统中人群集合、汇聚并转移的关键节点。防灾据点设施通常依托政府机构建筑、消防及医院等大型公共设施，用于避难救援指挥调度和支持受灾居民避难生活。此外，还包括与疏散避难等防灾行动密切相关的生命线设施、消防供水设施，以及可能导致原生及次生灾害的各类危险源。

（2）线要素。主要是指城市各级防灾轴和疏散避难通道、救灾通道，以及其周边的防护绿带、建筑屏障等安全防护空间设施。防灾轴及疏散避难通道是构成疏散避难空间结构的基本骨架，在很大程度上决定了疏散避难空间系统的结构与形态。其中，防灾轴往往依托疏散避难道路、开阔绿带、河道水体等空间，结合具有防火隔离和阻燃作用的耐火建筑及其他防灾设施。防灾轴既可用于疏散避难，也能抑制灾害扩散，将灾害限制在一定范围之内。

（3）面要素。在城市建成区域中，主要指点、线要素之间的城市建筑区域，包括商业街区、居住街区等。从防灾及疏散避难角度看，面要素是疏散避难空间及设施服务的区域，比如防灾分区和防灾社区等。此外，面要素也包括大型的防护绿带等缓冲空间。

防灾分区作为城市总体防灾及疏散避难空间的结构单元，通常根据防灾轴及疏散避难道路的分布、人口数量、环境条件等因素，将城市建成区划分为一定数量的分区，配备相应防灾空间设施及资源。从疏散避难的角度看，防灾分区相对完整独立，能够满足分区内居民灾时疏散避难的要求，又相互联系，必要时可以彼此支持。防灾分区具有明确的范围，根据情况制订防灾应急及救灾等方面的各项对策与措施，涵盖疏散避难、抑制次生灾害发生及影响、抢险救灾及灾后恢复重建等各个方面，不仅包括布局和配置分区内防灾疏散避难空间设施等工程性、空间性的硬性措施，也包括疏散避难、救援、临时生活支持等应急管理、指挥和组织等方面的软性措施。

根据空间尺度和防灾目标要求等方面的差异，防灾分区可以划分为不同的层级，通常可以分为城市级、分区级和街道社区级，分别设置中心、固定和紧急避难场所，并分别以主要疏散避难道路、次要疏散道路、绿化带及水体等要素进行划分。其中，街道社区级防灾分区与居住街区及小区的尺度基本对应，一般由城市主次干道、绿化带和河道等自然要素作为分区边界和隔离带，分区内的紧急避难场所服务半径及范围为500 m，是城市基本的防灾空间单元。与之类似，日本城市针对地震及其引发的火灾的防灾建设中，强调通过延烧遮断带、防灾生活圈和防灾街区建立防灾疏散避难空间的总体结构。延烧遮断带是线状或带状不燃空间，依托城市道路、河川、铁路、公园及其相邻耐火阻燃建筑物等要素共同构成。延烧遮断带将城市建筑区域进行分隔，主要用于防止地震引起的火灾在多个街区之间蔓延，避免发生大规模城市火灾。延烧遮断带之间及其与防灾主轴和疏散避难主要道路之间相互连接，也可作为震灾时进行疏散避难和救援新行动的运输通道网络。延烧遮断带分为骨架防灾轴、主要延烧遮断带和一般延烧遮断带。防灾生活圈是道路、河道等各级延烧遮断带围合的区域，从疏散避难角度也叫防灾避难圈，内部规划建设防救灾路线、避难场所、防灾绿轴、防灾据点等。防灾生活圈主要分为城市级、地区级和社区邻里级3个层级。社区邻里和地区级防灾生活圈以居民日常生活的空间范围为基础，与中学及小学学区覆盖的社区邻里范围基本一致，便于平时和灾时开展与防灾相关的各类活动（图 3-3）。

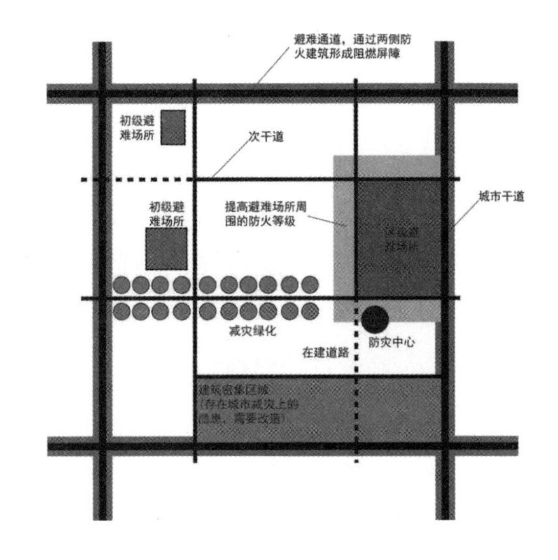

图 3-3　防灾生活圈示意图

实际上，点、线、面要素因空间尺度的不同而可能呈现出不同的表现形式。比如，城市中心避难场所或大型防灾公园，在总体尺度上作为疏散避难空间系统的点要素，但从其周边一定范围的局部空间尺度上看，是面状要素。点线面要素的差异主要取决于空间尺度的限定。不同层级的疏散避难通道、应急避难场所和安全防护空间构成了层级化和体系化的疏散避难空间主体网络，与各级防灾分区共同构成城市防灾及疏散避难空间的总体格局，对于疏散避难行动的速度、效率和安全性具有紧密关联⑤。

2）布局形态

形态模式

在城市建成环境中，应急避难场所主要依托绿地、广场等开放空间设置，其空间布局的几何学特征对其空间属性和避难行动具有不同程度的影响。

散点布局。应急避难场所呈现点状，彼此之间缺乏联系，分布于城市区域中。通常情况下，经过合理规划的应急避难场所之间具有联系通道，形成整体，所以散点式布局多发生于受用地限制等特殊条件影响的局部范围，能够解决局部范围内特定阶段的疏散避难，但难以进行避难相关的人员转移和运送，易于形成疏散孤岛区域。

线形布局。线形布局往往出现在带状建筑区周边，公共开放空间等应急避难场所分布于建筑区域一侧或两侧，线状分布或延伸。在这种模式中，应急避难场所和彼此联系的避难通道位于受害区域外侧，较为安全，也利于避难人员在受害区域外侧转移。两侧之间的联系通道若穿越受害区域，其距离较近，但安全性较低。若联系通道在外侧分布，安全性较好，但距离明显增大，不利于疏散避难行动。

中心布局。应急避难场所位于城市及建筑区域的中心地点，其余建筑街区在其周边分布，联系便利，疏散避难行动速度较快。但是，周边受害区域的居民均向中心疏散避难，应急避难场所的避难人数负荷大，且过于集中，一旦外围建筑街区形成大规模火灾等灾害，将危及应急避难场所安全。而且，位于中心的避难场所与需要疏散避难的受害区域和外围区域之间，多通过放射型通道加以联系，若疏散避难通道发生堵塞或完全中断，由于缺乏其他替代性通道，内外联系、避难人员物资转运等防灾救灾行动难以展开，易于加剧灾害。

网状布局。应急避难场所通过疏散避难通道相互连接，形成空间网络化形态。由于网络形态具有较好的连通性，各级应急避难场所之间联系便利，且具有多条联系通道，在个别疏散道路失效时，也可以通过其他通道进行疏散避难。而且，网络化形态利于将受害区域控制在近似的空间尺度规模，且应急避难场所和疏散避难通道分布、各用地分区的疏散避难距离和安全风险也较为均衡，利于保障疏散避难空间的基本属性要求。

复合网络布局。在基本网状布局的基础上，主要疏散避难通道、次要疏散避难通道、应急疏散通道的各级疏散避难通道将中心避难场所、固定避难场所和紧急避难场所相互连接，结合各级防灾主轴，综合组织点线面空间要素，将城市建筑区域划分为各级防灾分区，防灾分区内疏散避难场所、通道和缓冲隔离空间相对独立完整，防灾分区间通过疏散避难通道相互连通，形成复合化的疏散避难空间网络形态。复合化网络形态在总体层面形成了防灾分区及建筑区域、疏散避难空间和安全防护空间的均衡分布和相互联系，利于分散安全风险和避难人口负荷。而在分区及街区层面，复合网络形态不仅利于避免局部避难场所或疏散通道失效导致系统效能大幅降低，而且分区内疏散避难空间相对集中，利于确保疏散避难空间的可达性、安全性、冗余性等关键属性要求。复合网络形态具有较强的适应性和弹性，可以根据避难人口、用地类型、安全风险分布等因素进行调整和优化，适应复杂多变、相互影响的灾害环境，形成了韧性化防灾疏散避难空间的形态基础（表 3-3）[⑥]。

表 3-3　疏散避难空间形态布局模式及其影响

模式类型	特征	对避难救援行动的影响	图示
散点布局	点状分布于城市各部	相互间缺乏联系，整体避难救援功能较差	
线形布局	带状平行分布于建成区一侧或两侧，并延伸发展	与受害区域联系紧密，较为有利。但避难救援空间之间间距较远，若两侧分布则需穿越受灾区域，安全性及行动效率难以保证	
中心布局	分布于城市建成区中心	优点在于中心避难救援空间与周边城市分区直接联系，效率较高，缺点在于规模及容量有限、向内疏散，易于造成人群及物资的过度集中	
网状布局	避难救援道路等线性空间与避难救援场所相互联系，形成网络状分布	分布较为均衡，相互联系较好，各受害区域避难救援的距离及方向等性质基本一致。但相对缺乏层级关系和较大规模的避难救援空间	
复合网络布局	复合化网状形态，具有一个或多个避难救援核心，并通过宽度各异的线状、带形或楔状避难救援空间建立相互联系	总体分散与分区集中独立相结合，疏解避难救援压力、分散总体灾害风险与提高功能效率兼顾；避难救援空间分布均衡、联系紧密、整体连续、适应性和弹性均较强，较为理想	

分布间距

总体上，疏散避难行动随着灾害发生后灾情演化和应对的不同阶段展开，具有时间和空间上的时序性。城市道路是疏散避难通道的主体空间，绿地和广场等是应急避难场所的主体空间，不同层次疏散避难空间的分布间距和分布密度应当满足疏散避难行动方式、速度等方面的要求。比如，疏散避难空间中的道路密度过小、道路间距过大、应急避难场所距离过远，应急疏散避难人员无法在适宜时间内尽快到达安全的疏散避难空间，易于出现难以疏散的盲点区域，也会加大居民安全风险和受害程度。

应急避难场所具有明确的服务范围和分布间距要求。比如，日本的历次灾害调查显示，灾时居民步行疏散避难的最长时间为1 h，按照步行速度2 km/h推算，应急避难场所的最大服务半径为2 km。绝大多数居民在灾后初期5~10 min内通过步行，完成第一阶段的应急疏散，考虑到决定疏散、人员差异、路线选择、安全性等方面的因素，应急避难场所的距离为500~600 m。我国的各级防灾避难场所中，紧急避难场所的避难疏散距离不超过0.5 km。短期、中期、长期固定避难场所的避难疏散距离控制指标分别为1.0 km、1.5 km、2.0 km，分别服务和覆盖不同层级的城市区域[7]。

空间规模

避难救援场所的大小和规模应当适应避难人员数量和使用面积的要求，并留出足够的安全防护空间，不同层级的避难场所具有不同的要求。日本城市中的一般城市级恢复重建据点不小于50 hm^2，城市级避难场所不小于10 hm^2，而分区级避难救援场所在1~2 hm^2之间，地段及局部区域内避难救援场所在0.3~0.5 hm^2之间[8]。根据《防灾避难场所设计规范（GB 51143—2015）》的规定，我国防灾避难场所中，紧急避难场所有效使用面积不小于50 m^2/万人，由于主要服务于周边街区居民第一时间的紧急疏散避难，有效使用面积和避难人员容量根据需求灵活确定。固定避难场所中，短期、中期、长期固定避难场所的人均有效避难面积分别为1.0 m^2/人、2.0 m^2/人、3.0 m^2/人，总体有效面积分别为0.2 hm^2、1.0 hm^2、5.0 hm^2（表3-4）。

表3-4　防灾避难场所的类别及主要要求

场所类别	主要要求			
	有效避难面积（hm^2）	人均有效避难面积（m^2/人）	避难疏散距离（km）	责任区建设用地（km^2）
长期固定避难场所	≥ 5.0	≥ 4.5	≤ 2.5	≤ 15.0
中期固定避难场所	≥ 1.0	≥ 3	≤ 1.5	≤ 7.0
短期固定避难场所	≥ 0.2	≥ 2	≤ 1.0	≤ 2.0

表 3-5　城市各级疏散避难通道的宽度及作用

层级	有效宽度	作用
城市主要疏散避难通道	不小于 15 m	· 连接城市对外联系干道、桥梁等 · 连接城市主要对外出入口 · 连接城市级应急避难场所
城市次要疏散避难通道	不小于 7 m	· 连接主要疏散避难通道 · 连接分区内紧急疏散场所与固定避难场所 · 连接各居住街坊及建筑场地
城市应急疏散通道	不小于 4 m	· 连接次要疏散通道 · 连接各建筑、建筑场地与紧急避难场所

疏散避难通道的有效宽度是衡量其效能的关键指标。对于地震灾害，沿路部分建筑发生倒塌，其废墟可能影响和阻塞疏散避难通道。通常情况下，疏散避难通道的有效宽度是指道路等通道的宽度扣除建筑倒塌影响宽度和路边停车宽度的部分。用于应急疏散和紧急避难场所内外的通道有效宽度一般不小于4 m，次级疏散通道和固定避难场所内外的疏散通道有效宽度不小于7 m，与中心避难场所、城市对外出入口等城市级防灾空间连接的主要疏散避难通道不小于15 m。除了疏散避难有效宽度，还需考虑路边停车、建筑倒塌影响范围和平时交通等方面的因素，用于疏散避难通道的城市道路实际宽度应大于疏散避难有效宽度[⑨]（表 3-5）。

3）形态特征

与平时使用的道路、步行道和绿地、广场等空间相比，疏散避难通道和应急避难场所的形态特征具有特定要求，其几何特征不仅影响疏散避难行动的效率，也会影响疏散避难空间的可达性、安全性、可识别性等属性要求，继而呈现出疏散避难作用的差异。

平面形态。在直线形的疏散避难通道中，疏散避难人群和车辆的运动速度较快，易于保持匀速状态，视线开阔，与行动方向一致，利于了解和判断通行状况，进而作出正确的行动调整和路线选择。比较而言，曲线形和过度曲折的道路中，疏散避难人群和车辆实际行进距离增大，需要持续调整行进速度和方向变化，降低了平均疏散速度，也易于在方向变化处出现拥堵。而且，曲折道路视线可及距离和视域范围较小，加上建筑、树木等要素的遮挡，疏散避难人群难以提前观察和发现前方建筑物受损、倒塌和出火等危险状况，并及时采取调整和应对措施，一旦发生较长距离的疏散折返，安全风险随之上升。由于灾时应急疏散避难人员在心理和生理上均处于紧张状态，与平时使用相比，几何形态对于疏散避难空间及行动的影响程度更大，直线形的道路形态可以确保通行速度，促进空间识别与预判，避开安全威胁，利于疏散行动的展开。在疏散避难通道系统的整体层面上，规则方格路网相较于有机形态路网，其总体形态特征明确，分布间距一致，视线视域畅通，易于进行空间定向定位和位置判断，避免发生路线选择错误、局部疏散拥堵、行动速度迟缓等不利情况，为疏散避难行动提供高效可靠的空间支持。

应急避难场所的几何形态特征与其周边安全性和内部空间功能具有密切关联。形态规则、边界方整的避难场所，便于进行内部空间划分及场地、道路和建筑组织，也便于视需要进行临时调整，其空间使用效率较高。而且，由于其空间边界周长较小，与周边环境中的建筑倒塌及出火等危险要素接触界面长度也相应减少，利于控制避难场所周边的安全风险。相比之下，不规则形态的避难场所不仅会限制内部空间组织，易于出现难以利用的空间，其周边长度也相对较大，易于受到周边环境中的安全风险要素的危害。

地面高程。疏散避难行动的各个阶段对于时间和距离具有一定要求，主要取决于行动速度，也会受到疏散避难通道高程变化的显著影响。在诸如山地城市空间等高程变化较大的环境中，步行速度明显降低，疏散避难人员也会耗费更多的体力而产生疲劳，继而降低整体的疏散速度及疏散距离。因此，若疏散避难通道地面高程多变，各阶段实际步行疏散距离和能力降低，其应急避难场所规划布局时的疏散距离也宜相应减小。此外，广场、绿地等开放空间由于平时的使用要求和景观处理，形成较为复杂和丰富的地形起伏，若作为应急避难场所，不仅难以设置适当规模的避难场地和避难生活设施，还易于造成内部物资运送、人员救护等行动的不便，甚至出现跌倒等行为安全事故，影响避难场所的实际作用。

周边界面。对于城市地震灾害，应急避难场所的安全风险因素除了自身的工程性抗震能力，主要来自周边环境中的建筑倒塌、出火及坠物。建筑倒塌产生的废墟、建筑出火及坠物均具有相应的影响范围，并受其分布高度的影响。因此，疏散避难通道、应急避难场所与周边建筑构成的界面形态反映了建筑安全影响范围、高度与疏散避难空间间距的形态关系，对疏散避难空间的安全风险具有重要影响。比如，街道高宽比是街道沿线建筑物高度与道路宽度的比值，也是衡量疏散避难通道安全性的主要指标。建筑高度越高，道路宽度越小，街道高宽比越大，疏散避难道路的安全风险越高，甚至会因建筑倒塌等而造成疏散避难行动完全阻断。反之，如果街道高宽比较小，疏散避难道路与周边建筑间距较大，即使建筑震时倒塌，影响疏散避难行动的可能性也相对较低，疏散避难空间的安全性越高。

3.4.2 防灾疏散避难空间的环境要素

疏散避难空间主要由具有疏散避难作用的道路、开放空间、防灾建筑与设施构成，是城市建成环境的有机组成部分，与其他建筑、绿化、水体及环境设施共同构成疏散避难的整体空间环境。不同类型的环境要素各自具有多重属性和作用，主要体现在以下方面。

1）承灾要素

在地震灾害中，城市空间环境的各类要素都会发生不同程度的破坏和损失，其中，建筑和构筑物是地震灾害主要的物质性承灾要素，建筑物倒塌、建筑出火及街区大火会造成大量人员伤亡和财产损失。

2）服务对象

地震发生时，城市中大量建筑中的人员和财产需要向外部安全空间进行疏散和转移。疏散避难空间的建设保障建筑中的人员及时疏散避险，是避免人员伤亡和降低灾害损失的基本要求。从物质空间角度看，建筑是地震时疏散避难空间服务的主要对象。

3）功能影响

在城市环境中，疏散避难空间内部及周边分布着大量环境要素，直接影响疏散避难空间的可达性、安全性和有效性等属性要求。其中，建筑物倒塌、出火及坠物是主要影响要素。此外，道路单双侧停车、电线杆及变电箱倾倒破坏或出火、标识牌和招牌坠落、人行道占用、高架桥倒塌、树木倒伏等因素也会挤占疏散避难空间的有效宽度及容量，造成疏散避难人员伤亡，阻碍和阻断疏散避难行动，使疏散避难空间的防灾效能明显下降。

4）功能支持

建筑。用于防灾救灾的建筑是城市疏散避难和防灾空间系统的有机组成部分，要求重点强化其抗震设防和防灾性能，满足应急避难场所的相应要求。在固定避难场所和中心避难场所中，学校、体育馆、展览馆等公共建筑经常与运动场、绿地等开放空间结合，作为避难生活、卫生救护、物资储存发放场所及防救灾指挥中心等防灾建筑，具有重要的防灾作用。在“5・12”汶川地震中，数千名受灾居民曾在绵阳九州体育馆中临时避难。而且，高防火性能建筑还可以阻断火势蔓延，降低火灾危害，保证疏散避难空间的安全。

绿化。树木等绿化对于疏散避难的支持作用包括几方面。首先表现在为疏散避难空间提供有效的安全防护。在疏散避难通道和应急避难场所周边，由含油率低和耐燃性好的树木构成的林带在满足一定宽度和高度要求时，具有显著的防火隔离作用。在实际发生的震害中，树木也能够承

图3-4　日本阪神地震后树木阻拦部分建筑废墟进入疏散道路

载建筑倒塌形成的部分废墟和坠落的建筑材料，在一定程度上阻挡其进入疏散避难空间（图3-4）。其次，地震发生时，由于建筑等人工物发生破坏，整体环境特征可能发生变化，而树木相对不易受到地震影响，即使是高大乔木也较少发生震时倒伏，疏散避难人员可以将其作为环境标志，利于疏散行动的定位与定向。再者，应急避难场所中的树木还可以用于固定和搭建临时帐篷，支持居民的避难生活。

水体。城市中的水体除了河道、湖泊等自然水体之外，还包括水池、沟渠等人工水体及给水设施。具有一定宽度及规模的水体是天然的防火隔离空间，对疏散避难空间具有保护作用。而且，在地震灾害时，一旦城市供水设施系统发生破坏，无法正常供水，将严重影响消防、救护、临时避难生活等方面的防救灾活动。自然水体、人工水体及设施平时储蓄的水则成为重要的防灾应急水源。除了利用自然水体，日本许多城市密集建筑区域的避难场所中，往往修建一定数量和规模的耐震地下储水槽，不仅补充消防设施的用水，喷洒、冷却防火绿化或避难场所，也用于卫生清洁。此外，经过净化处理的蓄水还可用于避难人员饮用和做饭，支持基本的避难生活。

环境设施。道路及绿地、广场等公共开放空间中分布多种环境设施，服务于平时生活中的休憩、游乐、运动等各类活动。从防灾角度，各种不同类型的环境设施也具有相应的疏散避难支持作用。

标识。地图、路标等标识可以用于疏散路线和避难场所的指示引导，具有说明文字及示意图的标志牌可以说明各种避难设施的功能和使用方法。通过电子公告屏、布告栏等信息播报设施，可以发布受害情况、灾情预警、疏散避难通道和避难场所使用情况等灾情信息。

照明。灯具等照明设施在夜间为疏散避难道路和场所提供必要的照明，对于夜间发生的震灾防救至关重要，也具有疏散路线引导、标识照明和避难场所生活照明等多种用途。用于防灾的应急灯具不仅需要确保牢固和安全，还需配备备用电源或储电装置。

此外，公共开放空间中，洗手池及厕所等卫生设施、廊亭建筑小品等环境设施，通过平灾功能转化和综合利用，均可为疏散避难提供有力支持[⑩]（表3-6）。

综合上述内容，从防灾及疏散避难角度审视各类环境要素的属性和作用，为从

表 3-6　建筑与环境设施的疏散避难支持作用

要素类型	构成	疏散避难支持作用
建筑	抗震防灾建筑， 防火耐火建筑	·防灾建筑。用于避难生活、卫生救护、物资储存及防救灾指挥中心等 ·安全防护，建筑防火屏障
绿化	以树木为主	·安全防护，防火隔离绿化 ·安全防护，阻挡建筑坠物 ·环境标志，空间定位与引导 ·避难生活帐篷等场所搭建
水体及给水设施	河道、湖泊等自然水体，水池、沟渠等人工水体，给水设施	·安全防护，防火隔离 ·应急水源，用于消防，喷洒避难场所，临时避难生活中的卫生、做饭、饮用等
标识设施	地图、路标等	·疏散避难空间定位及引导
	避难救援设施说明文字及示意图	·避难救援设施名称及功能说明
信息传播设施	电子公告屏、布告栏等	灾情信息发布。包括受害情况、灾情预警、疏散避难通道和避难场所使用情况等
照明设施	应急引导灯与照明灯	夜间疏散和避难生活照明
建筑小品	亭、廊等建筑小品	·支持临时搭建帐篷等避难生活场所
休息设施	座椅等	·疏散避难中的休息与整备
服务设施	电话亭、售货亭、医疗救助点等具有服务功能的小型建构筑物等	·报警及避难生活信息通信 ·灾时问询、信息发布点 ·灾时临时医疗救助点
卫生设施	废物箱	·收集避难生活垃圾等
	公共厕所	·避难生活应急厕所

空间要素组合、空间形态组织和空间环境综合设计等方面，合理配置疏散避难空间系统要素，充分发挥其防灾效能，提供了认识层面的重要基础。

① 梶秀树，冢越功. 城市防灾学：日本地震对策的理论与实践[M]. 杜菲，王忠融，译. 北京：电子工业出版社，2016：114.

② 戴慎志. 城市综合防灾规划[M]. 2版. 北京：中国建筑工业出版社，2015，125-127.

③ 雷芸. 阪神·淡路大地震后日本城市防灾公园的规划与建设[J]. 中国园林，2007，23(7)：13-15.

④ 李繁彦. 台北市防灾空间规划[J]. 城市发展研究，2001，8(6)：1-8.

⑤ 戴慎志. 城市综合防灾规划[M]. 2版. 北京：中国建筑工业出版社，2015：111-125.

⑥ 蔡凯臻，王建国. 安全城市设计：基于公共开放空间的理论与策略[M]. 南京：东南大学出版社，2013：171-172.

⑦ 中华人民共和国住房和城乡建设部. 防灾避难场所设计规范：GB 51143—2015[S]. 北京：中国建筑工业出版社，2021：7.

⑧ 齐藤庸平，沈悦. 日本都市绿地防灾系统规划的思路[J]. 中国园林，2007，23(7)：1-5.

⑨ 戴慎志. 城市综合防灾规划[M]. 2版. 北京：中国建筑工业出版社，2015：126.

⑩ 蔡凯臻，王建国. 安全城市设计：基于公共开放空间的理论与策略[M]. 南京：东南大学出版社，2013：175-178.

4 多、低层居住街区紧急疏散避难的空间与效能

4.1 居住街区防灾避难空间的基本构成

4.1.1 居住街区应急避难场所的类型与层次

我国的防灾避难场所分为中心避难场所、固定避难场所与紧急避难场所，并具有不同的防灾职能，满足不同灾害发展时期的避难需求。在空间角度上，其覆盖的服务范围基本对应于城市、分区和街区的不同层次，形成城市范围内的防灾分区划分。在居住区及街区尺度上，防灾避难场所主要为固定避难场所与紧急避难场所。固定避难场所用于居民的固定避难和集中救援，需满足灾时居民避难的宿住需求及配备相应设施。紧急避难场所主要服务于居住街区和居住小区尺度的疏散避难，分布于受害建筑周边及邻近区域。地震发生时，居民大多自发性地就近使用紧急避难场所进行紧急或临时避难，汇聚集合后，再向上一次层级的固定避难场所转移和过度。紧急避难场所是居住街区中居民灾时逃生避险的主要避难空间，也是居住街区紧急疏散的目的地。

4.1.2 居住街区疏散避难通道的类型与层次

作为连接需疏散建筑与各层次防灾避难空间的主要纽带，居住街区内的道路是灾时居民紧急疏散和避难的关键通道，也是防灾避难空间的重要组成部分。灾害发生后，居住区内的宅间小路、街坊之间的道路是居民首先到达的紧急逃

表 4-1　居住街区疏散避难道路的类型层次

类型	服务层次	有效宽度要求	主要职能	城市居住区规划设计规范一般要求	是否满足疏散避难有效宽度
居住街区主要疏散避难道路	居住区	不小于 8 m	·连接城市主要疏散避难通道 ·连接居住街内紧急疏散场所与固定避难场所 ·连接各居住小区	居住区级道路：红线宽度一般不小 20 m，车行道一般为 9 m，人行道宽度一般在 2~3 m	是
居住街区次要疏散避难道路	居住小区	6 m	·连接居住街区内紧急疏散场所与各建筑	居住小区级道路：红线宽度一般不小于 10~14 m，车行道一般为 7~9 m，人行道宽度在 1.5~2.5 m	是
	居住街坊			居住组团路：道路红线宽度一般为 5~7 m，通常不需要设置专门的人行道	是
居住街区应急疏散通道	住宅之间	不小于 4 m	·连接住宅单元或住户出入口与次要疏散道路	宅间小路：宽度为 2.5~3 m	否
		仅用于步行疏散的应急疏散通道不小于 3 m			是

生空间，继而向上一层级疏散道路和避难场所进行运动和转移。同时，救援、消防的车辆和人员也主要通过道路进入受灾区域，展开相应救援行动。在我国城市居住区规划设计中，根据层级与功能的差异，确定了各级道路的等级与宽度。居住区道路用于划分限定居住区用地，并解决居住区与城市区域的联系。居住区次要道路主要用于居住区的内外联系。居住组团道路连接居住小区内的各个住宅群体。宅间小路直接连接住宅单元出入口或单栋住宅建筑，并连接居住组团级道路或居住小区级道路。因此，自下而上的，居住区内的道路形成宅间道路—居住组团道路—居住小区次要道路—居住区道路的层级序列。而从防灾避难角度看，应急防灾避难道路也存在层级化的构成关系，主要由应急疏散通道—次要避难道路—主要避难道路构成，并具有不同的宽度要求。不论是层级构成还是宽度要求，二者均存在一定程度的一致性与差异性（表 4-1）。

4.2 居住街区紧急疏散避难行动的时空过程

4.2.1 疏散起始阶段——住宅及其周边环境

通常情况下，疏散避难行动表现为自下而上的空间过程。地震发生时，较大的晃动时间约持续十几秒至几十秒。大部分居民察觉到震感时，通常选择在相对坚固的空间或家具中躲避，然后根据对地震灾情的判断、空间位置和防灾疏散经验等因素，作出疏散行动的决定，研究表明，大多数居民通常在震后第一时间作出决定并展开行动，少量居民因心理、收拾物品等各种原因，最长延迟至震后10 min之内。展开疏散行动的居民迅速进入楼梯间下楼，到达住宅单元出入口，完成住宅建筑内部的疏散行动。继而，居民从住宅单元出入口出发，进入外部的宅间道路和空间，并继续远离可能发生危险的住宅建筑。因此，各住宅单元出入口及其周边环境，是居住街区紧急疏散行动的起始点。

4.2.2 疏散行进阶段——居住街区疏散避难道路及步行路径

居民在远离住宅及其周边环境之后，大多选择临近住宅的绿地、空地及道路，以步行方式展开紧急避险。随后往往出现更多的险情，比如住宅建筑倾倒毁坏、建筑出火、玻璃等物品坠落，居民为到达更为安全的空间，获得紧急避难和救助的机会，自宅间道路或临近住宅区域，以居住街坊及居住小区的次要疏散避难道路和步行空间为主要疏散避难路径，继续向紧急避难场所行进。

4.2.3 停留避难阶段——街区紧急避难场所

紧急避难场所通常选择居住街区内的花园、广场、空地和街头绿地等开放空间设置。疏散居民陆续进入紧急避难场所后，主要进行灾害发生后1 d之内的紧急避难、休息、安置及救助，并后续展开3 d以内的临时避难生活。若灾情严重且继续持续，居民需要继续转移至固定避难场所，展开短期15 d、中期30 d及长期100 d的避难生活。因此，在居住街区中，紧急避难场所是自住宅建筑疏散避险后最为基本的停留避难空间，也是向更高级别避难场所及城市防灾避难空间进行中转的过度环节，对于居民防灾疏散避难具有关键作用（图4-1）。

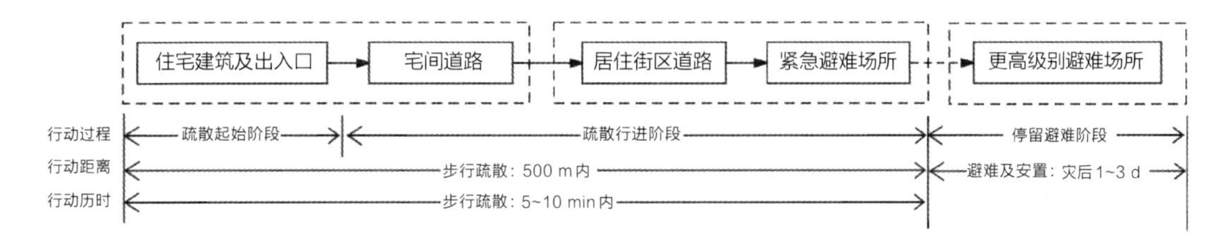

图4-1　居住街区层面紧急疏散避难行动的时空过程

4.3 空间要素对紧急疏散避难行动的影响

居住街区空间环境主要构成要素包括住宅等建筑、道路和公共开放空间等，上述要素组合形成不同形态特征的空间环境（表 4-2），在空间尺度、构成要素、空间结构和空间形态等方面呈现差异性，也对疏散避难行动产生不同的影响。

疏散避难行动发生于特定的时空条件下，与地震等灾害的强度、疏散人员构成、防救灾应急管理等因素密切相关，也受到物质空间环境的影响。在街区层面，影响紧急疏散避难行动的空间要素主要包括以下 5 个方面。

表 4-2　居住街区主要空间要素及形态组合

建筑布局	道路	开放空间	出入口位置
行列式	鱼骨式道路	分散绿地等开放空间	建筑长轴或短轴行列之间的街坊独立边界
围合式	环形路网	集中绿地等开放空间	建筑底层架空洞口或建筑围合间隔处
点阵式	环形路网	集中或分散绿地等开放空间	建筑之间的独立边界

4.3.1 街区用地尺度与总体形态

1）街区用地尺度

在街区层面，街区总体尺度、用地形态、道路与路径、公共开放空间与住宅建筑的布局与位置关系，奠定了需疏散建筑、建筑安全风险要素、疏散路径、应急避难场所的基本空间框架，对于疏散避难空间效能及行动具有直接影响。

街区尺度的大小与住宅建筑和居民人数密切相关，继而决定了需要疏散居民的数量和应急避难场所的规模。按照我国居住区相关规范，10 min 生活圈居住区对应的居住人口规模为 15 000~25 000 人，其配套服务设施服务半径不宜大于

500 m。5 min生活圈居住区对应的居住人口规模为5 000~12 000人，其配套设施的服务半径不宜大于300 m。居住街坊一般为2~4 km^2，对应的居住人口规模为1 000~3 000人。按照紧急避难场所人均有效避难面积0.5 m^2/人推算，10 min生活圈和5 min生活圈的应急避难场所有效面积分别为7 500~12 500 m^2和2 500~6 000 m^2，而居住街坊层级的紧急避难场有效面积为500~1 500 m^2。

街区尺度大小和用地形态也直接影响各住宅建筑的疏散避难距离。随着居住小区和街坊尺度的增大，其总体疏散距离随之增加。在周边城市道路、开发强度及日照等方面的要求下，居住街区的用地形状及其方向制约住宅建筑和道路的布局组织，对到达紧急避难场所的疏散路径距离产生影响。比如，当避难场所位于街区角部时，按照到达紧急避难场所500 m的规范要求，正方形街区和矩形街区中的住宅最长疏散距离即为500 m，在疏散路径不发生迂回现象的情况下，二者相同。但街区内所有建筑的平均疏散距离，以及街区内所有建筑的疏散距离差异度显著不同。通常情况下，趋近正方形平面的街区中，各住宅建筑疏散距离更为均衡，疏散距离较大、可达效能较低的建筑较少。

2）街区总体形态

多、低层居住街区空间规划结构的布局形态具有中心式、条带式和网络式的基本形式，在防灾紧急疏散避难维度上呈现不同的影响和特性（表4-3）。

中心式

通常在居住街区的中心位置具有较

表4-3 居住街区基本形态类型及其疏散避难影响

形态类型	图示	形态特征	疏散避难影响
中心式		单一中心布局，圈层环路结合放射道路，建筑周边布局	便于设置集中紧急避难场所；但避难场所位于内部中心，安全性较低，受困于受害街区风险较高；空间辨识度和导向性较低，疏散路径选择相对困难
条带式		带状矩形用地，线性道路主轴，带状或多个小规模公共空间，建筑总体带状布局	疏散距离增加，疏散可达性和安全性降低；主要疏散通道负荷集中，易于阻塞和混乱，安全性、可达性和疏散效率易受影响
网络式		多个开放空间，网络化的道路，与建筑间隙分布	路网连通性较高，总体疏散距离及疏散距离的差异较小，可达性较高；疏散路径替代性和可选择性较高；利于分散化疏散避险和设置安全缓冲防护空间，整体疏散安全风险较低

大规模的集中绿地、广场或公共服务用房。在街坊和居住小区的尺度下，通常为单一中心布局，与周边建筑通过圈层分布的环路和放射性道路进行连接。从防灾避难的角度看，集中开放空间便于达到紧急避难场所的有效面积，并可将公共服务用房进行平灾转换，作为防灾建筑。但避难场所位于街区内部中心，与向外部安全区域疏散的要求相悖。从安全角度看，位于中心的避难场所安全性要求更高，而恰恰易于受到周边建筑安全风险要素的影响，一旦发生危险，居民受困于受害街区内部的风险较高。而且，圈层结合放射状的道路空间辨识度和导向性较低，易于导致疏散路径选择困难，也不利于疏散。

条带式

条带式街区基本呈现为矩形平面的带状形态，以线性的主要道路作为主轴，分布少量绿带或多个小规模的开放空间。由于街区用地长轴较长，各住宅的疏散距离增加，疏散可达性降低，一旦过长，长轴边缘区域或街坊中的住宅疏散距离易于超过500 m，产生防灾疏散方面的不利影响。随着疏散距离增加，各住宅的疏散安全性相应降低。而且，条带式街区的道路多为脊状道路系统，街区主要疏散通道的负荷集中，疏散人群易于聚集、阻塞和发生混乱，需要切实确保其安全性、可达性和效率。

网络式

网络式街区通常具有多个开放空间，通过网络化的道路进行连接，绿地、广场等开放空间与建筑间隙分布。网络化的道路具有较高连通性，各住宅建筑的总体疏散距离较小，各住宅疏散距离差异较小，总体疏散可达性较高。而且，网状路网彼此连通，疏散路径具有较好的替代性和可选择性。网络式街区的开放空间分布较为均衡，利于多地点、分散化的紧急疏散避险，也便于设置安全缓冲防护空间和屏障，街区整体的疏散安全风险较低。

4.3.2 道路结构形态与环境

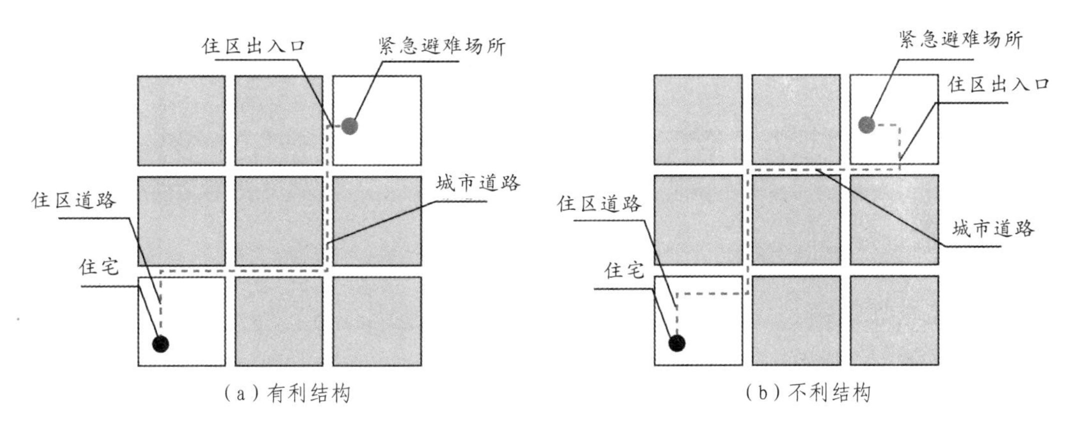

图 4-2 居住街区道路与疏散路线结构示意图

1）道路结构

城市居住街区及内部街坊主要通过各级道路进行划分，路网结构与街区总体空间结构直接相关。城市居住街区路网的层级和尺度并非完全的递进关系，往往呈现自身与城市道路的尺度交错。一方面，居住街区中划分街坊的城市道路主要为支路，也同时连接居住街区与城市其他功能区域。另一方面，居住街坊内部的道路是向街坊外部疏散的路径，连接着需疏散住宅单元和街坊的出入口。从疏散建筑出发，经居住街坊内部道路进入街坊周边的城市道路，继续沿城市道路向紧急避难场所行进，沿途来自不同街坊的疏散人流逐步汇集。街坊周边的支路等城市道路承载了居住街区各街坊的疏散负荷。城市中的老旧居住街区往往只有少量出入口与城市道路连通，且道路系统缺乏相应组织，往往出现穿越街坊内部进入城市道路后、需经其他街坊内部道路才能到达紧急避难场所的情况，增加了疏散的安全风险①（图 4-2，图 4-3）。

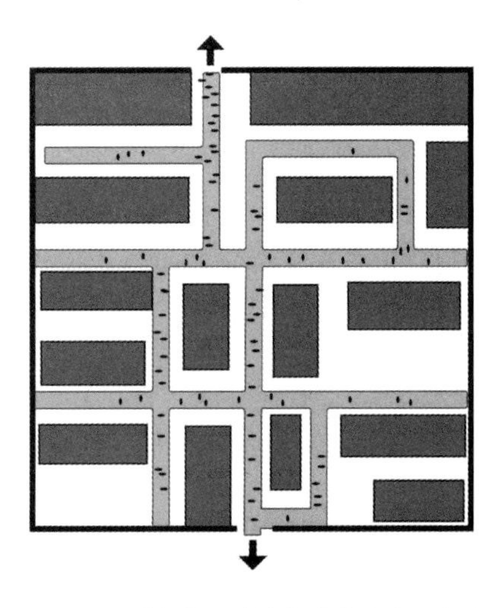

图 4-3 居住街区道路与疏散路线示意图

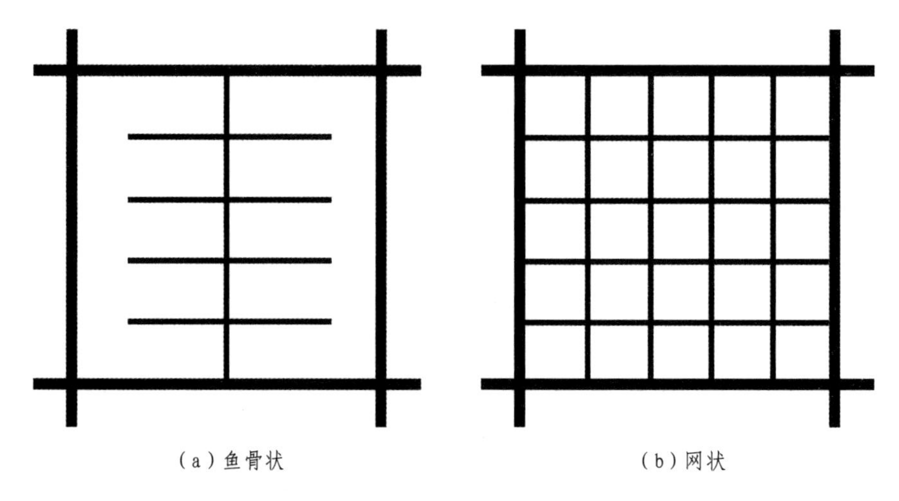

图 4-4 居住区道路形态的主要类型

2）道路形态

居住街区中的各级道路、步行空间、小径、通道是疏散居民向紧急避难场所行进的主要空间，构成了居住街区的疏散路径系统。

疏散路径系统的形态特征对于街区整体和局部区域疏散效能具有影响，主要体现在疏散负荷、行进速度、拥堵风险、路径迂回度、安全风险水平及其分布等方面。

在整体层面，居住街区中的常见道路整体形态主要包括网状和鱼骨状道路。其中，鱼骨状路网的结构层级明确固定，主干道路的集中度较高，来自宅间道路的疏散人流全部汇聚于主干疏散道路，其疏散负荷较大，且易于发生拥堵现象，造成实际可达性低、安全风险高的不利情况。一旦局部路段发生疏散堵塞，局部区域乃至街区整体易于发生疏散困难，出现无法疏散的疏散盲点区域。而且，街区道路间距过大、尽端路和丁字路过多、道路和步行空间缺乏直接联系，疏散路径系统的整体连通度低，使街区内建筑平均疏散距离加大，也会造成局部区域和建筑出现低效的迂回疏散路径②（图 4-4）。

在局部层面，居住街区中常见的方格网道路，相对便于紧急疏散时的空间位置和行进方向的判定。因景观等方面的考虑，居住街区中的道路和步行空间有时过度曲折，转弯转向较多，在灾时疏散的紧急状态下，居民难以在短时间内迅速作出正确选择，需花费更多时间判别位置和行进方向，甚至会迷失方向、选择错误路径，疏散效率明显降低。

疏散居民在灾时的紧急状态下定位定向的空间判断困难，会降低疏散速度，无法在必要时间内到达避难场所。通常情况下，住宅等建筑与疏散路径的连接点较为单一，无法在必要时进行多个方向的疏散，风险过于集中。

实际上，上述影响并非仅由道路系统自身的形态特征导致，有时也受到避难场所位置、建筑及地块出入口设置等多种因素的影响，需要从形态要素的组合与布局方面进行综合考虑。

3）道路环境

在以往的居住街区尤其是老旧住区中，道路和步行空间宽度有限，且经常被路边停车、设置不当的街道设施、树木绿化、违建车棚及临时摆放物品等要素挤占，疏散有效宽度不足，能够承载的疏散人流数量和负荷有限，难以在灾时发挥疏散作用。

在有限的用地规模和最大化住宅排布数量的双重影响下，居住区道路、步行路径与住宅等建筑的间距较小，街道高宽比较大，难以满足建筑倒塌、出火、坠物等要素的安全范围要求，也难以设置防火绿化等缓冲防护空间设施，紧急疏散路径的安全风险较高。

此外，道路及步行空间周边的照明、标识等设施多从平时生活出发，并未充分考虑灾时紧急状态的特殊要求。比如，为了避免光线过亮影响临近住户，居住街区道路及步行空间的灯具分布和照度水平大多按照最低要求设置，指路指向标识数量较少，可以提供居民平时夜间通行、散步等活动的基本条件，但对于地震灾害紧急状态下的疏散避难，则存在灯光过暗、照度不足、指向标识不连续等缺陷，从而影响疏散避难的行动效率。

4.3.3 开放空间数量、布局与环境

居住街区中的开放空间主要由绿地或活动广场构成，是主要的紧急避难场所。开放空间的数量、布局及形态特征对其防灾效能和疏散避难行动具有重要影响。

1）总体数量

居住街区中开放空间总体数量有限，其面积规模大多达不到有效使用面积和设置缓冲防护空间的要求，居民难以就近紧急避难。在灾害发生时，相当数量的居民被迫远离居住地，到疏散距离较远的中小学校和街区公园等空间避难，疏散行程及时间过长，安全风险也相应升高。另一方面，完善的应急避难场所系统由不同层级的避难场所构成，不仅适应灾害发生后随时间先后展开的疏散避险、临时安置、避难生活等行动次序，也分别适应不同街区尺度的疏散人口规模，服务于不同的区域。紧急避难场所、临时避难场所、固定避难场所和中心避难场所的层级递进，既是疏散避难行动随时间推移逐级转移和汇集的体现，也是服务区域及人口等方面的空间映射。从这一角度看，居民无法就近避难而选择上一层级的避难场所，易于造成灾时各级避难场所实际使用与规划目标的错位，出现某些避难场所空置或使用不足，另一些避难场所过度拥挤及超过负荷，导致疏散避难的混乱，加剧灾害影响。

2）布局位置

在数量整体不足的情况下，由于缺少系统性的布局组织，居住街区中往往呈现碎片化的布局，难以形成连续的绿地等避难开放空间系统，居民在疏散行进过程中遇到空间断点，被迫绕行，导致疏散行动迟滞。由于开放空间布局较少关注防灾疏散避难的要求，2008年汶川地震时，在德阳市和都江堰市有大量公园、绿地未能发挥其避难作用的同时，不少受灾居民却滞留于住家附近，无处安全避难[3]。

集中设置的绿地和广场相对易于达到有效避难面积的要求，可以作为居住街区的紧急避难场所。出于安全考虑，灾害发生时居民首先选择向街区外部的安全区域疏散避难。紧急避难场所的位置不同，每个住宅单元的疏散路径距离、疏散过程中经过的其他住宅建筑数量不同，其疏散行动的可达性和安全性会呈现明显差异。现实中，出于小区管理、日照和景观等方面的要求，居住街区往往在中心位置设置集

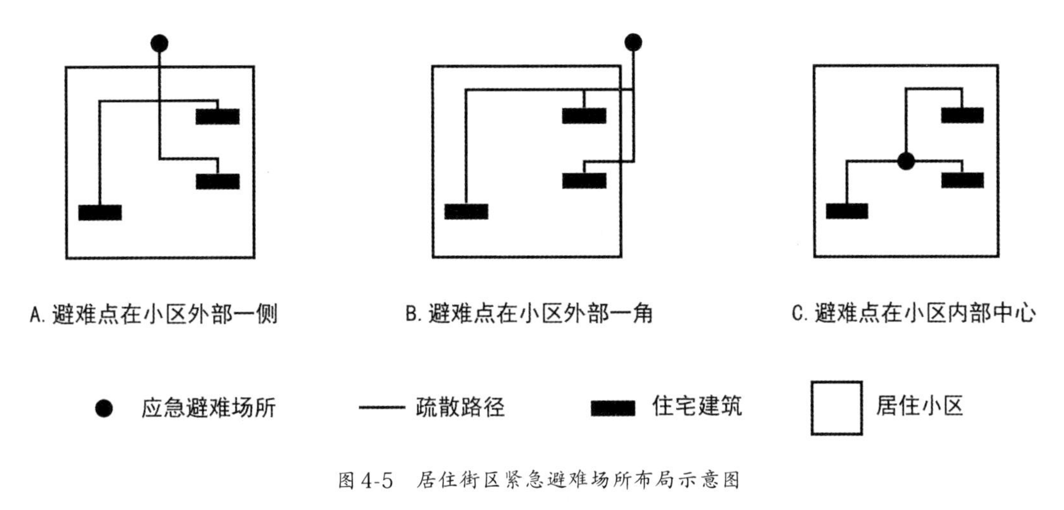

图 4-5　居住街区紧急避难场所布局示意图

中绿地和广场。若作为紧急避难场所，可以缩短每个住宅单元的疏散距离、降低沿路经过的建筑数量及相关的安全风险，但居民向街区内部中心区域疏散和避难，在受害街区中暴露时间加长，风险随之升高，可能发生长时间受困的情况和遭受更为严重的二次灾害。紧急避难从场所应位于街区外侧，便于居民自街区内部向外部安全区域疏散。同时，紧急避难场所位置过于偏远，街区中部分建筑和街区整体的疏散距离明显加长，严重时会出现疏散困难。因此，紧急避难场所的位置还应将街区中所有建筑的疏散距离控制在合理范围之内（图 4-5）。

3）空间环境

居住街区中开放空间的避难作用也直接受到周边及内部环境的影响。有效使用面积是衡量应急避难场所容量和有效性的重要指标，应当符合各级避难场所人均使用面积和服务人口数量的要求。避难场所的有效使用面积通常指有效避难面积，即避难场所内除服务于城市或分区的应急指挥、医疗卫生救护、物资储备等应急功能占用的面积之外，用于人员安全避难的空间及其配套防灾应急设施的面积。

在我国许多城市应急避难场所的规划和建设中，通常根据绿地、公园、中小学校等应急避难开放空间的不同类型，选择相应的折减系数进行简便计算。建筑等风险要素的影响范围、安全间距要求、缓冲防护空间及设施，会进一步减少避难场所的有效使用面积。

在以往的空间环境和景观设计中，绿地和活动广场大量采用曲线和不规则形态，内部空间划分细碎，空间层级丰富，地面高程多变，分布较多高大乔木，内部路径曲折，标识、亭榭小品等景观设施仅仅满足平时生活使用需求，缺乏避难行动所需的应急标识、应急卫生等防灾设施，均会降低或使其完全丧失避难作用。

实际上，作为避难场所的开放空间的数量、布局及环境设计，需要结合街区用地、人口规模、建筑风险、缓冲防护、避难活动等多种因素，在不同尺度上进行综合考察和分析，通过数量、形态、空间环境的相互匹配和组织，才能使有限的开放空间充分发挥其疏散避难功效。

4.3.4 街区出入口位置与环境

1）数量与布局

在居住街区中，各个街坊的出入口直接连接周边的疏散避难通道，是灾时向外部安全区域疏散避难的关键节点。出入口数量和位置在很大程度上影响街区内各建筑的疏散距离、安全风险、疏散方向及路径可选择性。

开放式住区的边界可以使居民在住区区内外之间相对自由地穿行，与周边道路具有多个连接点，利于灾时从多个方向向外部直接疏散，可以缩短疏散距离，且疏散路径的选择性和可替代性较高。出于日常生活中限制过境穿行和防卫安全管控等需求，我国城市中常见的封闭住区通常在周边设置连续围墙、栏杆等实体边界和数量有限的出入口，某些老旧住区甚至仅设置单一出入口。灾害发生时，所有居民均从有限的出入口向外疏散，疏散人口负荷高，易于造成拥堵。而且，各住宅必须通过少量出入口到达周边道路，疏散方向和路径单一。同时，各住宅到出入口的平均疏散距离和最大疏散距离也相应增加。相较而言，某些居住街区中的街坊具有两个以上出入口，或设置多个可临时开启的应急出入口，且均衡分布于不同位置，在灾害发生时可以从不同方向向外部疏散，在一个出入口疏散受阻时，其余出入口可起到替代作用，还能够降低各建筑的疏散距离，利于居民疏散避难。

2）环境特征

出入口的形式和环境特征与疏散安全性和畅通性直接相关，也是疏散避难空间设计重点关注的内容。

居住街区及街坊出入口主要包括开敞空间、宅间间隙、过街楼3种基本形式。建筑呈散点式布局和行列式布局的居住街区，出入口位置相对灵活，多利用住宅之间的开放空间，并结合围墙、围栏等实体边界独立设置。建筑周边布局+中心院落式居住街区的出入口或设置于建筑围合的开放节点，或采取底层架空的过街楼形式沟通内外。

按照灾时疏散避难的要求，除了通行宽度、开敞地面面积等规模因素之外，出入口周边建筑安全风险要素的数量、分布高度、影响范围及其与出入口的间距，对于疏散安全性和畅通性具有直接影响。开敞空间、宅间间隙、过街楼与建筑及其风险要素的间距依次减小，其疏散安全性也逐渐降低，也更易于发生建筑倒塌阻塞疏散通道的现象。过街楼形式的出入口从建筑下部空间向外疏散，一旦发生建筑倒塌、出火及坠物等事件，将直接危及疏散安全，甚至完全堵塞，最不利于疏散通行（图4-6）。

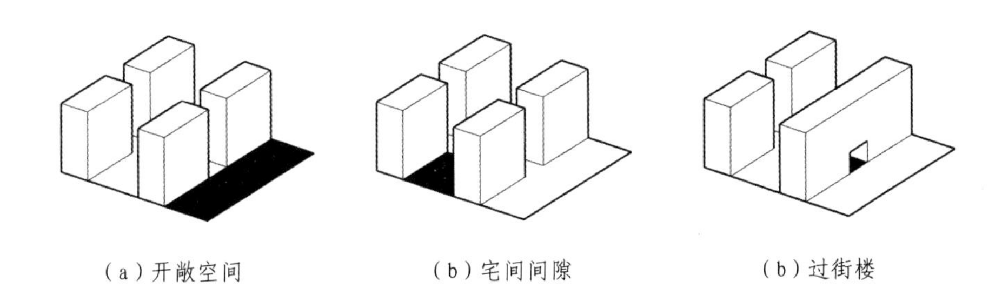

图4-6 居住街区出入口环境类型

4.3.5 建筑要素及其布局

1）疏散建筑与防灾建筑

居住街区中的建筑以住宅为主体，也包含少量公共服务用房。从防震疏散避难角度，居住街区中的建筑具有多重属性。住宅中的居民是需要疏散避难的人群，住宅是疏散避难行动的主要空间源头。居住街区中的公共服务用房可以用于应急物资储备、应急管理、应急生活与救援等防救灾行动，并与防灾避难空间结合，转换为防灾配套设施及建筑。

2）安全风险要素

住宅等建筑是影响疏散避难空间安全性的主要环境要素。地震易于引发建构筑物倒塌、建筑物出火、建筑构件及附属物坠落，是直接威胁和影响震时紧急疏散避难行动的主要因素，也会造成居民在疏散路径和避难场所中的二次伤害。

建筑物震时倒塌

地震时建筑物倒塌不仅直接危及建筑内部居民安全，也会对应急疏散造成重要影响。建筑物倒塌和损毁严重威胁临近疏散道路及避难场所，伤害疏散避难的居民。而且，倒塌产生的大量瓦砾进入疏散道路，堆积形成具有一定高度的障碍物，降低疏散速度，甚至造成步行疏散居民无法跨越瓦砾，疏散行动完全阻断。日本阪神大地震中，临近道路的住房和高架道路发生倒塌和损坏，是阻断疏散道路的主要原因，导致大量居民受困于受害街区。另一方面，建筑倒塌形成的瓦砾会减小疏散道路的有效宽度和避难场所的有效面积，降低疏散避难空间的实际使用效能。疏散道路有效宽度的减小，导致疏散人流速度迟缓，也易于发生疏散拥堵和踩踏等安全事故。

从建筑工程角度看，建筑抗震设防类别、建筑场地地质条件、建筑结构类型、建筑构造方式及建筑修建年代等因素影响建筑倒塌和损毁的风险水平。汶川地震等相关震害研究表明，比较而言，钢筋混凝土框架结构抗震性能较高，框架混合结构、砌体结构、砖结构，抗震能力逐渐降低。地震时建筑倒塌率受到地震强度的显著影响。遇到9度地震时，按建筑抗震设计规范7度设防的多层砖结构建筑倒塌率上升至26%~35%，多层、高层钢筋混凝土结构建筑的倒塌率分别上升至0.5%~10%。高于基本烈度2度的强烈地震会导致建筑倒塌风险明显上升。因此，即使建筑抗震设防标准达到一定标准，在遭遇罕遇强震时，仍然存在较高的倒塌风险④。多、低层居住街区建筑的常见结构类型为框架混合结构、砌体结构、砖结构，遭遇强震时，建筑具有较高的倒塌风险。

建筑物震时出火

街区中地震导致的次生火灾，主要是由于建筑倒塌破坏和晃动，导致炉灶和电器倾倒、燃气和电力管道破裂、电线短路，引发建筑内部出火。多、低层居住街区中，住宅内部空间使用大量电器，厨房是出火风险较高的空间。此外，沿街餐饮店面和道路周边的配电箱等其他电力及燃气设施也易于发生局部出火。建筑出火不仅会直接造成外部疏散避难的居民受伤，也会因高温等效应导致疏散速度降低，甚至造成疏散避难行动的堵塞。

地震发生时，由于居住街区中的建筑普遍受到影响，在一定时间内，易于引发多栋建筑出火，从而在街区中形成多处疏散堵点，导致疏散道路局部效率降低，甚至整体系统失效，居民无法在第一时间向街区外部安全区域疏散。同时，若较为密集的多、低层居住街区建筑耐火耐燃性能较低，火势易于沿建筑蔓延而形成街区大火，导致大量居民受害。

建筑构件及附属物坠落

地震发生时，建筑底部楼层的挑檐、雨蓬、遮阳蓬等外部构件，上部楼层的空调外挂机及花架等附属物，建筑门窗玻璃及外墙面砖等饰面材料，户外活动空间上空的广告牌、灯具等环境设施，以及阳台、窗台等处的花盆、晾衣架等生活用品，会因震动发生直接倾倒、破坏、断裂、脱落等现象，加之设计、施工和维护方面的不足，成为震时建筑附属物坠落的主要因素。

建筑构件及附属物坠物事故主要发生于建筑与外部空间的临街区域。临近疏散道路和避难场所，地震引发的建筑坠物易于导致疏散避难居民伤亡，也会减少疏散道路和避难场所的有效容量。

从工程技术角度看，易于引发建筑坠物风险的因素主要包括疏散避难空间临近区域和上空的建筑及其附属构件的材料特性、结构强度和构造安全性等。从空间环境角度看，建筑构件及附属物所处位置的高度不仅决定了势能转化为动能及其造成伤害程度的大小，也决定了从初始位置到坠落点之间的水平距离。因此，在城市设计层面，建筑与疏散避难空间的间距是否

图 4-7　临近疏散道路的潜在建筑坠物疏散风险

满足坠物影响范围的安全控制要求，直接影响坠物对于疏散避难空间造成的安全风险水平（图 4-7）。

3）建筑密度与布局

在城市居住街区中，住宅等建筑分布较为密集。特别是老旧住区的建筑密度普遍较高。在建筑层数等指标一定的情况下，建筑密度越高，需要疏散的户数和居民数量越多，所需要的疏散道路和避难场所规模也越大，而实际情况中疏散道路和可作为避难场所的开放空间数量却越少。

随着建筑密度和层数的升高，可能形成倒塌、出火和坠物的安全风险要素数量相应增加，建筑安全风险要素与疏散通道和避难场所的间距却相应减小。在建筑密集的居住街区中，道路、步行空间、开放

空间等疏散避难空间本就数量不足，还往往与建筑安全威胁要素临近分布。比如，居住街区中的建筑有时完全紧贴道路，空调外机等坠物要素伸出建筑并位于道路通行区上空。实际上，大多数居住街区中的住宅建筑难以完全满足建筑倒塌、出火及坠物要素的安全间距要求，也难以设置一定宽度及规模的缓冲防护空间及设施，疏散道路和避难场所等空间大多处于建筑安全威胁要素的影响范围之内，疏散空间及行动因而呈现出不同水平的安全风险。

由此，在居住街区中，由于建筑密度较大，导致建筑安全风险要素分布较为密集，疏散空间需求较大，而道路、绿地等疏散避难空间供给不足，各种因素和效应相互叠加，加剧了疏散避难的安全风险，使建筑密集的居住街区成为城市疏散避难空间建设的难点之一。

建筑布局直接影响疏散人群、建筑安全风险因素的空间分布情况。多、低层居住街区中的住宅建筑布局形式主要包括行列式、围合式、点阵式。相比之下，在行列式布局中，需疏散居民、建筑安全风险要素的分布均衡，灾时向外部疏散的人流较为稳定，但位于街区内部的住宅疏散距离相对较远，住宅易于对面前道路的疏散安全构成影响。在围合式布局中，住宅多环绕内院等空间的周边分布，疏散居民与出入口、用地边界的直线距离差异较小，易于避免局部疏散人群负荷过大。建筑易于对用地出入口和周边疏散避难通道的安全产生不利影响。在点阵式布局中，住宅容积率和高度等接近时，疏散人群均衡分布，且道路、开放空间等要素与住宅的分布间距相对较大，整体的安全风险水平也较为均衡；若容积率和高度差别较大，比如低层建筑和多层建筑分别布局于不同区域，其疏散人群和安全风险的空间分布差异较大，易于出现局部的疏散困难区域或建筑。

此外，居住街区的道路系统及开放空间主要依据建筑进行布局，建筑布局与道路系统、开放空间等要素相互匹配，主导着居住街区的形态与肌理。从防灾角度看，住宅等建筑布局在很大程度上也决定了疏散避难通道、紧急避难场所等防灾空间的规模、结构与形态，继而影响疏散避难空间的关键属性（表4-4）。

总体上，用地、道路、开放空间、出入口、建筑等空间要素构成居住街区的整体空间环境，这些空间要素在数量、大小、位置、结构关系、布局形态等方面具有差异，构成丰富多样的组合形式和空间特征，对于疏散避难行动的定向定位、路线选择、疏散速度、安全风险产生影响。空间要素及形态对于疏散避难空间及行动的影响结果，需要从整体性和系统性的视角加以认识。

表 4-4 居住街区主要空间要素对紧急避难疏散的影响

空间要素构成及形态		对疏散避难空间的影响	对疏散避难行动的影响	疏散避难能力及风险变化
建筑等风险要素	倒塌要素：老旧建筑、抗震设防等级及抗震性能较低的建（构）筑物，分布密集，紧临疏散避难空间	震时倒塌形成废墟，危及和挤占疏散避难空间，堵塞疏散路径空间	危及疏散人员安全；降低疏散速度；疏散人员难以跨越废墟，甚至造成疏散行动中断，疏散人员滞留于危险区域	局部建筑及其地块疏散避难困难，甚至无法疏散，形成疏散盲点或盲区； 街区整体疏散避难能力降低，二次受害风险增加； 周边街区及片区疏散避难负荷增加，加剧城市整体受灾风险
	出火要素：餐饮、厨房、燃气、电力管线设施等，分布广泛，紧临疏散避难空间	震时出火，危及和挤占疏散空间，阻断疏散路径，在特定条件下火势蔓延，危及街区整体		
	坠物要素：空调室外机、雨篷等建筑附属构件，外饰面材料，招牌，电线杆等设施，分布广泛，紧临疏散避难空间	震时坠物，危及和挤占疏散空间，阻断疏散路径		
绿地、广场等开放空间	总体数量不足	部分建筑区域无有效避难场所，疏散距离过长	缺乏适宜疏散方向和目的地；连续疏散行动受阻，疏散时间超限；避难容量不足，临时避难安置生活难以展开	
	总体布局碎片化、不均衡	疏散空间缺乏连续性，局部区域疏散距离过长		
	单一集中式布局	利于设置较大避难场所，但易致分布不均衡和局部疏散空间不足		
	空间多变、划分细碎、高程复杂，紧临建筑等风险要素，缺乏安全间距、防护和防灾设施	有效面积和安全性不足，避难作用降低，甚至完全失效		
道路、步行空间等疏散路径网络	路径网络稀疏	局部建筑地块及街区平均疏散距离加大	局部建筑地块疏散困难，甚至形成疏散盲点；疏散路线单一，风险集中；易于拥堵，疏散速度降低甚至疏散中断，疏散人员滞留于危险区域	
	尽端路和丁字路过多，步行空间不连续，路网连通性低	整体疏散可达性降低，局部建筑地块疏散路线迂回，距离过长		
	鱼骨状路网的集中度较高	主要疏散道路负荷过大		
	地块疏散出口过少或位置不当	建筑地块疏散方向单一，疏散出口负荷过大，路线迂回、距离过长		
	道路狭窄，路边停车等占用	疏散有效宽度容量不足		
	紧临建筑等风险因素，缺乏必要的安全防护间距和设施	易受建筑倒塌、出火、坠物等威胁，安全性低		
	疏散路径过度曲折、转弯过多	疏散空间定向定位困难		

4.4 紧急疏散避难的主要空间效能与评价框架

疏散避难空间应当具有可达性、安全性、连续性、可识别性、冗余性等属性要求。居住街区空间中的紧急疏散避难行动具有明确的时空要求。在时间层面，居民需要尽快远离受害建筑和区域，并在一定时限内到达紧急避难场所。从空间层面看，可能发生倒塌和出火的建筑要素数量众多，且紧临疏散避难空间，疏散居民受到危害和疏散受阻的风险高。因此，对于居住街区的紧急疏散避难，可达性和安全性是最为关键的空间效能，也构成了空间评价基本的内容框架。

4.4.1 可达性评价

在与疏散避难相关的空间可达性分析中，引力模型方法主要针对应急避难场所和疏散居民需求空间分布的相互关系，基于空间句法的可达性分析主要依据拓扑距离。在基于度量距离的分析中，避难场所的服务半径以欧式距离作为表征疏散距离的主要参数，计算避难场所与需疏散区域的直线距离，多用于较大尺度城市区域中的避难空间可达性分析及设施布点。由于居住街区中从建筑至避难场所的疏散避难行动沿实际疏散路径网络展开，实际疏散行进距离与直线距离存在较大偏差，比如紧急避难场所的疏散距离不大于500 m。若仅按照直线距离控制，其实际疏散距离可达到700 m左右。在相对微观的居住街区中，通过传统的直线距离和传统服务半径评价可达性和服务范围缺乏科学性，因而主要以需疏散建筑至避难场所的实际疏散路径网络距离作为评价依据，主要指标包括街区各建筑的最短疏散距离和街区全部建筑整体的平均疏散距离等（图 4-8）。

除了实际路网距离和避难场所覆盖范围等指标，由于疏散避难主要沿疏散道路和路径系统展开，在实际的疏散可达性分析评价中，还采用了相关的空间形态指标，评价居住街区空间环境对于疏散避难效能的影响和支持程度。比如，在日本城市防灾领域广泛展开的地域危险度评价中，主要根据道路宽度、道路分布密度、道路间距、4 m以上道路分布比例及覆盖建筑范围、6 m以上宽幅道路到达避难场所的平均距离或时间等指标，从空间环境角度评价疏散避难等应急活动的可达性和便捷程度⑤。

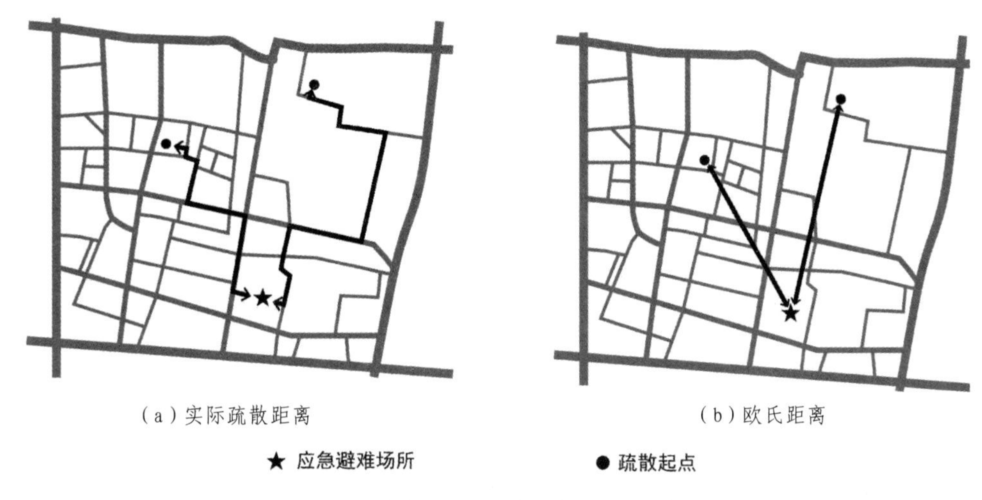

图4-8　疏散实际路网距离与欧式距离示意图

4.4.2　安全性评价

安全性是疏散避难空间基本的属性要求，反映了地震发生后居民自建筑疏散起点、依托疏散路径至紧急避难场所的行动过程中，所遭受的威胁和实际伤害的水平。历史上多个国家和地区发生的震害中，在避震疏散和避难过程中，经常发生因城市建筑、构筑物等安全威胁要素造成疏散人员发生实际伤害；或是居民判断其具有危险而改变疏散决定，暂停疏散或选择其他迂回疏散路径；甚至造成疏散路径完全阻断。因此，安全性评价也是疏散避难空间效能评价的关键内容。

居住街区空间的疏散避难安全性主要体现在以下几方面。住宅等建筑自身安全性，指避免地震发生时建筑倒塌、室内火灾等安全事故，是居民疏散行动的前提条件。疏散行进安全，指自疏散起点至疏散终点紧急避难场所的疏散路径空间免受威胁要素的危害。避难场所的安全，即居民在开放空间等避难场所中受到安全防护，不受震害及二次灾害的危害。

建筑自身安全主要通过工程技术措施加以确保，包括建筑选址、建筑抗震、防火、防坠物等方面的设计。除了工程技术措施之外，还结合选址、安全防护空间组织等，确保避难场所的安全性要求。

从城市设计及空间环境组织的视角看，安全性评价需要综合居住街区中的安全风险因素、空间环境特征等方面。从实际发生过程的视角看，大致包含空间环境中的安全威胁要素，在地震发生时发生损毁等情况，在一定空间范围内产生影响，对暴露于影响范围内的疏散居民可能或实际产生伤害。这一过程中的各个环节均具有不确定性。因此，安全效能的评价，需要结合空间形态及环境特征，对于发生伤害的可能性及风险水平进行评价，基本思路和内容框架如下。

1）安全因子及其风险评价

（1）建筑物抗震及倒塌风险评价。一方面，依据居住街区及建筑用地的地质条件及地基类型，分析和判定其风险水平，通常情况下，高风险区域主要包括冲积低地、谷底低地和地基易液化区域。另一方面，综合建筑物抗震设防等级、建筑结构、基础规格、建设年代、建筑层数、建筑构件劣化等特征，判定不同类型建筑物倒塌的风险。考虑到实际应用的需要，通常情况下，一般根据风险水平的高低，将建筑分为倒塌可能性大、有可能倒塌、基本不倒塌和不倒塌的建筑。将居住区内可能倒塌的建筑物在全部建筑物中的比例以及倒塌风险较高的建筑中不同结构类型建筑物的分别占比，作为衡量街区建筑物倒塌风险的主要指标。

（2）建筑物防火及火灾风险评价。针对地震引发的室内出火、建筑出火及火势蔓延的现象，结合相关要素进行评价。室内出火风险评价主要针对易出火要素，如住宅及生活服务建筑之内的灶具、燃气管线、各类电器等，根据这些不同类型易出火要素的空间分布、实际使用状况和火灾发生概率进行评价。建筑出火主要依据建筑的结构、构造及材料耐燃性等因素，判定建筑防火等级及性能，结合建筑分布间距与密度、街区主要道路及开放空间等分布状况以及相邻街区火势影响，进行火势蔓延的延烧风险评价⑥。

（3）建筑物坠物风险评价。地震时可能导致坠物发生的主要有雨蓬等建筑构件和空调外挂机等附属物。建筑物坠物风险评价主要针对建筑临近疏散路径和避难场所的界面，根据可能发生坠物的建筑构件及附属物数量、分布情况，结合其结构坚固性、构造特点、使用时间等因素，评估震时发生建筑坠物的可能性及风险水平。

在国内外相关研究与规划设计实践中，对于建筑物倒塌危险度和火灾危险度评价，主要通过两种方式进行信息收集和分析。一种是通过不同地区历次震害的调查，获取地震中不同类型建筑物倒塌的实际情况，进行分类整理，并结合空间形态及环境特征进行统计分析，得到主要指标之间的关联规律，作为后续危险度评价的依据。另一种主要通过结构倒塌、建筑出火、火势蔓延延烧等方面相关参数的识别、设定和计算，进行数值模拟与分析，判定局部或整体的危险度水平。

2）安全因子的空间影响评价

建筑倒塌、出火和坠物具有不同的空间影响范围。研究表明，建筑倒塌对于疏散避难空间的可能影响范围除了受到地震强度、建筑抗震设防等级要求及建筑抗震性能等因素的影响，与建筑高度、布局方式等空间形态因素密切相关。其中，总体上，建筑高度越高，建筑倒塌而形成的瓦砾越多，其瓦砾堆积高度和溢出水平距离越大，影响范围和程度越大。此外，研究表明，强烈震害发生时，建筑倒塌在不同方向上产生的瓦砾水平距离也存在差异，通常情况下，建筑长轴方向上因倒塌形成的瓦砾的影响范围大于短轴方向的。按照我国避难场所设计等相关规范，对于地震导致的建筑倒塌影响范围的简化计算，按照现行国家标准《建筑抗震设计规范》（GB 50011—2010）设计的建筑可按不倒塌考虑，即认为地震时不会发生倒塌并对于疏散避难空间无影响。而在之前建造的建筑，其建(构)筑物的倒塌影响范围的宽度(W)按照以下公式计算确定：

$$W=K\times H$$

式中：

W—— 倒塌影响宽度（m），即建筑外侧至瓦砾边缘的距离；

K—— 宽度系数，按相关条件取值；

H—— 建筑高度 （m）

相关规范还作出具体规定如下。

防止坠落物安全距离可根据建筑侧面和顶部所存在的可能坠落物按照不低于设定防御标准对应的加速度和速度进行评估确定，并不小于3 m。分析避难场所有效面积时，当建筑符合不低于重点设防类抗震要求时，按防止坠落物安全距离进行评估，其他情形周边建筑物按可能发生倒塌进行评估。分析地震情况下道路两侧建筑破坏或倒塌影响范围时按下列原则简化分析。

（1）按照超越罕遇地震影响分析时，当建筑符合特殊设防类抗震要求时，按两侧建筑的防止坠落物安全距离之和进行控制；当两侧建筑均符合不低于重点设防类抗震要求时，按两侧建筑倒塌影响距离较大者与另一侧建筑的防止坠落物安全距离之和进行控制；其他情况，按两侧建筑倒塌影响距离之和进行控制。

（2）按照罕遇地震影响分析时，当建

表 4-5　建筑倒塌影响范围简化计算主要指标

建筑类型	布置方式	宽度系数 K				
		$H<24$	$24 \leq H<54$	$54 \leq H<100$	$100 \leq H<160$	$160 \leq H<250$
可能倒塌建筑	与建筑长轴平行	0.67	0.67~0.5	0.50	0.50~0.40	0.40~0.30
	与建筑短轴平行	0.50	0.50~0.30	0.30~0.25	0.25~0.20	0.20~0.15
不倒塌建筑	按防止坠落物安全距离确定					

筑符合不低于重点设防类抗震要求时，可按两侧建筑的防止坠落物安全距离之和进行控制；当两侧建筑均符合不低于标准设防类抗震要求时，可按两侧建筑倒塌影响距离较大者与另一侧建筑的防止坠落物安全距离之和进行控制；其他情况，可按两侧建筑倒塌影响距离之和进行控制。

据此，我国城市中的多、低层居住区多为《建筑抗震设计规范》(GB 50011—2010)实施(2001年)之前建造的住宅，属于可能倒塌建筑。由于建筑高度小于24m，建筑长轴和短轴平行于疏散道路和避难场所时，影响范围为建筑高度的0.67；建筑短轴平行于疏散道路和避难场所时，影响范围为建筑高度的0.50。按照罕遇地震影响分析时，其影响范围至少为两侧建筑倒塌影响距离较大者与另一侧建筑防止坠落物安全距离之和。按照超越罕遇地震影响分析时，其影响范围宽度为两侧建筑倒塌影响距离之和[7](表4-5)。

4.4.3　综合性评价

居住街区空间紧急疏散避难的效能评价，将疏散避难空间的有效性、可达性和安全性评价作为核心指标，综合评价空间环境对于紧急疏散避难行动的支持程度。基本的内容与流程如下。

(1)评价疏散避难空间的有效性，主要

依据避难场所容量和疏散道路宽度。

（2）评价疏散避难空间的可达性，主要依据需疏散建筑到达紧急避难场所的网络距离。

（3）评价建筑物抗震及倒塌风险、建筑物防火及火灾风险、建筑物坠物风险。

（4）依据建筑物抗震、出火及坠物的影响范围及其与疏散避难空间的空间分布，评价疏散避难空间的安全性。

（5）依据历次震害情况、震害模拟等资料显示的影响程度的规律特征，将上述有效性、可达性和安全性分项评价数值进行加权统计，进行综合评价，并分级、分类表达（表4-6）。

表 4-6 紧急疏散避难空间主要效能评价的基本构成

评价项目		评价内容	评价要素与方法
有效性		震时街区居民全体使用公园等避难场所的需求满足程度	·根据疏散居民人口、人均有效面积、缓冲防护空间面积计算避难场所面积与容量以及疏散道路宽度
可达性		震时各建筑及街区整体疏散避难的便捷与高效程度	·需疏散建筑沿街区疏散路径网络、到达紧急避难场所的实际最小距离和平均距离
安全性	建筑物抗震及倒塌风险评价	震时建筑物易发生倒塌的程度及风险	·建筑物特征及抗震性能：建筑物结构、年代、层数、材料、地震诊断等，以及上述分类的建筑物数量 ·地基条件及类型：液化区域及其导致的建筑物倒坏数量、大规模填土造地区域及其建筑物倒坏数量
	建筑物防火及火灾风险评价	震时各建筑易发生火灾的程度及风险	·出火危险性：灶具、燃气管线、各类电器等易出火器具数量、空间分布、实际使用状况等
		震时各地块易燃程度及整体延烧风险	·延烧危险度：根据建筑数量、防火等级、构造、材料、建筑密度、宽幅道路及公园等开放空间分布状况等要素，模拟及判定延烧范围
	建筑物坠物风险评价	震时各建筑的构件及附属物易发生坠落的程度及风险	·根据空调外挂机等建筑构件及附属物数量、高度、分布、坚固性、维护情况等因素，评估震时发生坠物的可能性及风险水平
	安全因子的空间影响局部评价	建筑倒塌、出火、坠物安全威胁因子影响疏散避难安全的程度及风险	·根据建筑倒塌、出火、坠物发生的可能性及其可能影响范围，地震强度，建筑高度，建筑布局方式，建筑与疏散避难空间分布间距，疏散路径网络等因素，进行局部层面的及计算
	安全因子的空间影响整体评价	震时各建筑及街区整体疏散避难的安全水平及影响程度	·根据建筑物抗震及倒塌风险、建筑物防火及火灾风险、建筑物坠物风险，结合其影响范围及其与疏散避难空间的空间分布，评价疏散避难空间整体层面受到威胁和影响的可能性及程度（例如，根据强震时建筑倒塌风险和道路网络等要素，结合居民疏散通行宽度要求，计算及评价疏散路径及避难场所因建筑安全因子影响而发生堵塞的概率、有效容量减少的程度）
综合性评价	震时居民便捷、安全到达住区外围避难场所，以及顺利使用避难场所的可能性及困难程度		·针对有效性、可达性、安全性的各项评价进行权重分配及综合评价分级

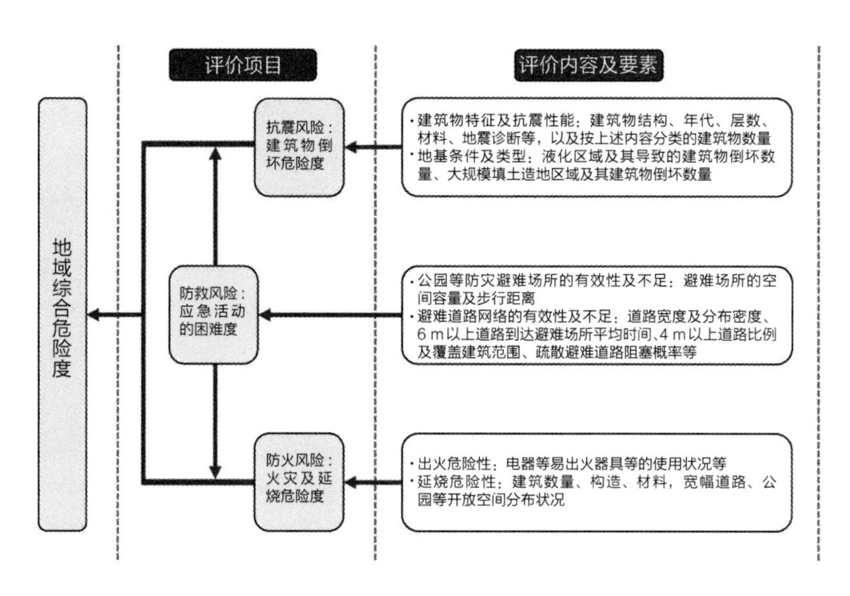

图 4-9　日本居住街区地域综合危险度评价的内容与流程

图 4-10　东京都市区第 8 次地域综合危险度评价图示

比如，日本国土交通省等防灾建设相关部门和研究机构，经过多年探索，在街区空间层面逐渐形成完善的防灾风险评价方法。在起步阶段，主要针对直接导致人员伤害和财产损失的建筑倒塌、出火和延烧风险。阪神大地震导致重大灾害，发现空间环境对于震时疏散、避难、消防、救援等防灾应急行动具有重要影响，因而逐步将防灾行动和空间纳入评价内容，重点评价空间环境对于疏散避难及救援的支持能力，进行建筑安全风险与防灾活动的综合评价。以此为基础，开发形成全国通用的“城市建设防灾评价和对策技术” 和“防灾城市建设支持系统”。日本城市及地方政府机构根据震灾对策条例和历次灾情资料，每隔几年就针对老旧居住街区和木构密集住区等高风险地区，定期进行现状调查和地域危险性调查，结合计算机模拟，综合判定风险水平，分级划定“一般街区、高风险居住区和重点紧急建设区”，绘制地域危险度评价图，为防灾规划设计的编制、实施和成效评价，提供动态的决策依据⑧（图 4-9、图 4-10）。

---

① 王燕语.东北城市居住区安全疏散优化策略研究[D].哈尔滨：哈尔滨工业大学，2020：36-41.

② 王江波，戴慎志，苟爱萍. 老旧住区居民地震紧急避难路径选择的空间特征研究[J]. 城市发展研究，2014，21（11）：95-101.

③ 胡继元，叶珊珊，翟国方. 汶川地震的灾情特征、灾后重建以及经验教训[J]. 现代城市研究，2009(5) ：25-32.

④ 尹之潜. 现有建筑抗震能力评估[J]. 地震工程与工程振动, 2010, 30(1): 36-45.

⑤ 東京都都市整備局. 地震に関する地域危険度測定調查報告書（第9回）[R/OL].（2022-04-01）[2023-03-20]. https://www.toshiseibi.metro.tokyo.lg.jp/bosai/chousa_6/download/kikendo.pdf?1803.

⑥ 蔡凯臻.基于防灾安全的住区空间更新改造——日本实践及其启示[J].新建筑,2021(1):58-62.

⑦ 中华人民共和国住房和城乡建设部. 防灾避难场所设计规范：GB 51143-2015[S]. 北京：中国建筑工业出版社，2021：106-108.

⑧ 東京都都市整備局. 地震に関する地域危険度測定調查報告書（第9回）[R/OL].（2022-04-01）[2023-03-20]. https://www.toshiseibi.metro.tokyo.lg.jp/bosai/chousa_6/download/kikendo.pdf?1803.

5 多、低层居住街区空间形态对疏散避难效能的影响

5.1 空间网络的解析视角

从网络科学的视角，城市是不同个人、空间等要素之间相互关联和组合形成的一系列网络。城市及其物质空间研究以往主要关注城市空间的分布位置、环境情况等具体信息。网络科学视角的研究将城市看作相互联系、相互作用的整体，注重流空间及空间网络的集合，强调“不同个体在时间和空间维度上的相互作用”，也使城市空间及其结构形态研究从对几何形式的关注转而强调空间和要素之间不同形式的影响和流动[①]。城市空间系统被构建为由节点和连边构成的空间网络。其中，节点为相对独立又彼此影响的个体，连边为个体之间的物质化或非物质化的联系，表征了个体之间的相互影响和作用，以了解和分析空间构成要素之间作用及流动的关系。在城市规划设计相关领域，空间网络研究针对不同的物质空间，应用于区域、城市及街区等尺度层级，如区域尺度不同城市之间的铁路交通网络、城市及片区尺度上的道路网络和公共空间网络等[②]。

居住街区空间环境是由建筑、道路及公共开放空间构成的完整空间系统，其构成要素相互关联，并呈现特定的空间布局，在局部至整体的空间尺度上，产生不同程度的影响及结果，体现于交通模式、活动频率等环境行为的多个方面。

从疏散避难行动的角度，居住街区可以被看作由需疏散建筑、具有安全影响的建筑、疏散路径及避难场所构成的网络化空间系统。疏散避难是在这一空间网络中沿着疏散路径展开的特定行动，起点为住宅单元等建筑出入口，终点为街区紧急避难场所。疏散避难行动对于空间环境具有特定要求，包括避难场所处于500 m之内的适宜步行距离；使居民不会处于危险和伤害之中的疏散路径，即避开建筑安全因子影响较大的危险路径、选择相对安全的疏散路径；疏散路径空间环境的适宜度和便捷度，如足够宽和无台阶的疏散路径等。

居住街区的整体空间网络将上述要素连接为整体，也与疏散人流的流动过程及建筑安全因子影响的传递过程密切相关，继而影响疏散空间的基本效能。比如，街区环境中直线距离较近的建筑与避难场所，其沿着疏散路径展开的网络距离并不一定接近，若二者之间缺乏直接联系的路段作为连边，即使是空间位置相邻的两个节点，其实际疏散行进距离也可能比较大，甚至难以彼此连通而造成疏散困难。建筑安全因子的局部影响随着疏散路径的延长而逐步叠加，也会导致疏散安全风险的差异及复杂情况。这些复杂的影响结果既可能体现于疏散路径等空间构成要素及局部区域之中，也会体现于居住区的整体层面。

认识街区空间环境对于疏散避难行动及空间的影响，是进行相应空间组织和设计的重要基础。对于疏散避难时空过程及相伴发生的影响要素作用过程，网络化视角有助于形成更趋理性和真实的描述，并且需要从空间网络的研究视角，解析空间构成要素、结构特征及形态特征对于疏散避难空间效能的作用方式、过程、程度及其结果，辨明疏散避难空间网络中不同元素彼此之间的影响、效能差异及其特征规律，以利于城市设计及空间环境组织的适宜决策。

5.2 网络视角的疏散避难空间效能

5.2.1 疏散避难空间网络的构成

疏散避难空间网络将城市区域内分散布局的避难场所组织成为一个有效的避难疏散功能体，保护建筑及居民的安全，使其免受灾害威胁，本质上是以疏散避难为目标，利用和组织人工空间和自然空间，并呈现一定的形态特征模式。

从疏散避难行为过程及相关物质空间角度，疏散避难空间网络的组成部分包括可能及实际支持疏散避难行动的物质空间。疏散避难空间系统自身由应急避难场所和疏散路径构成，根据空间网络系统产生效应的观点，疏散避难空间服务于一定的城市建筑区域，即体现疏散避难空间系统外部特征和效应的网络边缘和服务区。因此，完整的疏散避难空间网络由网络本体、网络边缘、服务区构成。根据其避难作用及影响性质的差异，疏散避难空间为网络本体，疏散避难空间覆盖的需要疏散避难的建筑区域为服务区，网络边缘在二者之间，对疏散避难本体具有保护和缓冲作用，同时影响疏散避难空间的作用和职能。

疏散避难网络本体：避难场所＋疏散路径

疏散避难网络本体主要体现网络的内部性特征，由对于城市局部微观和整体宏观层面具有重要避难疏散作用的、必不可少的避难场所及疏散路径组成。其中，避难场所为疏散避难空间网络中的重要节点。街区层面的紧急避难场所是灾时第一时间疏散避难行动的重点。疏散路径则包括道路、人行道、散步小道、步行空间及可用于疏散的步行设施，这些疏散路径相互连接，构成疏散路径系统，并连接避难场所和需要疏散避难的建筑空间，构成街区层面的疏散避难空间网络本体。

疏散避难网络边缘：缓冲防护空间

网络边缘空间是疏散避难空间网络的边界缓冲区域，位于疏散避难空间本体的周边。由于网络边缘空间处于网络本体与其所服务区域、安全威胁要素之间的交界位置，疏散避难网络边缘同时体现网络内部性与外部性的特征，可以过滤、隔离、减缓安全威胁要素自外部对于网络本体的影响，作为疏散避难空间网络本体的安全缓冲和防护屏障。

疏散避难网络影响区：疏散避难服务区

从空间网络的视角看，影响区是指网络本体或边缘所影响的区域，呈现出网络外部性特征。疏散避难空间网络的影响区是指疏散避难空间本体或边缘所服务的需要疏散区域，疏散避难空间网络影响区与疏散网络本体及边缘一同构成城市基本的防灾避难单元。地理位置上，影响区通常为疏散避难空间网络本体的临近区域，其疏散结果直接受到本体影响，主要通过疏散路径实现其服务功能。

从用地功能角度，在城市建成区及居住街区中，主要包括建设用地中的各类绿地、公园、广场、街头绿地等开放空间，还包括用于疏散的各级道路和步行空间，以及中小学、体育馆等可用作疏散避难的公共设施用地。在较为密集的城市建成区域中，商业、居住等用地内的疏散避难空间与建筑等需疏散对象多混杂分布，彼此之间关系更为紧密（图 5-1）。

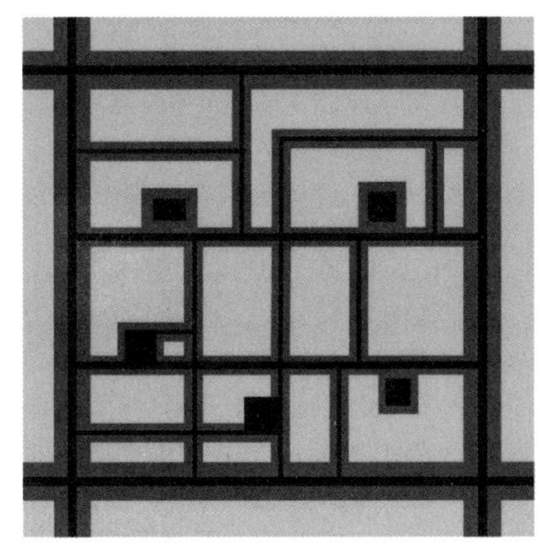

网络本体：疏散路径
网络本体：避难场所
网络边缘：缓冲防护空间
网络影响区：疏散避难服务区

图 5-1　疏散避难空间网络示意图

5.2.2 疏散避难空间网络的效能要素

效能表达了期望目标实现的程度或能力。疏散避难空间的效能是对期望的疏散避难目标的实现程度和实际能力，局部疏散避难空间的效能反映了疏散避难网路效应在空间上的分布特征及其规律。

疏散避难空间网络的效能由本体、边缘和影响区三部分效能综合组成。本体效能主要反映疏散避难空间的能力；边缘效能反映了疏散避难空间与建成区域相互交错的边界区域所具有的缓冲防护作用的水平；影响区效能是疏散避难空间网络服务于建成区域的避难作用。根据网络构成及其作用特性，疏散避难空间网络效能主要体现在节点效应、流效应、边缘效应和影响效应。

1）节点效应

空间网络本体主要包含两种节点：一种为避难空间节点，即紧急、临时、中长期避难场所，分别承担不同灾害避难时期的避难功能，并服务于相应尺度层次的城市建成区域，通过疏散路径网络将其影响区域相互连接；另一种为疏散避难路径中各个路段相互连接或交叉的节点，是疏散避难路径中人流汇聚与集结的空间节点。在节点处，多条路径的疏散效应相互叠加，其疏散人流负荷和相应安全风险也会提高。

在城市尺度上，衡量疏散避难空间网络节点效应的效能指标主要有丰富度、均匀度、敏感度、稳定性等，其中丰富度指避难场所空间类型的多少；均匀度是指避难场所在数目及面积方面的均匀程度；稳定性体现了避难场所保持正常职能的能力，与其对外界影响及危害的抵抗力与恢复力相关；敏感度与稳定性是相对的概念，反映避难场所对原生及次生灾害作出反应的灵敏程度，可以表征灾害过程及疏散避难中外界干扰可能造成的后果。

2）流效应

从疏散避难行动的角度，居住街区层面的疏散人群流动以紧急避难场所为明确目标，是疏散避难网络中最为主要的内部流。基于网络连通性的动态机能，主要表现为疏散避难空间网络中的单向流，局部受限时也表现为网络中的环流，因而疏散避难空间网络为疏散人群提供多种选择路径，会大大提高流效应及成功疏散的机会。

网络流效应常用流通性指数、选择

度、敏感度等效能指标进行衡量。对于疏散避难空间网络，流通性指数反映了疏散人群在空间网络中动态疏散流通的强度。选择度则反映了疏散人群在空间网络中可以选择不同疏散行进路径的程度。敏感度指疏散路径对于来自外界的建筑安全因子等威胁所产生反应的灵敏程度。一般情况下，流通性、选择度越强，敏感度越低，则疏散流的稳定性和适应性越强。值得关注的是，网络的流效应以网络连通性为基础，对于疏散避难行动，还需考虑疏散流的时间和距离要求的因素。因此，疏散避难空间网络在形态结构上的连通性和可达性是影响疏散流效应的重要因素。

3）边缘效应

在疏散避难空间网络中，边缘效应主要表现为位于网络本体周边的边缘空间对于避难场所和疏散路径的缓冲防护效应。边缘效应对于确保疏散人群的安全性、疏散行动的便利性和网络空间本体的稳定性非常重要。在实际的居住街区环境中，由于疏散避难空间网络与需疏散建筑、各类威胁要素交错分布，网络边缘自身具有显著的异质性、敏感性、不稳定性，其缓冲和防护作用难以保障，建筑等安全威胁要素向疏散空间本体扩散，从而产生危害疏散避难的负效应。

根据事故致因理论及灾害系统论，在疏散避难本体空间周边区域，建筑倒塌、出火等安全因子的影响通过能量或物质释放、传播，作用于疏散空间与人群。物质和能量的传播主要以空间及其中的物质性要素为媒介，往往随着空间范围扩大而发生衰减，其对于疏散避难安全的影响程度逐渐降低。因此，在局部层面，边缘空间自身的宽度、高度、构成等因素对于其缓冲防护具有直接影响。比如，防火绿化的防火隔离和防护作用，需要满足宽度、高度、树种构成、郁闭度、种植结构等方面的特定要求。从总体层面衡量网络边缘效应的指标有隔离度、渗透度等。对于疏散避难空间网络，隔离度为周边外部安全威胁要素在向疏散路径和避难场所的网络本体空间传递影响过程中导致危害的能量等因素的衰减程度，反映了边缘空间对于网络内部与外部之间安全影响的阻隔程度；渗透度则与之相反，反映了外部的安全威胁要素向网络本体空间的渗透和通过能力，以及造成疏散避难空间网络本体效能降低的可能性及程度。

4）影响效应

影响效应通常表现为避难疏散网络服务和涵盖的建成区域范围，处于影响效应之外的成为“疏散盲点区域”，具有较高的疏散避难风险。影响效应的高低是衡量网络效应强弱及其结构合理与否的重要标准。

衡量网络影响效应的指标有可达性、服务覆盖率等。可达性与距离、路径、交通方式相关，表征居民到达避难网络并享受其避险价值的便捷程度；服务覆盖率反映了避难网络对城市建成区提供的避难服务能力，通常通过疏散避难网络空间的服务范围总和与实际建成区总面积的比值衡量。理想情况下，避难网络对于建成区域影响范围的全覆盖和无盲区，是防灾疏散避难的最优情况。

5.3 疏散避难空间效能的形态影响

疏散避难空间网络效能由导致这些效应强与弱的诸多影响因素所决定。探索这些因素对于网络效应及效能的影响关系和作用机制，是评价与提升网络效能的关键切入点。疏散避难空间网络效能的全面提升主要体现在本体效应和边缘效应的提升，疏散避难网络空间影响服务区域的覆盖范围增加，以及疏散避难网络影响的疏散“盲区”的减少。

疏散避难空间网络总体格局及其结构形态，表现了节点和连边之间相互关系的差异，对其节点、流、边缘和影响效应产生不同的作用，从而决定了疏散避难空间网络的系统整体和内部各区域的效能水平及其分布状态，影响疏散避难空间网络的可达性、安全性等核心效能，以及疏散避难行动的过程及结果。

空间网络节点和连边形成的结构形态对网络效应产生作用。充分认知疏散避难网络效应与其空间结构形态的关联性，需要解析空间形态要素对网络效能的影响及其作用。通过完善疏散避难空间网络中节点与连边的整体系统，优化疏散避难空间网络的结构与形态特征，可以建立从空间形态与环境设计维度对疏散避难空间网络效能的优化与提升途径。

5.3.1 空间结构要素影响

疏散避难空间网络的空间结构是有组织的空间网络主体架构。空间结构的影响及作用主要体现在两个方面。一方面为疏散避难空间网络与外部城市环境的结构性关系，主要表现为在市级、片区级、街区级等连续尺度上的层级递进或嵌套关系。另一方面，体现在疏散避难空间网络自身空间构成类型、规模大小、层次结构方面的特征，主要包括避难场所、疏散路径、缓冲防护空间等要素的构成比例和分布结构，并与避难场所覆盖范围、路径密度、缓冲防护空间结构连续性等特征具有密切关联。

理想状态下，疏散避难空间网络应由

网络本体、网络边缘、网络影响区构成完整健全的总体结构。在现实城市建成环境和居住街区中，由于建筑分布较为密集，作为网络本体的疏散路径和避难场所及作为网络边缘的缓冲防护空间往往数量欠缺，自身结构存在不足，导致网络影响区及需疏散街区相对过大、距离过远、安全风险过高，甚至出现局部疏散困难的建筑空间及疏散盲区，疏散避难空间网络防灾效能水平受到限制，难以充分发挥。

5.3.2 空间形态影响

从空间网络化的视角看，空间网络的形态特征影响和制约节点效用、流效应、边缘效应和影响效应[③]。

在这一意义上，空间形态对于避难疏散空间网络效能同样具有影响，并分别体现为不同的形态特征指标。

1）节点效应的形态影响及其指标

避难场所的空间形态特征对于其节点效应具有影响，并主要体现为避难场所的有效面积规模、有效面积比、周长、规则度等形态指标。有效面积规模的大小与避难场所容纳避难人口数量的多少直接关联。有效面积比指避难场所除去边缘空间的面积与总面积的比例，反映了避难场所有效面积与边缘的关系。规则度通常表示为不规则几何形状的非整数系数，表明了避难疏散场所形状规则度所导致的使用便利性。在几何学层面，疏散避难场所形态越趋近于圆形或正方形，其有效面积比及利用效率越高。而且，避难场所形状越规则，其内部分区划分及调整的灵活性越高；形状不规则、边界较多曲折，会导致空间细碎，出现难以利用的剩余空间，节点效应相应降低。

2）流效应的形态影响及其指标

从疏散避难行动角度看，流效应主要发生于疏散避难路径之中，也受到疏散避难空间网络形态的影响，主要的关联形态指标包括可达性、连通性、选择性、道路容量、曲折性。在整体层面上，可达性反映了空间支持疏散居民到达紧急避难场所的能力，一般可表示为从疏散起点出发、沿疏散路径到避难场所的距离或时间。连通性反映了疏散避难场所通过疏散路径系统进行连接的程度，一般可表示为网络中连接路径数与最大可能连接路径数的比值。选择性反映了疏散人群利用避难路径的可选择程度，直接影响疏散避难的安全冗余性，借鉴空间网络分析视角，可采用闭合度测度网络中回路出现的水平，用以表征选择性水平。在局部空间层面，疏散路径宽度与可容纳的疏散人群数量密切相关，直接影响疏散通畅性和速度。疏散路径的曲折性反映了疏散空间定向及相关行动的便利性，可通过网络中路径的实际长度与节点间相互连接的直线长度的比值计算，或通过路径的转向次数计算。曲折性高的过度曲折路径可能导致实际疏散距离增长，也会造成应急疏散时空间定向失误，延误疏散时间。

3) 边缘效应的形态影响及其指标

从疏散避难的角度看，边缘效应主要表现为疏散路径及避难场所周边缓冲隔离空间的安全防护作用。在局部空间中，边缘空间的宽度和高度决定了其构成要素分布数量及其对于威胁要素的阻滞效果，继而影响安全因子影响的衰减程度及相应的防护效果。疏散避难空间周边，不论是防火绿化的缓冲空间，还是防火建筑的防护屏障，都需要达到一定的宽度和高度，才能防止周边建筑出火等安全威胁要素的危害。在整体层面，边缘空间缓冲防护效果主要取决于边缘空间在本体空间周边的分布连续程度，边缘空间的完整度体现了对于疏散避难空间的保护程度。与之相对应的形态指标类似于城市形态控制中的贴线率，即通过边缘空间长度与本体空间长度或周长的比例来刻画连续性程度。边缘空间贴线率越高，表明其连续分布在疏散路径及避难场所周边的程度越高，其对疏散避难本体空间的缓冲防护效能水平越高。

4) 影响效应的形态及其指标

从空间上看，影响效应主要反映了避难疏散空间网络所服务的区域大小。影响效应受到街区总体尺度和避难场所分布等形态要素的直接影响。由于街区尺度过大、避难场所分布位置不当，需疏散建筑与避难场所连接路径的距离超过相应要求，影响区范围无法全面覆盖需要疏散的街区范围，出现疏散盲区。

而且，从空间网络的视角看，影响效应与疏散路径网络密度、疏散路径间距、避难场所间距等形态要素具有相关性，主要衡量指标为网络中的紧急避难场所的可达性和服务覆盖率等。可达性反映了街区居民到达避难场所的便捷程度，通常以路径疏散网络的实际疏散距离作为关键指标，并与路径和交通方式相关联。服务覆盖率反映了避难场所及疏散路径网络本体空间所提供的灾时疏散避难能力。根据相关研究和规范要求，紧急避难场所的服务覆盖率可通过其疏散距离500 m内的服务范围与需要疏散街区面积的比值进行计算。合理的疏散避难空间网络的服务影响范围应全部覆盖需要疏散的街区等城市建成区域。

5.4 疏散避难空间可达与安全效能的形态影响机制

网络化视角强调从空间局部至整体连续性及要素关联性的角度研究空间形态，并从几何属性、实际距离及拓扑关系等方面表达这种整体连续性与要素关联性。从网络连接的角度去分析物质形态、功能构成以及它们之间的尺度关联，空间形态的几何构成及规律作用于空间的具体功能，二者在不同尺度上呈现出关联与影响。在这一意义上，疏散避难维度的空间形态结构分析本身包含双重内容，即空间形态的几何规律和空间形态的疏散避难效能。

可达性和安全性是疏散避难空间的基本要求，也是疏散避难空间核心效能。随着疏散避难行动时空过程的展开，疏散避难空间网络要素之间的相互作用及节点效应、流效应、边缘效应、影响效应相互叠加，并在不同的尺度层级上呈现出较为复杂的疏散避难效能影响结果。空间网络的视角有助于在从整体到局部的连续尺度上，理解空间结构、形态与疏散避难空间效能之间的关联影响，也为阐释空间形态要素对于疏散避难空间效能的作用机制提供了基础。

5.4.1 空间形态对可达效能的距离累积影响

可达性的基本含义描述了个体在空间中移动的能力。疏散距离是直接体现可达性效能的指标，常用建筑至避难场所的米制距离进行描述。疏散距离越大，空间可达效能越低。

通常情况下，一幢建筑的疏散路径包括建筑出入口至宅间小路的路径、宅间小路、街坊道路、居住区主要道路及不同尺度区域中的步行空间。从空间网络的视角，以路段作为连线，则不同连线的组合形成了不同的疏散路径。疏散距离是构成该疏散路径的各个路段米制距离的总和，实质上是随疏散行进过程展开、各连线米制距离逐步累积的结果。因此，疏散距离主要取决于连线路段的几何特征、长度、数量，以及与路段中发生的同向及反向疏散流的情况。由于疏散避难空间的网络化效应，居住街区中不同的住宅，或者同一住宅，均具有多条疏散路径，构成每条疏散路径的路段不同，其疏

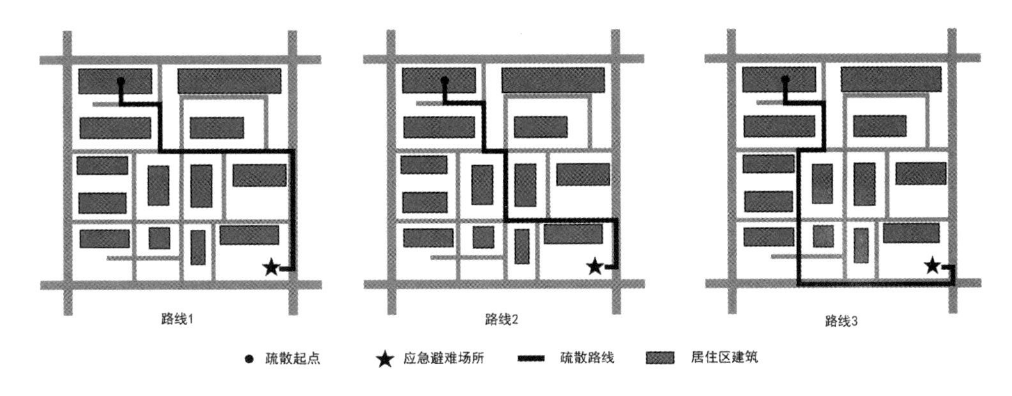

图 5-2 空间形态对可达效能的距离累积影响示意图

散米制距离可能相同，也可能不同。从各住宅等建筑沿疏散路径至紧急避难场所的行进过程的角度，随着距离的逐步累积，疏散可达效能逐渐衰减，在紧急疏散避难要求的5~10 min的有效时间内到达避难场所的概率越低。本质上，在这一自局部至整体的尺度递进过程中，街区总体尺度、住宅等建筑与避难场所布局的组合形态，增加或减少各建筑疏散距离的累积结果，造成局部各建筑疏散距离和街区建筑整体平均疏散距离的差异，各建筑和街区整体的空间可达效能因而也呈现出差异（图 5-2）。

5.4.2 空间形态对安全效能的风险累积影响

在多、低层居住街区中，建筑倒塌、出火、坠物等安全要素对于疏散避难安全性的影响取决于数量、强度及分布关系。从空间形态的角度，在局部空间中，一方面，建筑与疏散路径等流空间的间距、相对位置关系、建筑高度等形态因素，决定了威胁要素对于安全产生影响的可能性、程度及相应安全风险的大小，即影响其安全负效应的水平。另一方面，建筑与疏散路径空间之间的边缘空间的宽度、高度等形态因素也影响着隔离度、渗透度等指标及缓冲防护的正效应，因而，局部空间中的安全影响受到正负效应的约束。疏散行动自建筑出入口为起点，随着时间和空间的推移，经过各个路段连线及周边的各个建筑。局部的安全效应因正反馈作用而叠加，安全风险逐步累积，继而造成疏散路径空间的连通性和稳定性下降。在疏散避难空间网络中，不同疏散路径的安全风险可能存在较大不同，各建筑及街区整体空间的安全效能也因形态特征而具有不同的水平（图5-3）。

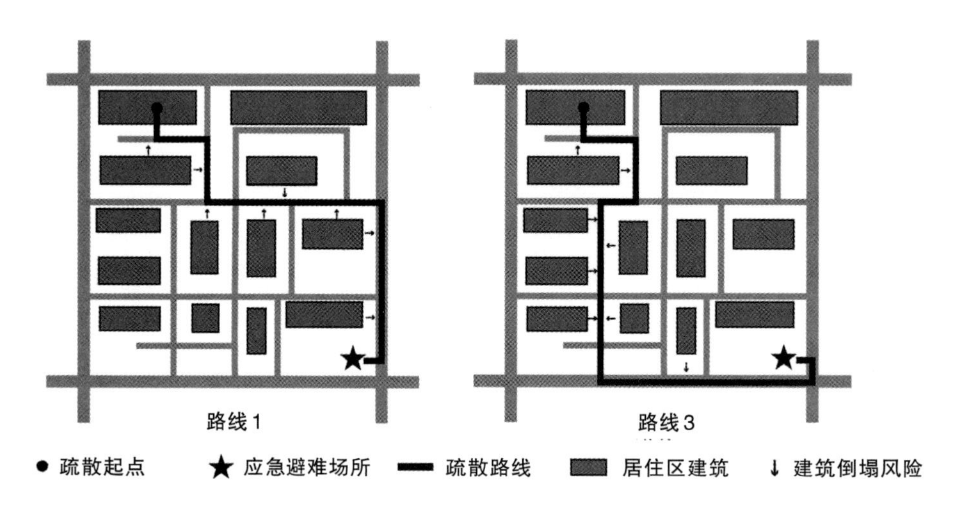

图5-3 空间形态对安全效能的风险累积影响示意图

5.4.3 空间形态对安全可达效能的综合影响

实质上，在多层及低层居住街区中，建筑既是街区紧急避震疏散的起点，也是倒塌破坏、火灾、坠物等风险要素的主要承载体。以各幢建筑为疏散起点，道路和步行空间为连接路径，开放空间为目的地，构成了居住街区的疏散避难空间网络。在各建筑疏散出口—面前道路—场地出入口—街区道路及步行空间—紧急避难场所的疏散行进过程中，各条疏散路径沿线的建筑风险要素类型、数量、分布、影响范围及其与疏散空间的分布关系不同，导致局部空间及各条疏散路径安全效能的差异。随着疏散距离的增加，其安全风险也逐步累积。而在整个疏散避难空间网络中，这种距离和风险自局部至整体的时空累积相互联系，互相作用，会导致不同形态的街区整体效能、同一街区内各建筑的局部效能、效能水平的空间分布产生相对差异。这种差异既体现在系统中各个构成要素上，如每栋建筑或住宅单元的可达性和安全性效能不同，也体现在居住区整体层面上，如不同居住区可达和安全效能不同，并导致出现疏散效能较低的薄弱环节及具有关键影响的空间节点。

从空间网络视角的分析，描述了疏散距

离和安全风险的累积过程，切合避震疏散行动时空过程及其效能变化规律。这一自下而上的空间形态－疏散效能的影响机制阐释，建立了局部个体—沿路径累积影响—建筑及街区效能的基本模型的总体思路，而对于局部到整体连续过程的描述与测度，是对多层及低层居住街区空间形态进行精确化分析评价和设计优化的重要基础。

---

① BATTY M. The new science of cities[M]. Cambridge, MA: The MIT Press,2013.

② 侯静轩,张恩嘉,龙瀛.多尺度城市空间网络研究进展与展望[J].国际城市规划,2021,36(4):17-24.

③ 刘滨谊,吴敏."网络效能"与城市绿地生态网络空间格局形态的关联分析[J].中国园林,2012,28(10):66-70.

6 多、低层居住街区空间疏散避难效能提升的城市设计策略

6.1 可达效能提升策略

针对可达性的优化策略通过居住街区空间环境设计，综合组织避难场所、疏散道路网络和环境设施，确保从各住宅单元到紧急避难场所的疏散行动速度、距离及效率，使居民在地震灾害发生后在有效时间内顺利到达紧急避难场所。

6.1.1 居住街区尺度控制

按照我国相关规范规定，紧急避难场所的疏散距离应控制在500 m之内。因此，居住街区的总体规模尺度应确保各住宅建筑到紧急避难场所的最短疏散路径距离满足小于 500 m 的要求。在我国发布的居住区规划设计的相关规范中，居住小区的规模明确为步行距离300~500 m。以低值300 m计算，即居住小区尺度为300 m × 300 m。小区内距紧急避难场所最远的住宅单元，其疏散距离达到约600 m。若以高值500 m计算，即居住小区为500 m × 500 m，小区内距紧急避难场所较远的住宅单元，其疏散距离达到约1 000 m。

根据《城市居住区规划设计标准（GB 50180—2018）》第6.0.2条，居住街坊是构成居住区的基本单元，其概念定义为由支路等城市道路围合的独立地块，尺度在150~250 m之间。因此，从紧急疏散角度，需根据居住小区的实际尺度，将其进一步划分为若干居住街区或街坊，作为控制居住小区的疏散单元尺度。较为常见的矩形平面的居住街区疏散单元，其长度与宽度之和应小于500 m。若街区平面为正方形，以500 m × 500 m的小区为例，其内部进一步划分，使每个街区尺度控制在250 m × 250 m之内，以达到紧急疏散距离的要求。

6.1.2　紧急避难场所布局

在居住街区层面，紧急避难场所主要利用街区的公共开放空间设置，包括学校、活动场地、小型公园、街头绿地、广场等空间。紧急避难场所的层级定位及容量规模等要求与城市防灾避难场所体系的要求相互衔接。在规模上应满足相应要求，一般不小于0.3~0.5 hm^2，与各建筑及其周边场地间隙分布，分布间距应满足步行疏散避难的500 m范围的要求，以提高居住区整体的疏散避难能力。

从空间网络的视角看，避难场所、疏散道路、缓冲空间构成了疏散避难空间网络的本体，街区内的住宅等建筑与之连接，进一步形成以住宅等建筑单元为起点、以疏散道路为连线、以避难场所为终点的空间网络。从空间形态的视角看，这一空间网络中各要素的分布形态与街区总体尺度的组合与联动，会导致疏散可达距离的变化。

其中，街区总体尺度、住宅建筑与避难场所的相对位置关系，是关键的影响要素。通常情况下，地震发生时居民向居住街区外部逃生疏散，紧急避难场所位置应选择在街区周边，紧临街区主要疏散道路。紧急避难场所位于街区边界角部2条居住区主要疏散道路的交叉点位置，疏散距离较远的住宅单元至避难场所的距离约为街区长度与宽度之和。避难场所位于街区边界中部时，紧临周边1条主要疏散道路，疏散距离较远的住宅单元至避难场所的距离大约为长度的1/2与宽度之和，或长度与宽度的1/2之和。由此，根据避难场所在街区中相对位置关系的差异，街区总体尺度中的边界长度并非单一的固定指标，而需在满足疏散距离500 m的前提下，根据街区总体形态和避难场所布局位置的不同组合情况，进行进一步优选确定（图6-1）。

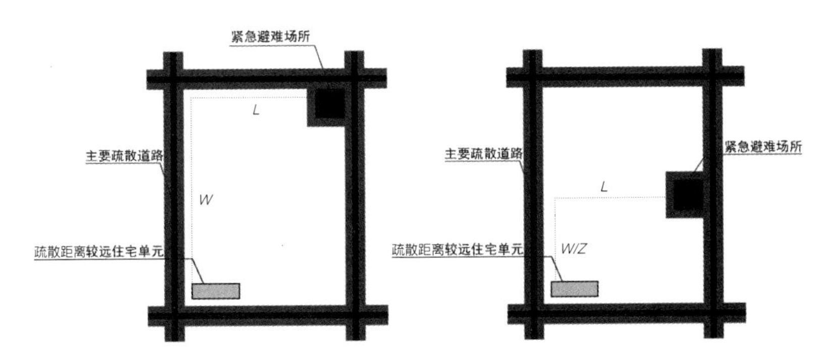

（a）避难场所位于疏散道路交叉点　（b）避难场所位于疏散道路中部

图6-1　居住街区住宅建筑与避难场所相对位置关系示意图

6.1.3 疏散路径网络形态优化

道路和步行空间是主要的疏散避难路径。居住街区在整体上构建网络化的疏散道路，直接连接各住宅建筑和紧急避难场所。为了确保疏散距离和效率的要求，疏散道路尽可能采用规则的方格网形态，并控制道路分布间距和分布密度，防止住宅等建筑疏散距离和街区平均疏散距离过长。与居住街区尺度相对应，小区内部划分居住街区的主要防灾避难道路间距控制在250 m以内，街区内部的主要疏散道路间距控制在125 m以内。

疏散道路网络的连通性、选择性与疏散可达效能密切相关。在居住小区和街区主要疏散避难道路连接环通的基础上，利用次要疏散道路连接各住宅等建筑，并充分结合次级疏散道路、步行轴带空间和小径，完善疏散路径的分级网络，同时尽可能形成具有替代性的疏散道路，使住宅等建筑和紧急避难场所具有两个方向上的通行选择，提升疏散路径网络的整体连通性、选择性和冗余性。

具体设计与改造中的常用措施主要包括，拆除老旧高风险建筑和腾挪土地，增设新的道路，或对原有道路整体或局部进行拓宽与延长，尽量减少尽端路和T字路，优化疏散路径系统的网络形态。比如，日本老旧居住街区中主要为私有住宅，地块划分细碎，街道形态复杂，还存在大量尽端路和T字路，个别建筑与道路缺少直接连接，疏散路线曲折迂回，住区内建筑的平均疏散距离较长，整体疏散可达效能较低，甚至存在疏散困难的盲点区域。为了提升疏散路径网络的可达效能，在原有道路的基础上尽可能增加连接路径，将各级防灾道路和步行疏散路径连接成为网络，提高疏散路径的分布密度与连通性。设计中往往依据可达性影响分析，确定对整体和局部疏散可达效能具有重要影响的关键路段，进行优先改造。此外，还根据现场条件的限制，采取增设紧急疏散通道、拆除阻挡疏散路径的围墙、设置灾时开启的应急大门等措施，力求通过小规模改造使疏散路网的可达效能得到有效提升①（图6-2，图6-3，图6-4，图6-5）。

图6-2　居住街区疏散道路网络改造与控制示例

（a）改造前

（b）改造后

图6-3 通过拓宽主要道路优化街区疏散路径网络示例

（a）改造前

（b）改造后

图6-4 通过拓宽狭窄巷道优化街区疏散路径网络示例

（a）改造前

（b）改造后

图6-5 利用步行空间连接与优化街区疏散路径网络示例

6.1.4 疏散道路及通行环境设计

居住区的疏散道路宽度应满足疏散避难人流要求。通常，居住区周边及内部主要疏散避难道路的有效宽度不小于8 m，次要疏散避难道路的有效宽度不小于6 m，结合疏散和消防要求，应急疏散通道有效宽度不小于4 m。居住区主要疏散道路应尽量平直，减少曲线道路和过多转折，以确保疏散通行速度，便于疏散选择和空间定向定位。

居住区道路及其两侧人行道是日常生活中的主要步行区域，也是紧急疏散情况下的主要通行区域。考虑到应急疏散避难和消防救援车辆占用车道，灾时应急疏散往往以人行道为主。人行道一般由路边区域、街道设施区域、行人通行区域和建筑临街区域4部分构成（图6-6）。人行道宽度和环境需确保连续的通行区域，并满足老人、儿童、残疾人等特殊人群避难行动的便捷性和安全性等要求。在现实中，居住小区的道路及人行道的宽度往往会被设置不当的路边停车、树木、输电箱等要素挤占，造成通行区域宽度不足和疏散不畅。此外，通行区域地面铺装材料的接缝过大、表面不平，以及供暖、供水设施的窨井盖、检修孔和地面坑洞等地面凸凹均造成地面平整度低，易于导致震时疏散速度降低或发生局部拥堵。

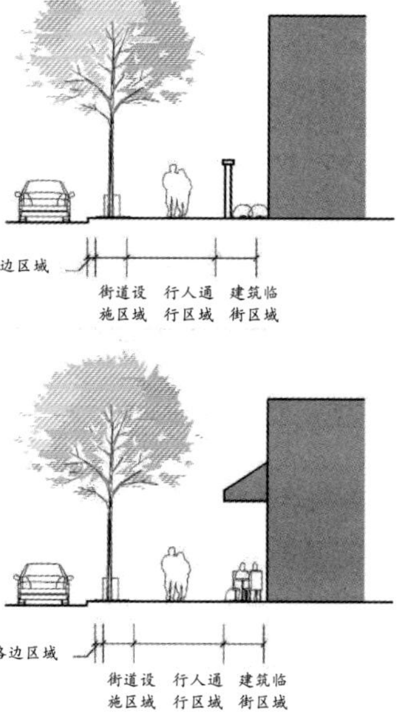

图6-6 人行道分区示意图

疏散道路通行环境主要通过道路微观环境的设计，减少和消除挤占通行区域、易于导致应急疏散避难行动中发生跌倒等事故的空间要素，确保疏散行动的安全与畅通（图6-7）。第一，合理划分步行空间，照明灯具、座椅、绿化等各类环境设施,建筑店招等附属构件，路边停车等要素避免侵占通行区域，电线杆、供电箱、窨井盖、检修孔等城市供水供电管线设施尽量铺设于地下或街道设施区及绿化带之内，保障疏散通行区域满足宽度及容量要求，并控制伸入通行区域地面上空部分的高度，防止疏散人群发生碰伤和跌倒事故。

（a）建筑入口台阶和自行车

（b）街道设施

（c）配电箱及电线杆

（d）非机动车及机动车停车

（e）树木

图6-7　影响疏散通行环境的主要空间要素

第二，地面铺装选用表面纹理粗糙，防滑性、渗水性、耐久性好和维护便利的材料。铺装平整，接缝密实，便于使用拐杖、轮椅等助力工具的居民通行。第三，提高步行疏散通行区域的整体平坦度，尽量减少地面高差变化，台阶、坡道、楼梯等处运用不同色彩、质感的地面材料变化进行重点提示，并采取防滑处理和设置警示标识。第四，为疏散通行区域提供充足的夜间照明，保障夜间应急疏散避难行动。灯具的形式、高度、分布等设计满足照度等方面的要求，在疏散路径转向、地面高差变化等重点部位需重点强化照明设计，避免炫光、绿化遮挡等情况。灯具应配备灾时供电线路中断时也可使用的太阳能等应急供电设备。

6.1.5 建筑布局及环境设计

在街区疏散避难空间网络中，各住宅建筑是紧急疏散行动的起点。在整体层面上，建筑密度及其布局形态影响疏散避难网络中本体空间的数量、规模和分布状态。居住街区内的建筑采取均衡式布局，不仅可以使疏散路径、避难场所和缓冲空间满足相应的面积规模等基本要求，也利于建筑与疏散避难空间形成间隙分布的网络系统，并通过疏散路径进行连接。在局部空间中，建筑疏散出口尽可能短距离和直线式地直接连通疏散通道，避免曲折迂回的疏散路线，使建筑中居民灾时第一时间进入外部的疏散避难空间系统。

街区内住宅、商业配套设施等建筑的布局与形式凸显明确的视觉特征，可以提升疏散避难空间环境的可识别性和行动速度。在道路交叉口等疏散路径转向节点、主要应急避难场所周边等重要节点，设计形态特征清晰、材料色彩明快、易于快速辨识的标志性建筑，加强紧急疏散行动时的空间定位和方向引导。

此外，住宅等建筑的周边环境尤其是建筑疏散出入口环境是建筑向外部疏散的重要节点，为了加强其疏散通行效率，出入口应满足一定的疏散宽度要求，在周边留设充足的缓冲空间，并确保在地面平整度及夜间照明等方面满足疏散避难行动的要求。

6.1.6 应急标识与照明设计

应急标识系统的设计应首先根据疏散避难行动的过程特征和防灾设施分布，设置疏散路线的引导标识、防灾设施使用的说明标识和相关灾情信息标识。其中，引导标识沿疏散路径间隔布置，在疏散路径交叉口及行进路线转向的关键部位，重点加强指向标识的设置。为了确保在夜间疏散避难行动中正常发挥作用，指示标识与应急照明灯具应相互结合。而且，应急标识形式、文字、符号、色彩的具体设计应易于辨识和理解，综合利用声、光、电等方式进行视觉和听觉的多种信息传达。各类应急标识选用耐燃及难燃材料，结构牢固，具有安全性和耐久性，具体的位置、高度及形式应做到防止遮挡视线和光线，其细部设计满足老人、儿童及残疾人等特殊人群的需求。

应急照明系统的设计旨在提升夜间空间环境的可识别性，保障夜间疏散避难行动顺利展开。应急照明灯具结合疏散路径和避难场所等空间进行布局，分布间距、照度、光照范围、高度确保光线充分和均匀，避免眩光，并防止被其他物体遮挡光线、形成阴影等不利影响。重点强化疏散路线变化、转折位置的应急照明，并结合色彩、亮度等方面的光线变化，加强引导和指示作用。而且，考虑到震时可能出现的供电中断，应急照明灯具采用太阳能、蓄电池等储能技术装置提供备用能源，以备灾时的正常使用。

6.2 安全效能提升的设计策略

提升安全效能的设计策略主要包括两方面。一方面，根据灾害学和安全风险原理，从源头上减少、消除空间环境中的安全威胁要素，尽可能能避免震时发生建筑倒塌、出火和坠物的危险；另一方面，根据疏散避难空间网络的边缘效应，在街区周边和内部，综合设置和组织缓冲防护开放空间、防火绿化等缓冲防护屏障，在建筑与疏散道路、避难场所之间，形成多层次、连续性的缓冲防护空间体系，并强化高风险建筑、主要疏散道路和避难场所等重点对象的安全保障，抑制建筑倒塌、出火等安全风险要素对于疏散避难空间的影响，提高疏散避难空间网络的整体安全，降低疏散避难行动的安全风险，并抑制街区内部与外部之间的灾害扩散。

6.2.1 街区周边安全空间建构与完善

居住街区通常以周边的城市主干道、次干道和支路进行划分。在居住街区周边，以上一层级居民生活圈及分区防灾规划确定的缓冲隔离空间为基础，主要利用居住街区周边的道路，结合广场、绿地、水体等公共开放空间，形成连续的周边缓冲防护空间，并从确保防护缓冲作用方面，进行空间构成、宽度规模、形态布局等方面的详细设计，构建居住街区周边安全空间，并完善居住街区防灾单元的划设（图 6-8）。

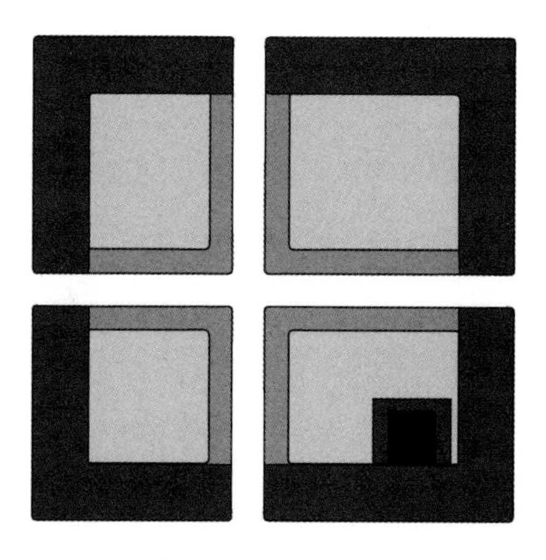

图 6-8 居住街区周边缓冲防护空间分布示意图

在空间较为充分的情况下，缓冲防护空间沿线设置防火绿化带。防火绿化带根据火源分布及火灾风险等因素确定布局方式、宽度、高度、断面等详细设计。防火绿化带与建筑等火源及疏散避难空间保持相应距离，避免树木自身发生燃烧和危及疏散避难空间。通常情况下，住区周边防火绿化带高度不小于10 m，宽度不小于10~15 m。考虑到风力、风向和明火飞散等不确定因素的影响，主要疏散避难空间周边的防火绿化带可进一步增加高度和宽度。防火绿化带选择耐燃性好、含水率高、含油率低、树冠较大、遮蔽性强的常绿树种，比如银杏、槭树、夹竹桃、柃木、铁冬青、山茶、木荷、杜英、女贞等。内部的种植结构尽可能穿插种植乔木和灌木，临近火源一侧种植低矮灌木，临近疏散避难空间一侧种植乔木，并在确保树木正常生长的前提下，适当加大种植密度[②]（图6-9）。

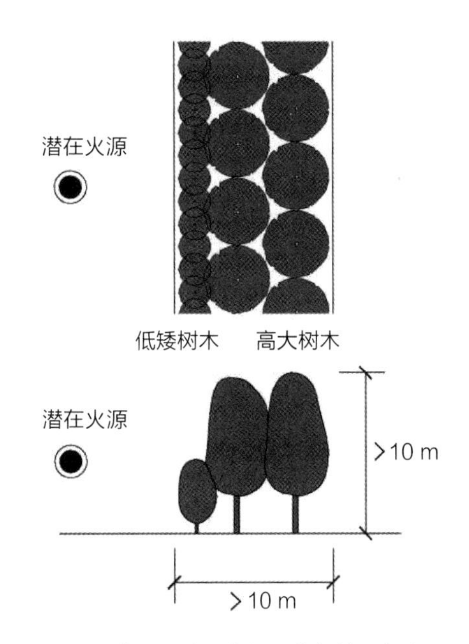

图6-9　街区周边防火绿化带控制示意图

城市建成区中的既有或老旧住区周边，由于空间有限，可考虑利用街区周边城市及分区疏散道路的沿路建筑，进行建筑不燃化设计，提高耐火性能，构建防火建筑屏障，防止街区内部火势危及疏散安全和向其他街区扩散。

在日本防灾建设中，为应对地震及其引发的火灾，特别强调利用延烧遮断带形成街区周边的安全空间，并划分防灾街区和构建防灾生活圈。其中，防灾生活圈是道路、河道等延烧遮断带围合的区域，以居民日常生活范围为基础，基本与小学学区覆盖的社区一致，是城市防灾基本单元。延烧遮断带是由道路、河川、铁路、公园及其相邻耐火建筑物共同构成的带状不燃空间，用于防止因地震引起的市区火灾蔓延，同时具有震灾避难救援活动的运输路径的作用，分为骨骼防灾轴、主要延烧遮断带和一般延烧遮断带，不同层级的延烧遮断带围合防灾生活圈，也进一步将防灾生活圈划分为若干防灾街区，并构建街区周边的安全缓冲空间[③]，降低居住街区和城市整体的灾害风险。

6.2.2 避难场所的安全设计控制

紧急避难场所通常由居住街区内的广场、绿地、活动场地等空间构成，是灾时居民临时避难、生活及向上一层级避难场所中转疏散的主要场所。安全性设计主要包括3个方面。一是保护紧急避难场所免受周边建筑倒塌、出火、坠物等风险要素的影响。二是紧急避难场所内部的建筑物、构筑物及设施的自身安全。三是居民在紧急避难场所中休整、安置等各类活动的安全保障。

在避难场所周边，对紧临避难场所的建筑加强抗震设计及加固改造，减少可能坠落的建筑附属物，并控制建筑退让距离，以满足倒塌、出火和坠物影响方面的安全要求，降低震时建筑物倒塌、坠物危及疏散避难人群安全的风险水平。同时，利用绿地、水体、空地等形成缓冲保护空间，或设置连续的防火绿化带及防火建筑屏。在既有居住区或老旧小区中，由于避难场所多紧临周边建筑，可设置防火墙、金属丝网等防护屏障，提升避难场所的安全性。

避难场所内部的安全设计重点针对用于临时避难收容、医疗救护、物资集散等的建筑及设施，提高其抗震、防火等设防标准和防灾性能，确保与场所出入口、紧急避难场地等之间的安全间距。避难场所中的绿化以草地和灌木为主，减少高大乔木，并选用耐燃、不易倒伏的常绿植物。

在避难场所的安全使用方面，主要防止发生紧急避难活动中的跌倒、拥堵和混乱导致的各类安全事故。对避难场所中的紧急疏散避难、救援、物资装卸区、医疗、卫生等功能区进行合理划分。紧急疏散避难区、避难救援区、物资装卸区相对集中布局，空间规则、方整和开阔，视线畅通，地面平坦，减少不必要的高差和景观变化，并适应根据不同情况进行空间调整的需求。地面铺装材料满足抗压、防滑和耐久性等要求，避免选择采用易燃、易传热、易溶解和可能排放有毒气体的材料。出入口的视觉形象突出，易于辨识。位置远离建构筑物、易倒伏和易燃树木、通风排风设施等潜在危险源。考虑灾时居民疏散避难的紧急状态，地面与街区主要疏散道路平齐，直接联系，并留设充足的缓冲集散空间，便于疏散避难人群出入，避免造成拥堵、跌倒等行为安全事故。避难场所内的环境设施注重平灾结合设计，满足居民临时避难的生活要求，提供充足的用水、卫生和照明条件。廊、亭等环境小品的具体设计考虑搭建临时帐篷的需求。除饮水器之外，结合水体景观设置雨水收集处理的蓄水池，供居民生活和消防救援使用。根据卫生和夜间照明的要求，合理配置和分布废物箱、应急卫生间、标识系统和照明系统。同时，避难场所的环境与设施设计应满足无障碍等设计要求，保障老年人、残疾人等特殊人群能够正常安全地使用。

6.2.3 疏散路径空间的安全设计控制

居住街区内的主要疏散道路和步行空间是通向紧急避难场所的关键路径，对于街区整体的疏散避难安全效能具有重要影响。除了通过工程技术措施提升抗震性能、防止震时变形和损毁之外，需要从空间设计角度，对道路、步行空间、沿路建筑、绿化等构成的疏散路径环境进行整体控制。

一方面，减少主要疏散道路及其周边的安全威胁要素。主要疏散路径远离变电站、餐饮厨房、燃气管线等震时出火及爆炸风险较高的设施与空间，清除道路内部及两侧震时易倒伏的树木、易倾倒的电线杆和易坠落的标识牌等威胁要素。

另一方面，主要疏散道路的断面设计严格控制沿路建筑退让距离，满足建筑倒塌及坠物可能影响范围的安全要求。其中，可能倒塌建筑的影响范围依据建筑的抗震设防等级要求、布置方式和高度等因素确定。比如，高度<24 m的多层建筑，其长轴和短轴平行于疏散道路时，影响范围分别为建筑高度的67%和50%。按照罕遇地震的影响分析时，若道路两侧建筑均低于标准设防类抗震要求，可按两侧建筑倒塌影响距离之和进行控制，并考虑建筑坠物的影响[④]（表6-1）。

此外，对于连接紧急避难场所的主要疏散道路和步行路径，沿路设置防火建筑屏障或防火绿化等缓冲防护设施（图6-10）。

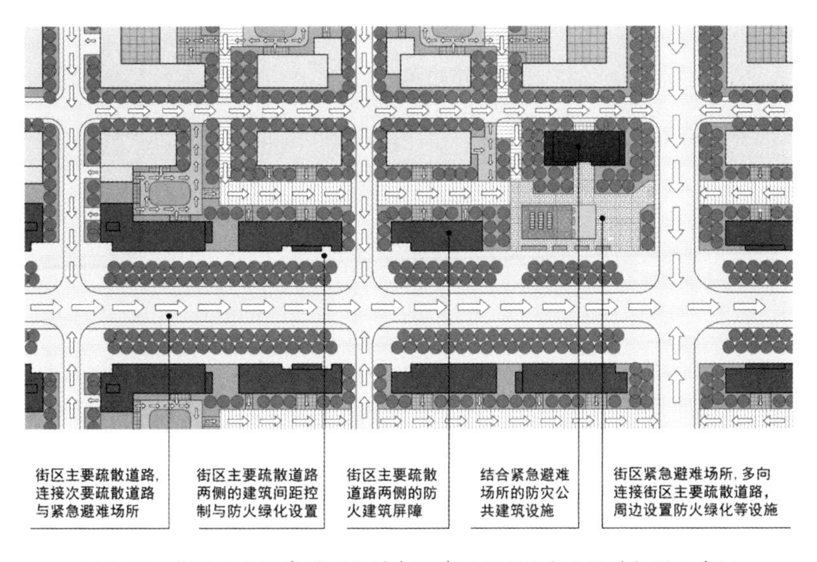

图6-10 街区主要疏散道路和紧急避难场所周边安全设计控制示意图

表 6-1　多、低层居住街区建筑倒塌影响范围控制的计算取值

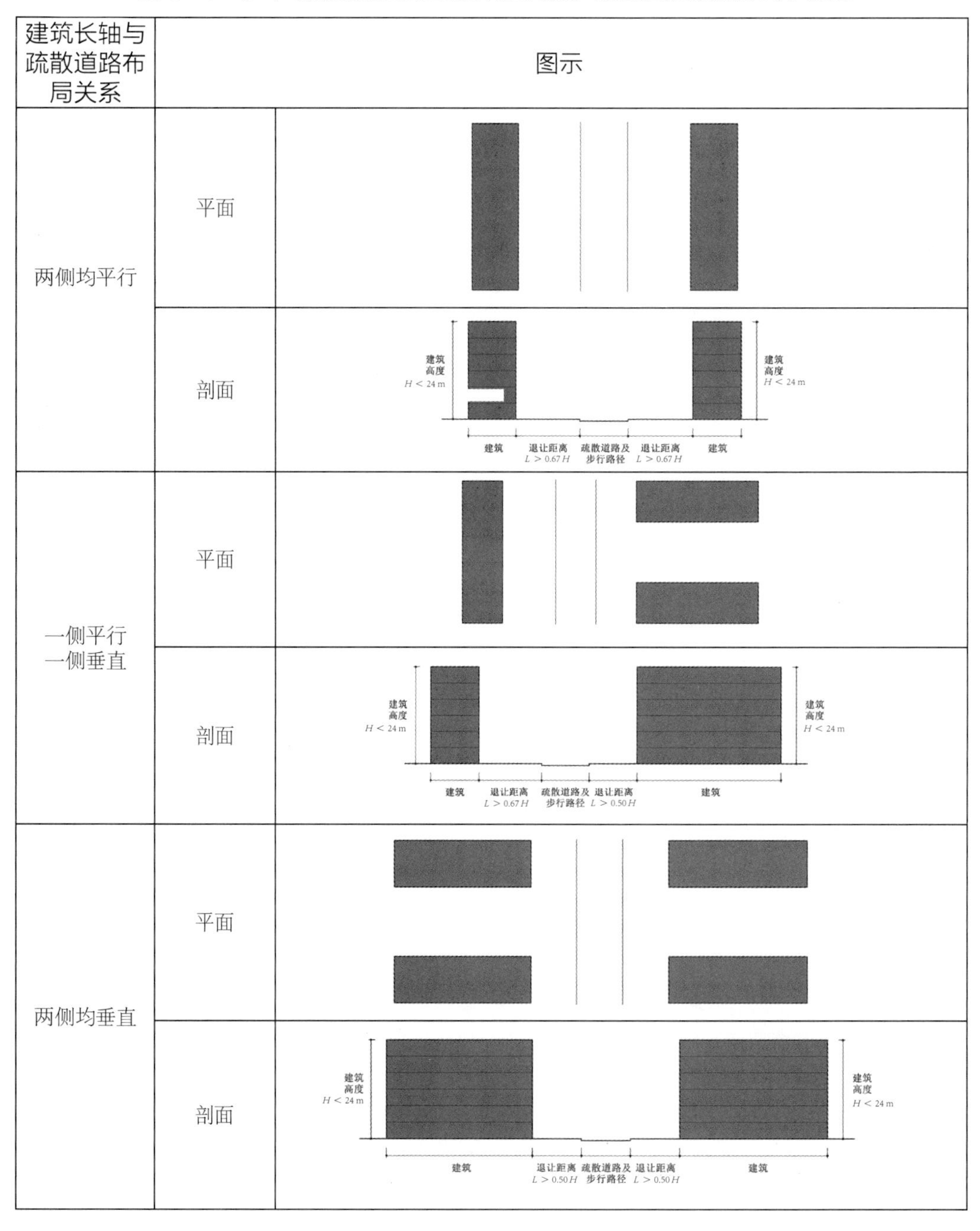

建筑长轴与疏散道路布局关系	图示	
两侧均平行	平面	
	剖面	
一侧平行 一侧垂直	平面	
	剖面	
两侧均垂直	平面	
	剖面	

注：地震时疏散道路两侧建筑破坏和倒塌影响范围依据地震强度、建筑抗震设防等级、建筑高度和建筑布置方式等因素确定。防止坠落物安全间距可依据建筑侧面和顶部所存在的可能坠落物、按照不低于设定防御标准对应的加速度和速度进行评估确定，并不小于3 m。表中为常见多、低层居住街区中按照两侧建筑倒塌影响范围之和计算的情况。

6.2.4 建筑布局与安全设计控制

从防灾疏散避难的角度看，居住街区中的大量住宅建筑既是连接于疏散路径网络上的疏散起点，也嵌入疏散避难空间网络之中，对疏散避难空间的安全性构成潜在威胁。建筑总体布局注重疏散路径、避难场所和缓冲防护空间的间隙分布，形成连续性的街区疏散避难空间网络，提升街区整体防灾安全。在局部空间环境，与疏散道路和避难场所安全设计对应，确保建筑退让距离满足倒塌、出火、坠物的安全间距及缓冲防护空间的设置要求。此外，防火建筑屏障尽可能在避难场所周边和疏散道路两侧连续分布，为了有效防护疏散避难空间，防火建筑屏障的间口率通常不小于0.7。

建筑安全设计主要针对建筑倒塌、出火和坠物威胁要素进行安全控制，降低建筑倒坏、出火和延烧风险。

建筑倒塌和出火的安全设计主要从工程技术角度，依据建筑抗震和防火的相关规范条例，采取建筑选址、基础、结构、构造、材料等方面的设计措施，提高街区建筑整体的抗震和防火性能。对于既有街区中的建筑，首先针对建筑倒坏、出火及延烧风险进行相关的性能评价。抗震性能评价主要根据住区位于冲积低地、震时液化风险水平等地质条件，分析建筑基础、上部结构、墙与柱等构件的形式、规格、配置、抗震水平，判定强震时建筑倒塌可能性的等级。防火性能评价主要依据建筑结构、构造及材料耐燃性等因素，判定建筑防火的等级。然后，根据风险与性能评价的结果，对建筑进行分类处理。年代老旧、倒塌可能性大的高风险建筑改造效果有限，尽可能拆除，改建为钢筋混凝土建筑。有可能倒塌、基本不倒塌和不倒塌的建筑，需要对基础、梁、柱、抗震墙等结构构件进行增设及加固，加强建筑构件连接的构造节点，适当缩小或加固较大洞口，强化抗震结构及构造处理。对于防火性能较低的建筑，其屋顶、外墙、开窗等易出火部位采用防火砂浆、涂料、墙体等耐火材料，安装防火百叶窗和钢丝网玻璃，进行不燃化改造，提升其耐燃性。临近主要疏散避难通道、疏散通道交叉口、应急避难场所和防灾设施的建筑对疏散避难安全性影响较大，进行拆除、改建或重点改造。在功能空间组织上，住户厨房、街巷餐饮店面、电力燃气设施等易出火要素远离疏散避难空间布置，尽可能避免建筑出火的威胁⑤。

针对坠物威胁要素，重点控制临近疏散避难空间的建筑界面及其周边空间。一方面，加强可能坠落的建筑及其附属物结构、材料、配件等要素的安全设计，如为空调机位、广告、店面招牌等选择适当位置并采取防坠落设计措施，空调机位宜采用内挂式，广告及标识宜采用嵌入式，确保其结构牢固性与耐久性，从源头上减少安全威胁要素。另一方面，严格控制临近主要疏散通道通行区域及应急避难场所的建筑退让距离，结合绿化、花坛等确保充足的安全间距，并种植枝叶繁茂、不宜倒伏的树木减缓和阻挡坠物进入疏散避难空间，使疏散人群尽可能远离潜在坠物要素的安全威胁。

6.3 分层整合的综合提升设计策略

根据居住街区紧急疏散避难行动的时空过程，从疏散起始阶段的建筑及其周边环境，到疏散行进阶段的疏散路径网络空间，再到停留避难阶段的开放空间，甚至接续转移至中长期避难场所，构成了连续的空间层次，安全威胁要素、空间构成要素和空间形态要素对疏散避难的效能产生累积性影响。在设计中，需要从上述各个空间层次，对建筑、道路、步行空间、开放空间和防灾设施、工程技术进行系统整合，以综合提升空间环境的可达性和安全性等疏散避难效能⑥。

6.3.1 空间的分层化设计策略

1）疏散起始阶段——建筑及其周边环境设计

建筑及其周边环境设计主要针对街区内住宅及其他公共服务设施等建筑，通过建筑要素、周边外部空间环境和场地的组织，提升建筑疏散出口至宅前疏散道路或场地疏散出入口的疏散高效性、可达性和安全性。

（1）建筑疏散出口及其环境。

住宅和其他建筑的出入口是居民向外部空间逃生疏散的起点和关键部位。根据相关规范，建筑疏散出口数量和宽度应满足建筑内部居民和使用人群的数量和要求。其他公共服务性建筑尽量在两个方向上设置疏散出口，并结合场地设计确定。

建筑疏散出口及其环境针对疏散通行效率和安全威胁进行组织。为了避免震时变形、倾覆等破坏威胁安全和造成堵塞，出口大门和雨棚构件的大小、形式、结构及材料设计应适当提高抗震要求，强化抗震性能。住宅建筑中，易于导致出火的厨房、燃气设施和易于坠落的空调外机等附属物尽可能远离疏散出口，或控制其与疏散出口距离满足出火和坠物影响的安全间距要求。

（2）宅前连接区域及公共建筑场地环境。

住宅建筑疏散出口与面前疏散道路直线连接，防止过度曲折。在建筑疏散出口和连接区域设置尺度适当的集散缓冲空间，地面平整，减少不必要的高差变化，并设置指示标识和应急照明灯具，提高疏散通行畅通性，防止居民疏散时跌倒或拥堵而降低疏散速度。

此外，在街区内公共服务设施建筑的场地设计中，场地内尽可能形成环状道路，并利用停车场、空地设置替代路径，使建筑疏散出口与场地疏散出口实现短距离的便捷联系，同时尽量远离场地内的配电设施等危险要素。根据建筑需疏散人群的数量确定场地疏散出口的规模和位置。较大的场地尽可能设置紧急出口，灾时可临时开启，使场地疏散出口与街区疏散道路在不同方向和位置连接。加强场地疏散出口处的大门等建构筑物抗震性能，并合理设置缓冲防护空间和设计应急照明和标识。

2）疏散行进阶段——疏散路径网络优先的街区空间设计

针对建筑及其场地至紧急避难场所的疏散行进阶段，通过街区疏散路径网络的整体建构和形态组织、疏散路径空间的防灾化设计和建筑的设计控制，减小街区内各建筑至紧急避难场所的疏散距离，降低安全风险，提升街区整体疏散避难的可达性和安全性效能。

（1）疏散路径网络的整体构建与形态组织。

在以往的居住街区规划设计中，道路交通和步行系统主要考虑日常生活和消防救援的要求，需要针对防灾疏散避难的要求进行进一步控制与优化。在街区整体层面，应当根据疏散建筑、紧急避难场所、安全风险要素分布等条件，建构完善可达距离短、连通性高、分布均衡的疏散路径网络系统，以控制疏散距离、提高疏散路径选择性和分散安全风险。

疏散路径骨架以街区主要和次要生活道路为基础，并结合街区主要步行轴和绿带等线性空间。二级疏散路径主要利用建筑面前道路、步道和小径设置疏散通道，将各建筑疏散出口及周边场地与街区主要疏散路径进行连通。小区内部主要疏散道路间距控制在250 m以内，居住街区内部的主要疏散道路间距控制在125 m以内，整体路径网络确保建筑疏散行进距离不大于500 m。

具体设计与改造策略主要包括两个方面。一方面，进行道路拓宽及宽度控制，确保有效宽度和容量。将原有狭窄街巷拓宽至4 m以上，作为次级疏散道路。原有道路拓宽为有效宽度6~8 m的主要防灾生活道路，同时控制建筑退让距离、清除挤占道路的路边停车和环境设施，确保有效疏散宽度（图6-11，图6-12）。另一方面，进行路网优化，加强整体连通性。以原有道路和街巷为基础，尽可能增加连接路径，将各级防灾道路和步行疏散路径连接成为网络，提高疏散路径密度、连通性和可达性。在实践中，往往依据疏散可达性评价及影响分析，确定关键路段，根据现场条件采取多种灵活的设计措施。比如，延长T形路段、打通尽端路、增设应急步行通道和步行路径、拆除阻挡疏散路径的围墙或围栏、设置灾时开启的应急通门。通过疏散路径网络形态的优化，连接街区内的全部建筑，降低建筑平均疏散距离，减少疏散路线迂回的建筑，尽可能消除疏散困难建筑及疏散盲点区域。

（a）改造前

（b）改造后

图6-11　狭窄道路拓宽改造为主要防灾生活道路示例

（a）改造前

（b）改造后

图6-12　狭窄巷道拓宽改造为防灾生活道路示例

（2）疏散路径及其环境的防灾适应设计。

疏散路径主要由街区主要疏散道路、次要疏散道路、步行路径、应急通道等构成。防灾适应性设计针对路径自身及其环境进行。

疏散通行区设计应确保有效通行宽度和加强空间引导。根据研究，人流最小疏散宽度不小于0.75 m，为了提升疏散效率并考虑了多股人流和安全威胁要素的影响，街区主要疏散道路有效宽度通常不小于8 m，次要疏散道路有效宽度6~8 m，应急疏散道路和建筑面前已处理道路宽度不小于4 m。清除通行区域中的电线杆、配电箱、建筑突出台阶等障碍物，并对地面进行平整和防滑等处理。疏散路径的形态应避免过度曲折。应急标识和照明根据疏散要求沿路布置，在疏散路线转向的道路转弯等地点进行重点强化，并避免绿化等要素的视线遮挡。

道路等疏散路径及其环境针对安全性进行设计控制。主要道路和疏散路径采取工程性措施，在确保自身抗震安全，并尽可能与街区中的燃气电力设施危险源保持安全间距，清除道路上空的店招、指示牌等可能坠落伤人的要素。

道路环境设计考虑建筑等风险要素的影响，根据建筑倒塌、出火、坠物等风险要素的可能影响范围，控制建筑退让道路的间距。主要疏散路径两侧，根据空间条件，合理选择和设置防火绿化、防护墙、防护网等缓冲防护设施。

（3）建筑布局与设计的重点控制。

街区内建筑总体上均衡布局，适应疏散避难空间网络布局形态，与疏散路径和紧急避难场所相互间隙分布，以免出现疏散距离过远、与疏散路径连接不畅、疏散可达性较低的疏散困难建筑，同时分散风险，防止局部区域建筑威胁要素过度密集、局部空间安全风险过高。

街区建筑还应在整体上进行安全设计控制，从源头上降低安全风险。建筑选址、结构、构造、材料设计组织应加强抗震和防火性能；临近建筑疏散出口和疏散避难空间的建筑，合理布局内部的厨房、电力燃气设施，减少出火风险要素。

在主要疏散道路沿线、疏散道路交叉口和紧急避难场所周边等重点部位，由于对街区整体空间疏散避难效能影响较高，应重点控制建筑退让安全间距、满足缓冲空间和防火绿化等设施对于空间尺度的要求，并进行建筑安全设计控制和设置防火建筑屏障。此外，主要疏散道路和避难场所周边的防火建筑屏障应提升抗震防火性能，在疏散道路两侧和避难场所周边连续分布。

3）停留避难阶段——避难开放空间设置与防灾化设计

（1）避难开放空间设置与布局。

紧急避难场所是停留避难阶段的对应空间，通常结合居住街区中的公共开放空间进行设置，主要包括广场、公园、街头绿地、活动场地、中小学运动场和社区中心等公共服务设施的室外场地。停留避难阶段的设计主要针对居住街区中的公共开放空间，进行空间拓展、容量布局控制和防灾化设计，确保紧急避难活动的安全和使用要求，以便居民就近疏散避难，并避免增加周边其他街区的疏散负荷。

按照应急避难场所规划建设的相关规范，应急避难场所的数量、容量和规模通常根据疏散避难单元人数等因素确定。其中，紧急避难场所的规模一般不小于0.3~0.5 hm^2。城市中的多、低层居住街区，尤其是既有老旧小区，建筑较为密集，开放空间有限，需要结合小区改造，通过多种途径提升紧急避难场所的数量及规模。原有学校校园及运动场通常可以用作相对集中的固定避难场所，面积较小的活动场地、街头绿地和闲置空地主要改造为防灾小广场等紧急避难场所。日本和我国台湾地区以中小学校园为核心，结合街头绿地和活动场地，形成多层次的避难空间，在多次灾害中保障了紧急疏散和临时安置的顺利进行。此外，还应进一步拓展用于避难场所的开放空间。比如，日本既有住区就通过拆除局部高风险建筑、多户分散住宅改建为集中公共住宅、原有商业和小型工厂迁建等方式，腾挪和整理建设避难场所需要的土地空间资源。

从疏散避难可达性的角度看，紧急避难场所的布局应位于街区周边，与街区主要疏散道路直接联系，使各建筑至紧急避难场所的疏散距离小于500m，确保居民能够在有效时间内到达。紧急避难场所布局于街区长边中心点位置，可以进一步降低街区整体的平均疏散距离。在此基础上，考虑震时灾情及安全威胁等方面的不确定性，除了紧急避难场所之外，在空间充足时，还可利用住宅等建筑周边的绿地和空地，为居民提供多点化、分散化的就近避难空间。智利康塞普西翁(Concepci ó n)市的居住街区在每幢住宅与道路之间设置草坪和花园，在2010年2月27日发生的8.8级地震中，这些草坪和花园成为居民自行搭建帐篷、就近临时避难的空间⑦。

此外，考虑到紧急避难场所主要承担灾后1~3 d的紧急和临时避难，若灾情严重时需要进一步转移至固定避难场所进行中长期避难生活。固定避难场所疏散距离可达1~2.5 km，重大灾害发生时，居民通常沿居住街区骨架道路及街区之间的城市道路，转移至固定避难场所。因此，停留避难阶段的设计应当充分考虑可能发生的接续转移避难阶段。一方面，通过避难场所布局、疏散道路形态及街区总体形态的组合优化，建立疏散避难空间的形态基底，加强街区单元的疏散避难效能。另一方面，注重强化街区紧急避难场所、街区骨架疏散避难道路与周边城市防灾道路的衔接，并沿路建设或改造不燃化建筑，设置防火绿化，形成防火隔离带，确保街区疏散避难和对外联系的安全畅通。同时，尽可能利用街区周边的城市道路、绿带、河道水体等空间，完善延烧遮断带，建构居住区防灾空间的基本骨架和安全的外部环境。

（2）避难开放空间防灾化设计。

用于紧急避难场所的公共开放空间需要针对周边环境、内部空间和环境设施等方面，进行防灾化设计，提升对于避难行动的支持度和安全保障。

首先，强化周边环境安全防护及场所内部环境安全设计。与主要疏散道路类似，避难场所远离街区内的灾害源和威胁要素，并在场所周边和出入口等重点位置设置缓冲空间和防护设施。主要措施包括对紧临避难场所的建筑进行不燃化改造，空间充裕时利用绿地、水体和防火植栽形成安全屏障。对于空间局促的地点，则灵活采用金属防护网和防火墙等措施，防止和减缓建筑倒塌废墟、大火辐射热、坠物等要素的威胁，确保避难场所的安全效能。加强避难场所内部建筑、构筑物和环境设施的自身抗震和防火安全，减少震时易于倒伏的绿化树木等潜在威胁要素。针对场地布局、景观处理等方面的环境设计，以及场地出入口等重点空间，采取设置人群集散空间、保证出入口地面与疏散道路高度一致、地面防滑处理等措施，预防跌倒、拥堵等行为安全事故的发生。

其次，针对紧急避难行动中临时救助、安置的需求，加强空间适应性设计。避难场所至少设置两个场地出入口，或选

图6-13　埼玉新都心公园草坪广场

图6-14　大洲防灾公园多功能广场

择开放边界，使场所在不同方向上与主要疏散道路直接联系。避难场所形态规则方整、空间开阔、地面平整，内部不同区域相互连通，便于灵活调整。景观处理相对集中，避免过度曲折、复杂而影响使用效率。广场等较大面积的开敞空地是避难场所的核心空间。由于现实环境中土地有限，广场等空间强调平灾结合设计。平时，广场类型应具有多样性，以承载多种活动，如绿化丰富的埼玉新都心公园草坪广场（图6-13）、大洲防灾公园多功能广场（图6-14）、笹原公园游乐园广场（图6-15），既可以作为周边居民日常生活的休憩和体

育运动场所，也可用于防灾疏散避难的演习。灾害发生时，广场可以转变为搭建临时住所的应急避难生活空间。此外，服务于分区或居住区层面的固定避难场所还需设置直升机紧急停机坪，在道路交通阻断而救护车等防救灾车辆无法通行的情况下，提供医疗、救援、物资等方面的运输通道。

图6-15　筐原公园游乐园广场

第三，完善避难场所的防灾设施。主要针对避难信息标识、应急照明、消防与生活取水、临时居住等设施，进行平灾结合、平急两用的设计。场所内廊、亭等小品和环境设施的选点、尺寸、材料等设计，应结合平时使用和避难活动的需求。比如，廊、亭等环境小品根据灾时搭建临时帐篷和住所的要求确定，还可将帆布等材料收纳在横梁或屋顶内侧，在灾时放下提供临时维护。场所内设置蓄水池、饮水器等储水用水设施，应急卫生间、废物箱、标识和自备紧急电源的灯具照明，并满足老年人、残疾人等特殊人群的灾时使用要求，提升环境设施的灾时支持能力。

6.3.2　空间与防灾设施的整合策略

应急避难标识、应急照明灯具、景观廊亭、公共厕所等环境设施有助于疏散避难行动的顺利展开，建筑结构构造抗震和防火性能设计能够有效减少建筑倒毁、出火、坠物等风险因子，防火绿化等设施可以加强疏散避难空间的安全防护，是提升空间疏散避难能力的有效手段。街区层面的城市设计应根据疏散行动要求、场地条件等因素，配置运用各种技术设施，并与空间的设计组织进行充分整合。其中，在街区整体层面，对于疏散避难效能影响较大的主要疏散道路两侧、疏散道路交叉口、避难场所周边，需要进行重点控制，选择与组合建筑退让安全间距、缓冲防护空间、防火建筑屏障、建筑抗震防火性能设计等多种手段（表6-2）。

表 6-2　空间设计与技术设施整合的空间层级

技术设施类型	技术设施特征及作用	行动阶段及空间层级		
		疏散起始	疏散行进	停留避难
		住宅及其周边环境	道路等疏散路径网络	紧急避难场所
建筑结构构造抗震和防火性能设计	提高建筑抗震防火性能的工程技术措施，降低建筑倒毁、出火及坠物风险	●	●	●
防火绿化	耐燃性树木，按照宽度、高度等要求排布，阻断火势，防止其危及疏散避难空间		●	●
防火建筑屏障	耐震化和不燃化建筑，阻断火势，防护疏散避难空间		●	●
安全缓冲空间	绿地、水体等空间，满足安全间距，避免建筑倒毁、出火、坠物影响，防护疏散避难空间	●	●	●
疏散避难标识系统	地图、路标、电子显示屏等，用于疏散指示、引导、灾害信息传达等	●	●	●
紧急照明能源设施	具有自行发电机和太阳能发电装置的灯具，提供夜间疏散避难所需照明	●	●	●
紧急避难及临时生活设施	灾时可使用的廊亭、座椅、饮水点、消防设施、急救点、公共厕所等设施，提供紧急避难生活的各类必要支持			●

6.3.3　设计实施的组织与保障策略

在实施层面，提升居住街区空间避震疏散避难效能的城市设计需要采取有效的组织与保障策略，主要包括以下几方面。

1）对策制订

一方面，进一步探讨和明确居住街区防灾规划在城市防灾规划体系中的定位、序列、从属及内容，与上位城市总体防灾规划和分区防灾规划充分衔接。另一方面，立足空间形态组织、三维环境设计与防灾疏散避难效能的关联与作用，展开城市设计角度的研究与相关工作。在具体实践中，首先应通过灾情资料和现状调查建立防灾资料数据库。以此为基础，针对当前防灾规划风险评估地基条件局限、建筑抗震防火性能等工程性因素的不足，将物质空间环境及疏散避难等防救灾活动效果纳入评估范畴，进行空间风险与防灾活动的综合评价。其次，从居住街区的防灾骨架空间、建筑、防灾道路和避难场所等各个层面，制定有效的设计对策，加强空间设计和工程措施的系统性整合，充分发挥空间环境设计的防灾作用。设计对策还需做到重点强化与全面整治相结合、近期基本要求与远期全面提升相协调，适应空间设计对策向项目实施的延伸，从而将防灾规划的整体容量及结构控制框架在三位空间形体环境中加以具体落实。

2）分期实施

多、低层居住街区空间防灾效能的提升涵盖新建居住街区的设计与既有居住街区的改造。对于广泛存在、防灾问题突出、条件复杂的既有居住街区，设计策略的实施难以在短期内全面展开。具体实践需要根据现状条件、防灾需求、资金投入、土地整理、预期效果等因素，判断各类项目的重要程度，确定重点推进项目及其启动、完成的时间计划，实施近期与远期的不同策略，使空间更新、重点项目和分期引导协同配合。

近期的策略实施主要针对重点对象，通过不同类型的项目，进行建筑与空间的阶段性改造提升。首先，根据科学的防灾性能与风险评价，精确判定对于整体防灾疏散避难效能影响较大的改造对象。以此为基础，实施高风险建筑拆除、主要避难场所和道路局部改造及相关的重点推进项目。重点防灾公园及广场的实施项目针对避难场所不足、疏散距离过长的问题，依据可达性与安全性的评价，优先改造对于拓展容量和缩短距离较为关键的公园、绿地等开放空间，优化其形态布局及可达性、安全性效能。防灾道路系统的重点项目针对居住街区具有延烧阻断、疏散避难和紧急运输功能的主要防灾道路，尤其是发生建筑倒塌而阻塞道路风险较高的路段，进行道路环境与沿路建筑物抗震、不燃化的一体改造。重点地块整理及防灾利用项目针对细小分散的地块，进行地块合并与重整，满足防灾避难空间对于地块完整性和规模的要求。在针对重点对象的项目实施过程中，应根据现状条件的限制，采取小规模、精细化、灵活性的设计改造策略。

远期的策略实施包括居住街区建筑、道路路网和开放空间等避难场所的全面完善，涵盖应急疏散避难的各个阶段及其对应的尺度层次，力求充分发挥疏散避难空间的防灾效能，整体性地提升居住街区的

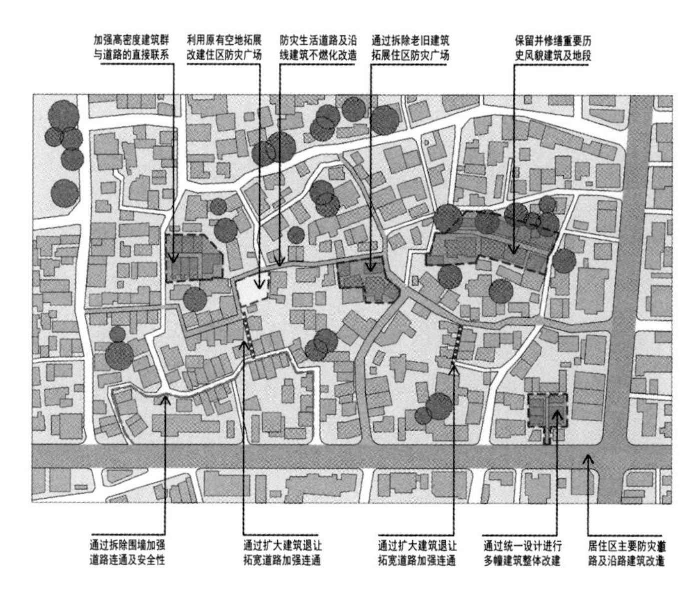

图6-16 居住街区空间防灾更新改造措施的组合运用示例

防灾安全。同时，提升防灾效能的空间设计策略实施还应当与居住街区功能、环境、生活等建设目标和综合措施进行协调与整合（图6-16）。

3）组织架构

多、低层居住街区空间防灾效能的提升包括住房建筑、道路及公共空间的建设与改造整治等诸多方面，广泛涉及居民个体、居民团体、社会公众利益及必要的资金支持。在规划与设计实施层面，需要结合我国城市规划和防灾安全建设的情况，一方面在城市政府相关部门的主导下，建立公众参与和防灾规划决策的开放平台和操作规则，整合协调居民主体、建设开发主体和社会团体等各方力量，构建多元化组织架构，部门、单位、街道、社区、业主委员会、产权单位等协同推进，健全政府统筹、部门协调、各方共建、分担共享的组织运作机制。另一方面还需结合我国建设项目资金运作模式，逐步建立居住街区防灾建设利益相关方的安置保障机制和激励补偿机制，探索民间资金、金融机构、政府投入等建设经营模式的结合及作业流程，形成多种资金投入渠道和有序运营机制，为居住街区防灾建设提供有力支持。

4）制度建设

设计对策的顺利实施需要全面、长效的制度建设，需结合现阶段发展状况，全面融入城市规划体系框架，为防灾对策的编制、修订、实施、资金支持提供全方位的制度保障。以规划建设管理制度为基础，逐步建立居住区防灾规划基本制度。具体而言，以规划管理许可证制度为核心，探索居住街区防灾规划与城市设计对策融入现有规划管理体系的有效措施，完善相关规划设计对策制订、许可申请、公众咨询、规划申请决议的制度建设，明确富有针对性的土地利用、形态控制等方面的规划管控指标，尝试多元化的控制管理工具，加强适应居住街区防灾规划设计与更新改造的制度保障。

5）法律法规

居住街区防灾规划设计与更新改造的对策制订、实施组织、权利责任、运作程序均需要具有明确的法律法规依据。一方面，需在《中华人民共和国防震减灾法》《中华人民共和国城乡规划法》《中华人民共和国物权法》《中华人民共和国城乡规划法》《中华人民共和国建筑法》等法律及居住区、防灾相关规范的基础上，针对居住街区防灾规划设计与更新改造的特定需求补充和细化条文内容，整合、补充和完善国家及地方层面在城市街区和居住区层面相关防灾规划设计的规范与技术标准。另一方面，立足于对策实施组织运作的全程化视角，制订灾害补偿、权利转移等方面的配套法律法规，并与国家、地方层面的关联法律法规进行系统性的相互衔接，健全与建立居住街区防灾规划设计与建设的法律法规体系，为规划设计、项目建设、实施运营等各个环节提供有力保障⑧。

---

① 東京都都市整備局. 防災生活道路整備事業[EB/OL].（2017-11-27）[2019-09-12]. https://www.toshiseibi.metro.tokyo.lg.jp/bosai/sokushin/pdf/sokushinjigyo_01.pdf.

② 李树华，李延明，任斌斌，等. 浅谈园林植物的防火功能及配置方法[C]//北京园林学会，北京市园林局. 抓住2008年奥运机遇进一步提升北京城市园林绿化水平论文集. 北京：2005：437-443.

③ 東京都都市整備局. 防災都市づくり推進計画[EB/OL].（2024-03-28）[2024-05-20]. https://www.funenka.metro.tokyo.lg.jp/promotion-plan/.

④ 中华人民共和国住房和城乡建设部. 防灾避难场所设计规范：GB 51143-2015[S]. 北京：中国建筑工业出版社，2021：106-108.

⑤ 墨田まちづくり公社. 木造住宅の耐震改修

事例をご紹介します「住まい」第51号[EB/OL].（2020−01−31）[2023−12−20]. https://www.city.sumida.lg.jp/kurashi/funenka_taishinka/taishinka/taishin_jirei.files/sumai_51_ver2.pdf.

⑥ 蔡凯臻.提升空间防灾安全的城市设计策略——基于街区层面紧急疏散避难的时空过程[J].建筑学报,2018(8):46−50.

⑦ ALLAN P, BRYANT M, WIRSCHING C, et al. The influence of urban morphology on the resilience of cities following an earthpuake[J]. Journal of urban design, 2013, 18(2): 242－262.

⑧ 蔡凯臻.基于防灾安全的住区空间更新改造——日本实践及其启示[J].新建筑,2021(1):58−62.

7 居住街区空间紧急疏散避难效能提升的设计实践案例

7.1　防灾道路优化与控制案例

7.1.1　东京都品川区滝王子路主干防灾道路优化设计

1）项目背景

滝王子路（滝王子通り）位于日本东京都品川区，西端为光学路，东端接池上路，贯穿了大井五丁目、西大井一丁目以及西大井二丁目。该道路全长约870 m，宽约5~10 m，两侧建筑多为2~7层的住宅或公寓，沿路一层建筑主要为商铺与餐馆，呈现出典型的日本城市街道风貌（图7-1）。一直到明治前期，道路沿线及周边地区都是广阔的农村。在大正时期，随着京急线(六乡桥—大森海岸)的贯通，道路沿线地区逐渐发展成为工厂与住宅混合的城市街区，人口也相应逐步增加。第二次世界大战后，经济快速发展，加之1986年西大井站建成，该区域人口进一步增长，也逐渐形成了老旧建筑密集的居住街区。由于局部区域中木构建筑较为密集，一旦发生地震，建筑物倒塌或起火易于造成巨大的损失，

图7-1　滝王子路防灾优化前原貌

因而有必要从居住街区建筑耐燃化及耐震化等方面，制订更高具实效性的规划和设计对策，以应对地震灾害①。

为了吸取阪神·淡路大地震的教训，东京都于1996年制订了“防灾都市发展推进计划”（防災都市づくり推進計画），并在之后进行了3次修订。随着2011年东日本大地震的发生和2012年东京都“木密地区不燃化10年项目”的设立，

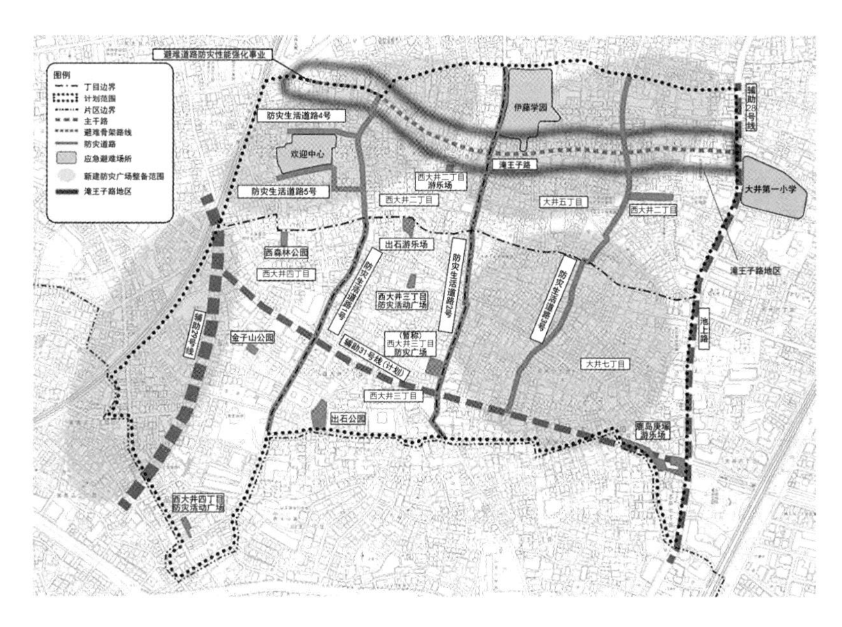

图7-2　品川区总体规划中滝王子路沿路地区位置示意图

城市建设的综合防灾能力提升进一步得到重视，也同步展开了针对东京都全域防灾的地域危险度调查工作。

早在2012年10月，日本国土交通省就发布了全国范围内地震时具有显著危险的密集街区名单，滝王子路及周边所属的大井·西大井地区就被列入其中。在东京都于2022年9月发布的“第9回地域危险度测定调查结果”中，大井五、七丁目与西大井二、三丁目危险度等级较高，由于其老旧木构建筑物密集，抵抗震灾能力弱，为了促进不燃化，需要对老旧木构建筑物进行改造与重建，该地区被确立为应当“改善居住环境和提高防灾性能而进行综合整顿的地区”。

2）优化设计

在2013年2月制订的《品川区总体规划》中，滝王子路道路两侧30 m范围之内被划定为“滝王子路沿路地区”，作为主干防灾避难道路和防火地区。而且，滝王子路两侧分布着西大井社区中心、伊藤学园与大井第一小学3处避难场所，以及5条次级防灾生活道路（图7-2）。此外，沿滝王子路自西向东至赛马场路还设有大井赛马场·品川区市民公园，面积127 419 ㎡，是对于整个大井·西大井地区防灾疏散避难不可或缺的广域避难场所。

因此，《品川区总体规划》中针对

滝王子路与周边街区，提出了“推进强化滝王子路防灾避难道路功能”的总体方针与设计目标。包括确保通过滝王子路到达“大井赛马场·品川区市民公园”广域避难场所的可达性；促进滝王子路沿路建筑物的不燃化，提升其防火性能；从防灾角度对沿路建筑物进行适当的限制，使其在灾害时能够起到安全疏散避难道路的作用；同时，也结合城市风貌和平时生活的需要，推进商店街良好街景的形成。

此外，在《滝王子路沿途地区计划》及其他规划设计文件中，针对建筑及土地利用等方面的事项，作了更为详细的规定和说明，主要包括3个方面。

（1）防灾疏散道路。力求在原有道路宽度的基础上，确保其满足疏散避难道路的宽度要求。从道路中心线到沿路两侧建筑物的外墙、柱面、屋檐、飘窗、阳台、露台等各部分的距离不小于5 m。

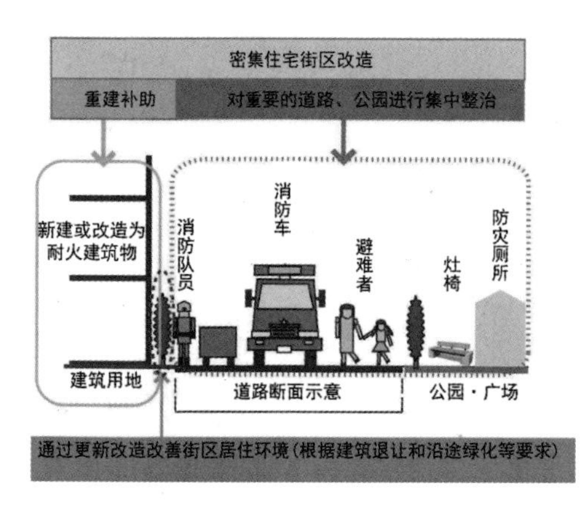

图7-3　道路改造意向示意图

为了防止坠物对疏散避难的影响，规定道路两侧建筑物应当采取相应措施，并禁止在道路中心2 m以内设置凸出的建筑构件、广告牌等物品。对于栅栏、篱笆、围墙等可能影响疏散避难效果的构筑物和环境设施，也规定了相应要求（图7-3）。

（2）相关土地利用。品川区人均公园面积达到1.58 ㎡，但滝王子路沿路的大井·西大井地区人均公园面积仅为0.42 ㎡。因此，规划中提出面积300 ㎡以上的用地进行建设时应根据品川区的相关条例和标准进行绿化，面积不到300 ㎡的土地也要尽可能进行绿化，力求通过这些措施，加强公园和广场的改造和建设，有效利用现有的停车场、空地、防灾道路沿路房屋拆除后的土地及其他未利用的土地，加强防灾公园和防灾广场的扩展建设和改造更新。

（3）老旧建筑清除与改造。由于滝王子路周边的老旧木构建筑物较为密集，易于对居民应急逃生和安全疏散造成较大影响，因此规划强调对于老旧木构建筑的分类处理，拆除高风险建筑并进行新建，加强其他老旧木构建筑物及住宅的不燃化改造，从空间层面促进灾害发生时疏散避难和消防救援活动的顺利展开，消除避难和救援活动困难区域，提升整体的防灾能力[②]。

3）项目特色

在滝王子路的防灾优化设计中，根据其主干防灾道路的定位和职能，重点从疏散避难可达性和安全性角度，对道路及其周边建筑环境进行了整体设计和规划控制。此外，还对于规划设计的实施方案和具体措施进行了综合考量，这些方案和措施都具有借鉴之处。

（1）道路及周边建筑改造实施的保障措施。为了确保主干防灾疏散避难道路优化和改造的顺利实施，从多个层面实施了一系列的保障措施，尤其是针对与道路两侧老旧建筑改造、新建相关的原有居民安置及沟通。政府相关部门确立了防灾改造补助制度与共同改造等方面的方针，并通过发布城市建设新闻等方式进行宣传。在改造过程中，积极实施分户访问制度，结合派遣专业人员的方式，召开改造咨询会议，通过与相关居民和权利人的广泛协商，帮助居民充分了解和运用改造补助等保障措施，促进规划设计和改造措施的具体落地。此外，对于与防灾优化改造相关的高龄居民及贫困居民，都会以多种形式进行妥善的搬迁及住房安置。

（2）防灾优化改造与街区活力提升的整合。滝王子路及周边地区在进行防灾道路和防灾街区的相关建设时，也充分结合了原有商业活力延续和提升的要求，利用滝王子路防灾道路优化改造及相关建设项目的契机，建立新的商业空间轴，并进一步完善连续性和网络化的商业步行空间，实现包括商业街道在内的整体居住街区更新与活力再生。为了配合防灾道路扩宽及其商业街道的再改造，采取建筑物共同改造、个别改建的灵活方式，延续原有居住与商业经营相结合的街区空间模式，促进商业街道和居住建筑的复合利用。而且，进一步加强道路沿路街区与周边更大范围区域的整体联系，促进居住与商业协调的土地利用模式，实现道路及街区空间环境的防灾性能和生活品质的协同提升。

7.1.2　东京京岛地区居住街区道路形态优化与改造

1）项目背景

京岛地区位于东京都墨田区。早在江户时代，该地区就逐步开发成为居住地，由于具有便利的水运和充足的劳动力资源，明治时代以后成为制造业聚集区，主要以橡胶和精密机械等产业为主。在日本关东大地震和第二次世界大战期间的大空袭中，京岛地区未被破坏，大量周边区域的居民涌入，在基础设施尚不完备的情况下，京岛地区开始快速形成建筑密集的居住街区。

至20世纪80年代后，京岛地区成为日本全国和东京都地震和火灾风险最高的街区之一，也是日本密集街区和东京都防灾都市建设推进计划的重点整备地区。1983年，东京都批准并开始实施京岛地区的“居住街区环境整备事业”，致力于改善密集居住街区的防灾能力。1990年，墨田区政府接管了该项目的具体实施工作，着重推进主要防灾生活道路的拓宽、建筑物不燃化及避难绿地和广场的整备。

在京岛地区中，京岛二、三丁目居住街区为第四大道（押上大道）（押上通り）、东京电铁东武亀户线（東武亀戸線）、十间桥大道（十間橋通り）、明治大道（明治通り）所环绕，占地面积约25.5 hm^2，住户达6 000余人，以曳舟高良路（曳舟たから通り）为分界，西侧为二丁目，东侧为三丁目。在居住街区内部，老旧建筑密集，住宅、商业、作坊和小型工厂混杂，用地权属较为复杂，居民老龄化程度高。街区道路中，宽度不足4 m的道路占1/2以上，宽度6 m以上的道路较少，还存在大量与道路连接不畅的老旧建筑物[③]。

街区中的京岛南公园面积为1 596.6 ㎡，原公园面积为837.1 ㎡，其余大都为面积较小的街头小型广场或绿地，人均公园面积仅为1.04 ㎡，可用于疏散避难的开放空间和空地严重不足，灾害发生时的应急疏散避难和救援存在很大困难。由于各类条件的限制，加之资金困难和老龄居住者改造意愿较低等原因，老旧建筑、防灾疏散避难道路和空间场所的改造进展缓慢，防灾方面的问题仍然十分突出。2013年后，通过建立“城市建设接待站”和“改造资金补助”等保障制度，实施“东京都木密地区不燃化10年事业”等建设项目，京岛二、三丁目的防灾建设加速推进，在主要道路拓宽、建筑共同化及土地整理等方面得到持续完善（图7-4）。

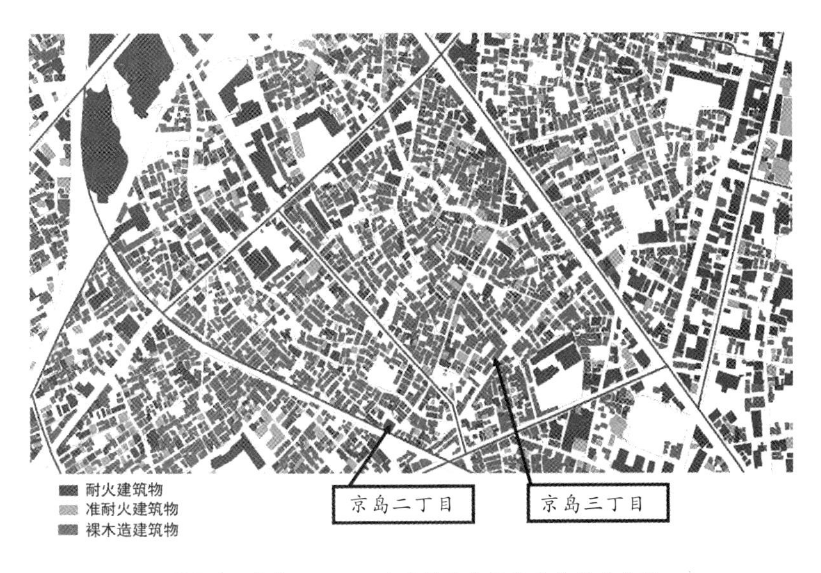

图7-4　京岛二、三丁目建筑防火性能及构造现状图

2）优化设计

在近40年的建设过程中，京岛二、三丁目针对居住街区防灾疏散道路的结构形态、道路容量、道路环境进行了持续优化和系统改造，显著提升了街区空间环境的可达性、安全性等防灾疏散避难效能。

防灾主要道路骨架的建立

根据相关规划设计，除东武龟户线之外，其余3条城市主要道路均作为延烧遮断带，防止地震引起的火灾蔓延，并作为防灾应急疏散避难和运输道路。其中，明治大道为骨架防灾轴，押上大道为主要延烧遮断带和应急道路，与曳舟高良路向北延伸至墨田区北部广域防灾据点的路段一起，展开沿路耐燃建筑带的改造和建设，形成街区周边及防灾生活圈的防灾骨架空间，服务于京岛二、三丁目及临近街区，保障居民安全、便利的疏散避难。由于街区内部的道路状况使疏散避难和消防活动存在诸多障碍，防救灾车辆更加难以通行，为了确保各类防救灾活动的顺利展开，利用原有的曳舟高良路和闪亮橘银座商店街，形成“十”字形的道路骨架。在其基础上，通过拆除建筑、打通T形路及尽端路等多种形式，按照道路间距100 m左右的要求，设立主要防灾道路，并将道路宽度拓宽至6~8 m，完善防灾疏散避难道路的网络化形态布局，提升路网的连通性和可达性。

次级道路与狭窄街巷拓宽

街区中存在大量宽度不足4 m的道路和狭窄街巷，严重影响局部范围的疏散避难，需要将其全面拓宽至4 m以上。在实施过程中，首先根据道路现状及周边条件，优先改造灾时易于发生堵塞、对疏散避难影响较大的路段。由于这些道路和狭窄街巷情况多样、限制因素复杂，难以进行统一形式的拓宽，所以还实施了《细路改造计划》，针对不同的改造条件，采取双侧拓宽、单侧拓宽和局部拓宽的灵活方式。

强化建筑与疏散道路的连接

京岛二、三丁目经过数十年发展而形成，道路、街巷、地块和建筑的关系经过多次调整，有些建筑与道路的连接路线较为迂回，影响灾害时应急疏散的行动效率。在改造中，通过增设疏散通道和疏散出入口、局部拆除围墙、设置应急疏散门的方式，强化建筑物出入口与街巷、防灾道路的直接联系。

道路环境改造与整治

为了避免灾时发生堵塞，提升防灾疏散避难道路的可达性、安全性和高效性，对于主要防灾疏散避难道路两侧与交叉口处的建筑进行重点强化，提升其抗震及防火性能，控制建筑退让距离。同时，在主要防灾疏散避难道路环境设计和改造中，将电力、燃气等管线改设于地下，平整路面铺装，清除道路中的安全危险要素和阻碍疏散避难行动的各类要素（图 7-5）[④]。

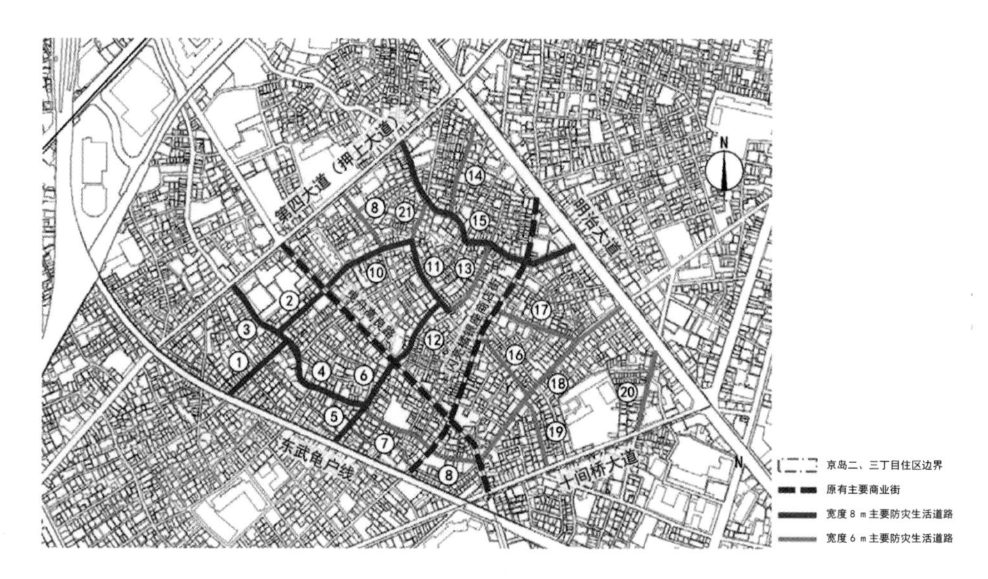

图 7-5　街区防灾道路形态整体优化示意图

3）项目特色

城镇建设计划的大框架以居民参与为重点，为了将京岛建设成防震、防火、安全的城市，经过京岛地区城镇建设协议会的同意后制订了《京岛地区城市建设计划》。其中，对于京岛地区的街区整体防灾能力提升，并非全面新建的城市居住街区开发，而是既有居住街区的防灾改造更新，防灾道路的优化改造也充分体现了这一特色。

形态优化的整体性

在规划设计方面，京岛二、三丁目防灾道路系统强调充分衔接更大范围防灾生活圈、广域防灾据点的城市防灾骨架空间，利用原有街区主要道路构建防灾疏散避难道路的基本结构，通过主要防灾道路的扩宽、道路网络形态优化和间距控制、道路重点部位建筑及环境安全控制，建立安全、可达和高效的防灾疏散避难道路系统。

局部改造的适应性

由于京岛二、三丁目街区在空间特征、道路环境等方面的情况复杂、限制众多，难以采用简单、统一的改造方式，因而对于重点和难点路段及其周边建筑，采取灵活的设计措施，将小规模的精细化改造与全局性的整体优化相结合，确保了改造的实际成效。

实施落地的渐进性

京岛二、三丁目街区防灾道路优化改造是街区整体防灾能力提升的一部分，其规划设计和组织实施经历了不同的发展阶段。在各个阶段中，针对存在和出现的问题、前期实施的具体成效，都进行了持续的评估，并调整设计目标，提出新的设计对策和保障措施，其持续性、渐进式的思路使防灾道路及街区防灾能力的提升得到不断推进。

7.1.3 南京江宁北沿路住区疏散路径与建筑界面控制

1）项目背景

东山及周边地区位于南京市江宁区东山副城中部，由于地块内东山、竹山公园需进一步改善和充分发挥其生态环境价值，东山公园两侧呈现以城中村为主的城市风貌，亟待从整体层面进行系统更新，因此展开相关城市设计研究项目（图 7-6）。

北沿路东侧住区位于城市设计项目用地的西北角，毗邻东山公园这一重要的片区级城市公共空间，北起文靖路，南靠中宁路，东缘东山，西临北沿路，用地面积20.24 hm^2。北沿路用地东侧为东山山体，山体向西北、东北呈现一定程度的指状绵延态势，自东山向东、西及西南呈现不同程度的高程递减趋势及台地地貌，根据地形高差大致可划分为五级台地，尤以临近东山的第二台到第四台的地形高差变化较为显著。现状用地类型多样，以三类居住用地为主，即中前社区城中村；少量二类居住用地、商业用地和居住社区中心用地分布于用地的南、北两侧；少量商住混合用地沿黄泥塘路和北沿路分布。

用地内部整体交通通达性较低，道路狭窄，丁字路、断头路多，沿街违章停车现象严重。住区内部以城中村建筑为主，多建于20世纪80与90年代末，主要为居住功能，建筑高度基本为1~4层，建筑质量和风貌普遍较差，建筑排布密集。现状住宅大多年久失修且通风采光不足，用地内缺乏基本的公共服务设施，电路老化严重易引发火灾，沿路违章停车现象严重，使道路通行条件进一步降低，难以满足消防车通行要求，存在较大安全隐患，居民们对于物质空间的改善具有迫切需求。

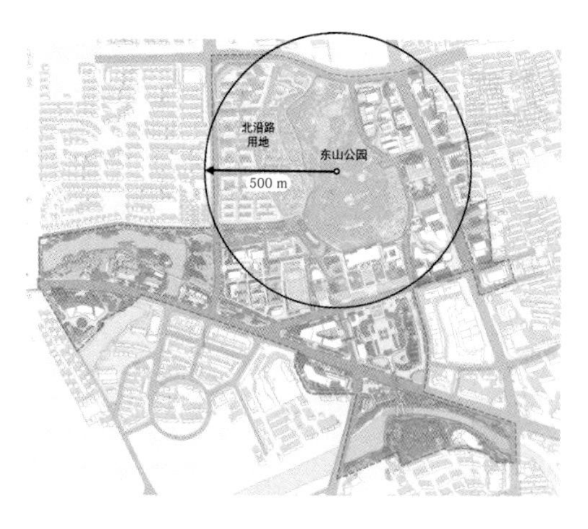

图 7-6　东山公园周边约500 m范围示意图

2）优化设计

场地东侧东山公园面积15.16 hm^2，北沿路用地大部分处于以公园为中心向外

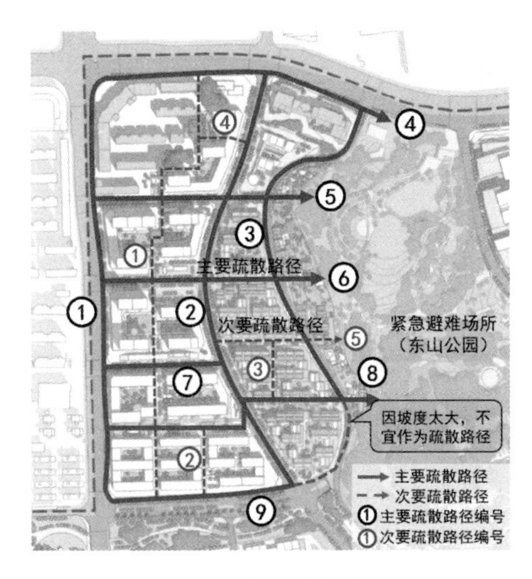

图7-7　网络化步行疏散系统平面图

图7-8　最西侧住宅建筑最短疏散路径示意图

500 m半径范围之内（图7-6）。根据《防灾避难场所设计规范》（GB 51143—2015）中对紧急、固定避难场所责任区范围的控制指标界定，当避难疏散距离≤0.5 km时，属于紧急避难场所；当避难场所的有效避难面积≥0.2 hm^2、避难疏散距离≤1 km时，属于短期固定避难场所。因此，东山公园可以作为北沿路用地的紧急避难场所，同时也可用作外围周边城市用地的短期固定避难场所。

根据上位规划，北沿路用地规划范围内形成三横三纵的车行道路网体系，其中用地北侧文靖路、西侧北沿路、东侧老城公园路规划为城市次干道，用地南侧中宁路、用地内部中和路和黄泥塘路规划为城市支路。该项目根据现状条件与上位规划，展开了防灾避难疏散空间的专题研究，重点分析居住街区路网与建筑分布形态对于防灾应急疏散可达性与安全性的影响，并提出设计优化控制的建议，主要分为以下两个部分。

疏散路径优化

利用街区主要道路和公共步行廊道形成网络化步行疏散系统，确保疏散可达性。

北沿路用地利用小街区密路网的交通组织，结合规划的多条东西向公共步行廊道共同作为主要疏散路径，并运用各小街区地块内部的南北向步行路径作为次要疏散路径，整体形成布局相对均衡的网络化步行疏散系统，其中主要疏散路径9条、次要疏散路径5条（图7-7，图7-8）。

可达性较高的疏散交通系统可以保证从各建筑至紧急疏散避难场所的行进距离不大于500 m。东山公园作为北沿路用地的紧急疏散避难场所，对用地西侧、与东山相距最远的9个单元住宅建筑（自北向南，按建筑A~I命名）的最短疏散路径进行规划及距离测算（其中位于西北侧的建筑为保留建筑，不纳入考量）。经测算，最

表 7-1　北沿路用地最西侧住宅建筑至紧急避难场所最短疏散路径分段距离统计表

空间层次	步行距离 (m)								
	建筑 A	建筑 B	建筑 C	建筑 D	建筑 E	建筑 F	建筑 G	建筑 H	建筑 I
①建筑场地内路径	62.5	46	42	42	44	50	43	43	43
②次要疏散路径	35	39	37	65	22+150	47+150	24	38	68
③主要疏散路径	185	323	232	232	112	112	310	310	310
步行距离总计	282.5	317	311	339	328	359	377	398	420

西侧住宅建筑最短疏散路径距离自北向南总体呈逐渐增加的趋势，最南侧建筑I的最短疏散路径距离是9栋建筑中最长的，为420 m，则从北沿路用地中各住宅建筑到紧急避难场所的最短疏散路径距离基本满足小于500 m的要求，步行疏散交通系统具有较高的可达性（表7-1）。

建筑界面的优化控制

控制主要疏散路径两侧建筑退让距离符合安全要求，提升疏散安全性。

根据前文数据测算可知，用地西南侧住宅建筑的最短疏散路径距离较长，相对不利。选择这4个疏散交通可达性最差的建筑F~I，针对其主要疏散路径编号7、8的两条东西向路径，从疏散安全角度进行相关测算。

因人们一般以步行方式进行紧急疏散避难行动，参考前文策略内容，主要疏散路径宽度d应不小于4 m；编号7、8两条路径的两侧建筑高度均小于24 m，且建筑均平行于道路布置，则建筑间距$D1$的最小值计算公式为$D1=d+(H_1\times 2/3+H_2\times 2/3)$（$d$=4 m，$H_1$和$H_2$分别为两侧建筑高度与地面高度的相对差值）。同时，考虑编号8路径的东半段位于台地地形区域，且路径两侧建筑高度和地形高度的变化相对一致，根据建筑高度与地面相对差值的变化分为4段计算，每段的H_1与H_2相等，自西向东分别为15 m、10 m、8 m、3 m（图7-9）。计算可得，编

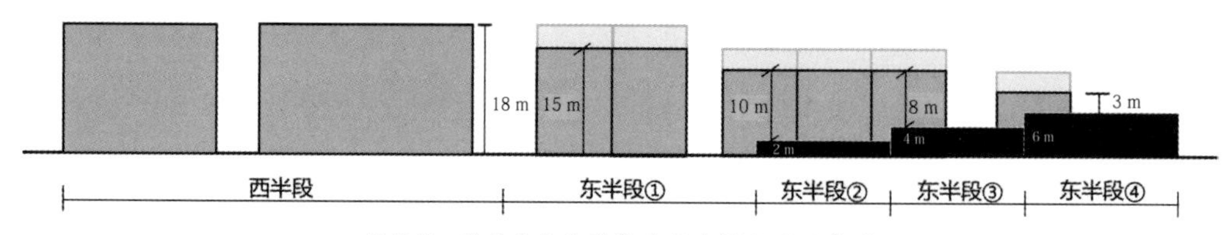

图7-9　编号8主要疏散路径北侧立面示意图

号7路径两侧建筑最小间距为18 m，项目规划为20 m，建筑退让符合安全要求；编号8路径两侧建筑最小间距自西向东各段分别为24 m、24 m、17.4 m、14.6 m和8 m，项目规划第一路段为21 m、其余4段皆为15.5 m，存在退让不符合安全要求的路段（表7-2）。

根据以上分析，为满足安全疏散要求，提出以下3种可供选择的优化策略建议：第一，保持两侧建筑高度不变，拓宽编号8路径两侧建筑间距至24 m；第二，保持建筑间距不变，分别降低两侧建筑高度，西半段的6层建筑降低至4层，东半段①一侧建筑降至2层、一侧降至3层，东半段②将其中一侧建筑降至3层；第三，保持两侧建筑间距及其高度均不变，加强建筑的抗震性。综合空间结构、景观风貌及经济属性等方面的要求，对局部不满足间距要求的建筑，于规划和建筑管控层面进行重点强化，适当提升其抗震性能。

3）项目特色

该项目依托城市设计项目，根据相关规划，结合了原有道路交通网络组织与建筑现状，主要从两个方面提出了防灾疏散路径系统及其建筑环境的优化控制策略。

（1）疏散避难路径的网络化设计。利用居住用地周边的城市道路、公共步行廊道和景观廊道作为主要疏散路径，结合居住用地内部的车行、步行道路作为次级疏散路径，形成疏散避难路径网络，使居民

表7-2　编号7、8主要疏散路径断面宽度统计表

主要疏散路径编号	7	8					
		西半段	东半段①	东半段②	东半段③	东半段④	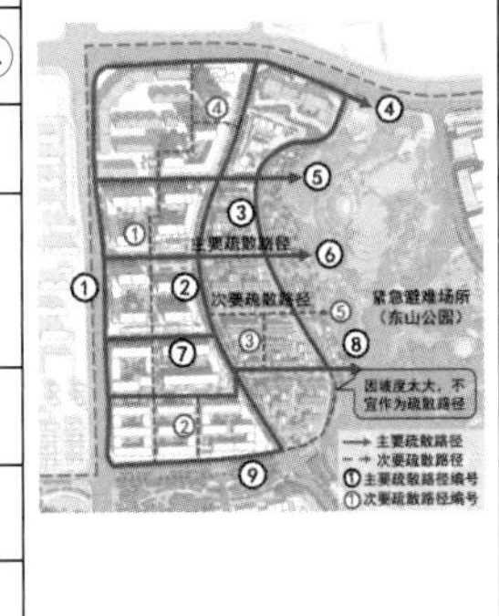
d/m	4	4	4	4	4	4	
$H_1\times2/3+H_2\times2/3$/m	2+12	12+8	10+10	6.7+6.7	5.3+5.3	2+2	
D_1/m	18	24	24	17.4	14.6	8	
D_2/m	20	21	15.5	15.5	15.5	15.5	
$D_2>D_1$	√	×	×	×	√	√	
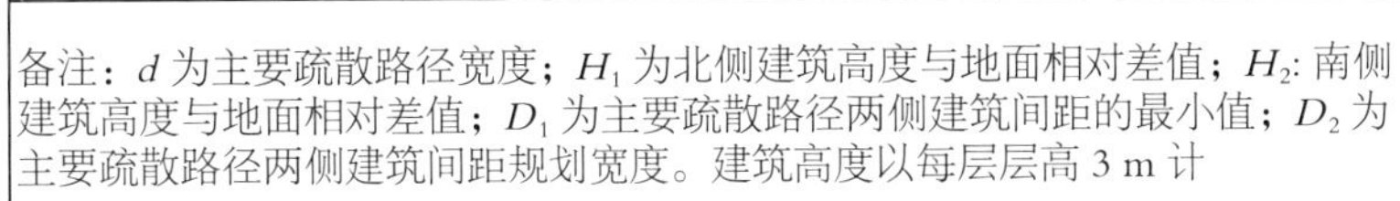备注：d 为主要疏散路径宽度；H_1 为北侧建筑高度与地面相对差值；H_2: 南侧建筑高度与地面相对差值；D_1 为主要疏散路径两侧建筑间距的最小值；D_2 为主要疏散路径两侧建筑间距规划宽度。建筑高度以每层层高 3 m 计							以编号2南北向主要疏散路径划分编号8东西向主要疏散路径为东、西两部分

从住所至周边城市公共空间的紧急疏散避难行进距离不大于500 m。

（2）疏散避难路径及其环境的防灾化控制。针对疏散路径与其两侧建筑的布局关系、建筑高度、建筑抗震设防等级要求等要素，依据相关规范对疏散避难路径两侧建筑退让距离进行控制，保障疏散避难路径的安全性⑤。

7.1.4 京都市仁和学区防灾道路系统与街坊防灾能力整合提升

1）项目背景

仁和学区位于京都市上京区，四周为京都市的城市主要道路环绕，北为今出川路及中立壳路，南为丸太町路，东为千本路，西至西大路路及纸屋河，总面积共约65.5 hm²。京都市作为一座历史名城，并未遭受过重大战争的破坏，市中心区域至今仍保留着旧城区格局，集中分布大量的传统的木构建筑和狭窄的街巷，虽然具有浓厚的历史环境氛围，但也阻碍了许多城市道路的交通，在很大程度上造成了防灾疏散避难和救援活动的困难，并且存在火势蔓延的较高风险。仁和学区就面临类似的局面和风险。学区内道路总长度达到21 221 m，数量共492条，但宽度不足4 m的道路长达11 941 m，占总道路长度的56%，宽度不足1.8 m的窄巷也随处可见，占学区内道路总长度的22%，其中还包括131条尽端路。而且，学区内还存在着共1 377户在1950年之前修建的传统木构住宅，年代久远，建筑密集，因其历史价值被确定为保护建筑街区，不允许进行重建。

2012年7月，京都府公布了推进抗灾城市建设的基本构想，旨在“充分发挥京都的历史名城特色，同时让市民能够继续安全、安心地生活”，并针对历史空间格局和狭窄街道的特点，制订规划设计对策与指南，开展防灾角度的密集街区和狭窄街道相关改造和建设。仁和学区也被选定为京都市的优先推进防灾建设的地区。同年11月，仁和学区防灾街道建设协议会成立，与京都市政府机构和专家团体相互合作，开始推进建设安心、安全、抗灾能力强的城市。在此后的实施过程中，由于历史建筑保护法令限制及其他诸多原因，难以进行建筑物的全面更新，导致街区空间防灾能力的改善进展缓慢。因此，在后续的改造和建设中，采取了富有针对性的措施，优先推进防灾建设区域中以街巷为空间单元的优化与改造。

2）优化设计

为了在保留由传统住宅建筑和街巷构成的京都街道特色的同时提高防灾能力，仁和学区在遵循当地居民意向的基础上，依托2012年成立的仁和学区防灾社区发展委员会，开启了防灾社区建设工作。2014年，在调查和汇总各片区的避难场所、消防设施和街巷状况等防灾信息之后，制作了“防灾町建设地图”，并与防灾建设重点措施一起发放给所有住户。2015年，制订《仁和学区防灾街区建设计划》(仁和学区防災まちづくり計画)，该计划制订了保护与再生的基本方针，并以街巷为单位将整个区域划分为12个地块，各个地块分别推进基本方针和具体对策，以提升街区整体和居住环境的防灾能力（图7-10）。

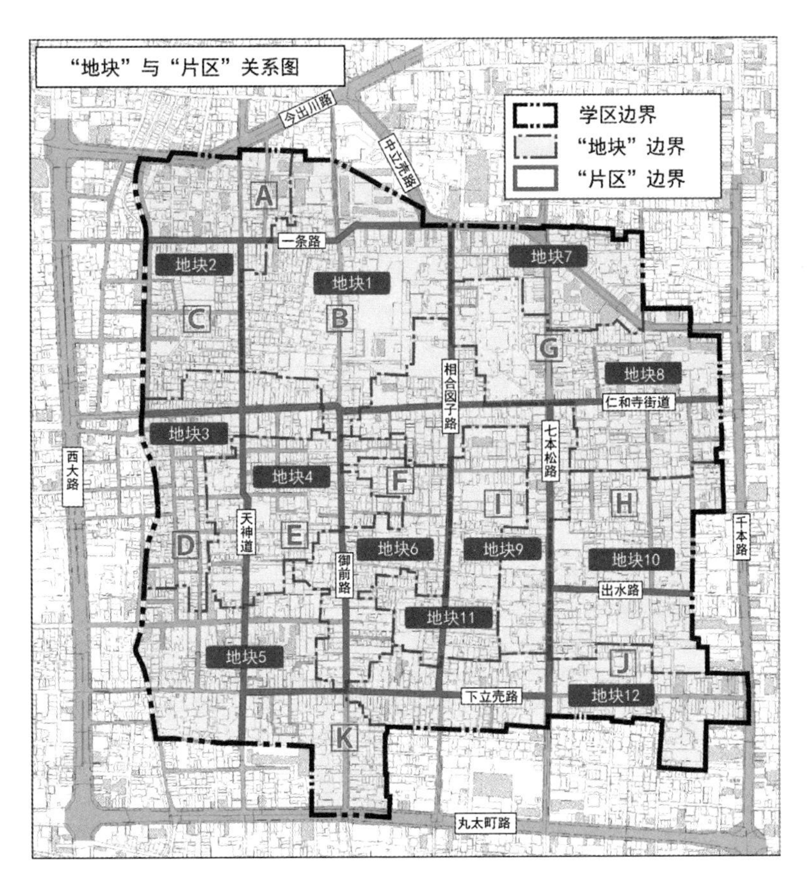

图7-10 京都市仁和学区地块划分示意图

仁和学区的总体环境十分复杂，除了常见的开敞街巷，还有很多街巷的入口被建构筑物覆盖，而且有些尽端路虽设置应急门，但因上锁等原因而无法打开。此外，许多狭窄的街巷中，路面高低不平，散落的老旧砖墙随处可见,物品摆放杂乱，车辆也随处停放，对防灾疏散避难极为不利。因此，防灾道路的改造主要从两个层面展开。

防灾轴空间的设计与控制

仁和学区属于防灾轴空间显著不足的街区，因而在提高现有道路安全性的同时，重点推进主要道路拓宽、沿路建筑抗震和防火性能改造，形成多层次的防灾轴空间。

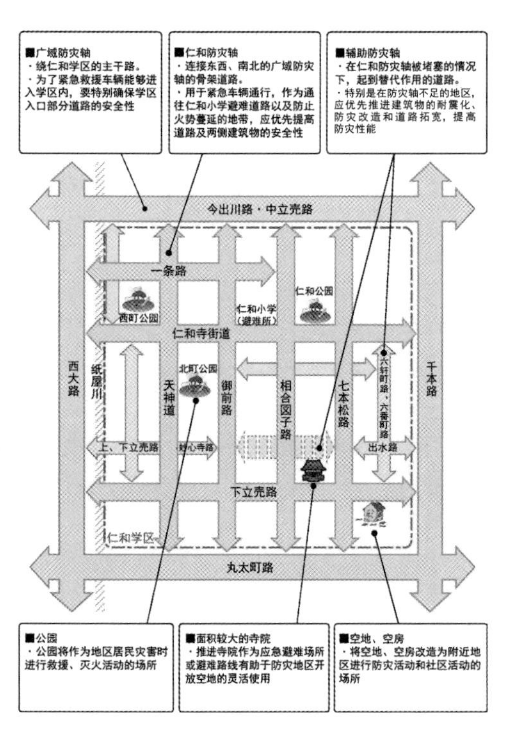

图7-11　京都市仁和学区防灾轴空间规划设计控制示意图

首先，将环绕仁和学区四周的4条城市主要道路今出川路及中立壳路、丸太町路、千本路和西大路路确立为广域防灾轴。为了确保灾害发生时应急车辆能够从广域防灾轴顺利进入学区内部，重点提升道路进入学区入口位置的空间环境安全性。其次，利用原有纵向与横向的共7条道路，连接周边广域防灾轴，作为次一级的“仁和防灾轴”，形成学区内部及与外部连通的应急避难与车辆通道、通往仁和小学避难场所的疏散路径与防止火势蔓延的缓冲防护空间带，比如仁和寺街道、御前路等，在确保宽度4 m以上的同时，优先推进沿街建筑物的抗震与防火性能改造。最后，补充设置多条“辅助防灾轴”，即使在仁和防灾轴灾时发生堵塞的情况下，“辅助防灾轴”也可以发挥替代性道路的作用，使防灾避难与救援行动依然能够顺利进行（图7-11）。

防灾疏散道路的改造与整治

首先，仁和学区要求居民实际走一走从自己的家到各街坊应急避难场所的道路，确认每个人的疏散避难路线。通过这种方式，每位居民不仅熟悉了疏散避难道路，也意识到街巷是全体居民的疏散避难路径，因此每个人都负有对街巷进行环境整治的义务。其次，居住在同一街巷中的居民应该努力共同制订和遵守管理街巷环境的规则。如果街巷末端和两侧建筑、上盖建构筑物、围墙等发生倒塌，疏散避难路径就会发生堵塞，因此每户居民都应当进行建筑抗震和防火性能的改造。对于难

图7-12　应急疏散门

以改造的尽端路或存在地面高差的街巷，共同使用该街巷的居民应共同努力，在街巷尽端设置疏散门和实现无障碍通行。由于每条街巷和每个街坊面临不同的防灾问题，具体设计和实施中根据实际情况，进行了灵活的改造和建设。例如，在尽端路的末端安装灾时可临时开启的疏散门，确保双向疏散的畅通。在街巷和入口处，为防止老旧的砌块围墙地震时发生倒塌，以新建的金属围栏替代，提升疏散街巷的安全性。由于仁和学区地势具有高程变化，因而在疏散路径具有地面高差的地点加装台阶、扶梯、坡道和围栏，提高平时和灾时的无障碍通行能力和安全性。最后，街道和建筑改造改建在重视仁和学区街道风貌特色延续的同时，应当尽可能扩大建筑物到街巷和道路的间距，以留设充足的安全缓冲空间，满足疏散避难道路的宽度要求（图7-12，图7-13）[7]。

（a）改造前

（b）改造后

图7-13　易倒塌堵塞疏散道路的围墙改造

3）项目特色

总体上，仁和学区呈现棋盘状的道路和街区形态，但街区内部也存在大量细碎、狭窄的街巷和尽端路。在整体层面，利用城市主要道路和街区主要道路构建多层级的防灾轴空间系统，优先提升其疏散避难作用和属性要求。而在局部层面，由各级防灾轴空间划分的街坊之内则面临各种各样的防灾问题和限制条件，其道路、街巷和建筑物的状况也表现出不同特征，而社区管理和权属关系也错综复杂。因此，为了提高街区整体防灾性能，在规划设计层面将主要防灾轴限定的整个街区作为整体考虑，确定街区整体优化和改造的总体框架，继而通过层级化的组织形式加以落实。具体实施中，防灾城镇建设协会负责整体防灾社区建设的相关讨论管理及防灾教育活动组织，其中的12个街坊地块的居民管理组织分别确定防灾方面的具体问题和防灾改造对策，组织防灾训练等活动，加强各街坊防灾信息传达，促进居民了解防灾建设进展情况，并促进适应实际情况的防灾建设规则制订；居民个人则共同参与街区和各街坊的防灾改造与建设的具体实施过程。

对于年代久远的历史传统街区，如何在保留历史街区风貌的同时提升街区防灾能力，是面临诸多限制与困难的难点问题。仁和学区以防灾道路为先导，将防灾道路整体架构和局部灵活改造相结合，建立街区防灾道路及防灾轴的总体系统，据此划分内部的街坊地块防灾单元，形成街区防灾空间从整体至局部的层级化架构。实施组织也通过政府机构、防灾城镇建设协会、街坊居民组织和居民个人的层级化组织方式，确立和落实各类具体措施。多种参与主体相互协作，共同推进防灾改造和建设，既可切实落实总体方针和空间架构，也利于保障局部和具体设计改造的适应性，从而实现“安心、安全、宜居的仁和学区”总体目标。

7.2 防灾公园绿地与街区防灾广场

7.2.1 大阪府茨木市岩仓公园

1）项目背景

茨木市位于日本大阪府北部，与高槻市、摄津市、吹田市相邻。1995年阪神·淡路大地震中受害最重的兵库县神户市与淡路岛就位于茨木市的西侧。根据以往的地震受害调查结果，结合专家意见，市域附近的“有马—高槻构造线活动断层”一旦发生地震，会对茨木市造成严重危害。因此，茨木市以此为假设的地震目标，展开防灾建设和活动。另外，2014年9月的调查数据显示，茨木市居民参与自主防灾组织的比例为84%，居民具有很高的防灾意识，并对安全的城市环境与设施具有强烈的期望，因而进一步推进防震城市建设势在必行。

岩仓公园（岩仓公園）位于茨木市岩仓町立命馆大学茨城校，区的东侧，其东侧为公路西中条奈良线，北侧接茨木市松本线，西侧为铁路线，紧临茨城站。公园周边主要为居住与商业街区，仅南侧为神户制钢工厂，其前身为札幌啤酒工厂的旧址。岩仓公园是茨木市14个主要应急避难场所之一，面积1.5 hm²，其中防灾有效面积0.6 hm²，于2015年3月建成，4月开放使用。岩仓公园在空间上属于立命馆大学校园的一部分，市政府拥有土地所有权和管理权，灾害发生时作为避难场所，可同时容纳约6 000人避难（图7-14）。

2）优化设计

土地利用与整理

城市抵抗灾害的能力受到城市物质空间及其形态的影响。提升城市防灾能力需要进行空间的改造与城市功能的重新配置，土地利用的调整和重组是规划设计层面最基本的手段。在现实的城市空间防灾改造中，城市空间骨架的结构性优化涉及

图7-14 岩仓公园及周边街区航拍图

方方面面的因素，面临各种制约和困难，需要长期的实施过程。防灾道路、防灾避难的公园绿地及开放空间能够发挥关键的防灾作用。在阪神·淡路大地震发生时，受害区域附近的城市公园等开放空间发挥了多重作用，既是延缓火势蔓延的延烧隔离带、疏散避难通道、应急避难生活场所，也作为救援活动的据点。而且，防灾公园及应急避难场所的改造和建设周期相对较短，因而多被优先推进。

在建设防灾公园之前，岩仓公园所处地块属于立命馆大学所有。后来，大阪府茨城市政府与已搬入工厂旧址的立命馆大学进行合作，开发建设所需的公园、道路和其他基础设施。立命馆大学将防灾公园土地和市区整备用土地卖给市政府，市政府将市区整备用土地无偿借给大学使用，同时市政府和都市再生机构对防灾公园及其设施的建设进行补贴。作为交换条件，包括防灾公园在内的大学校园向公众开放，居民不仅平时可将其作为公园使用，灾时也可将其用作应急避难场所。

空间环境设计

由于岩仓公园与立命馆大学之间的特殊关系，在进行设计时就考虑到公园与大学环境的充分结合。立命馆大学的校园设计以历史变迁与周边环境为基础，结合历史上保留的东西向和南北向道路轴线，划分校园空间。其中，东西轴为“市民交流轴”，南北轴为“学习轴”。防灾公园的选址根据周边环境及其交通流线特征，设置于市民易于到达的东北侧。校园与防灾公园之间没有明显的分界线，仅有人行道作为简单的划分，为了保证空间环境特征和氛围的统一性，人行道两侧的植物采取相似的排列形式。此外，位于公园周边的大学建筑一楼的商店也向公园一侧开放，进一步强调了公园与校园建筑的连续性，也便于平时和灾时的相互联系与相互支持。在公园东侧，拓宽了西中条奈良线的局部路段，并通过改造扩大了公园的入口空间，便于灾时居民进入避难（图7-15，图7-16）。

图7-16　公园整体实景

防灾设施设计

为了满足避难生活的需要，岩仓公园还设置了防灾设施。沿着公园的人行步道，

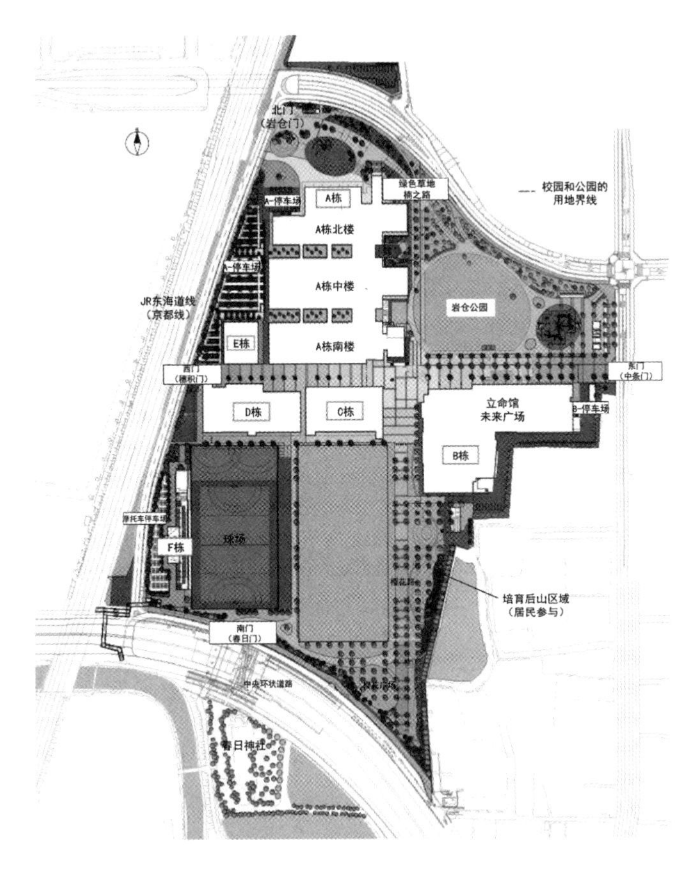

图7-15　立命馆大学和岩仓公园总平面图

安装炉凳，平时作为长椅供居民休憩，灾害发生时可以改为炉灶使用。具有屋顶的环境小品作为防灾凉亭，可以供避难人群搭设帐篷、灾时便能居住。平时的游乐场灾时可以作为集中避难场地，其周边设置了应急厕所与供灾时取水的雨水储存设施，场地中设置了3座风能与太阳能混合能源的照明装置，灾害发生后即使停电，也能够正常使用。此外，场地周边也进行了改造，校园与公园北侧茨木市松本线与公园相接的部分，设置了绿化和栅栏，作为缓冲空间⑦。

3）项目特色

作为城市防灾公园，岩仓公园的规划与设计在满足防灾避难要求的基础上，力求实现大学校园与城市公园的一体化。在空间环境层面，公园设计考虑了周边大学校园和既有街区的空间结构、道路系统与绿地连续性等因素，强调与城市环境和大学校园的融合。立命馆大学的建筑、开放空间与岩仓公园的草坪广场和休憩设施之间并未设立物质性的硬性分界，而是呈现出空间与景观的连续关系，仅在临近大学建筑的地点设置具有“前面是大学校园”文字说明的标识牌，提示其空间的差异。在功能使用层面，岩仓公园的选址、内部空间、景观环境和公共设施的设计充分考虑了平灾结合的要求，在提供防灾避难场所的同时，也成为市民生活休闲及与校园师生交流活动的场所，而临近公园界面的大学建筑也为这些活动进一步提供了服务支持。在权属关系层面，岩仓公园对土地所有权、使用权和管理权进行了灵活处理，使空间层面的复合一体化设计能够满足多元主体的使用要求。以此为基础，岩仓公园设计与建设整合了多方面的目标，不仅包括城市文脉延续与周边地区协调发展，也涵盖了校园景观利用、城市绿地和开放空间衔接与防灾能力提升，从而充分发挥了防灾公园绿地的多维价值，而与相关机构的密切合作是实现上述目标与价值的重要基础。

7.2.2 东京都三鹰市新川防灾公园

1）项目背景

新川防灾公园位于东京都三鹰市，又称三鹰中央公园，距北侧三鹰站约2 km。场地原为市政府附近的蔬果市场旧址，周边分布多个早年修建的公共服务设施，包括体育馆、游泳池、福利会馆、社会教育会馆、综合保健中心等。在公园场地和这些公共服务设施周边，具有多条防灾道路。其中，场地南侧为东八道路－都道14号，东侧为紫桥路，西侧为人见街道－都道110号，公园选址和道路条件充分体现了防灾据点所应具有的特征和要求（图7-17）。

当蔬果市场计划迁出时，三鹰市政府就曾考虑在此土地建设公共项目的可能性，但由于财政紧张和缺乏国家或都政府层面的相关补贴，市政府自行购买土地和建设公共服务设施存在很大困难。因此，在后续的规划研究过程中拓展了视角，为了以更为有效的方式利用土地资源，引入城市再生机构（Urban Renaissance Agency，简称UR），将其总体定位为防灾公园及街区开发项目，项目目标为加强城市区域的防灾建设。应地方政府的要求，城市再生机构进行征地，并实施防灾公园及周边城市区域的开发和改造。通过这一方式，该项目可以申请政府对于防灾建设的相关补贴，用于购买防灾公园所需土地、建设及后期维护的经费。而且，三鹰市政府希望同时实现“更新老旧公共设施服务功能”和“完善防灾据点”的双重目标。市政府和城市再生机构通过搬迁、回迁和土地整理，取得了2 hm^2的土地，并在此基础上进一步划分为1.5 hm^2的防灾公园用地与0.5 hm^2的多功能复合设施用地。该防灾公园于2017年4月投入使用。

图7-17 新川防灾公园用地原貌

2）优化设计

该项目的设计与实施主要包括两部分内容，一是防灾公园的设计，二是公共设施的功能复合和集约化设计（图7-18，图7-19，图7-20）。

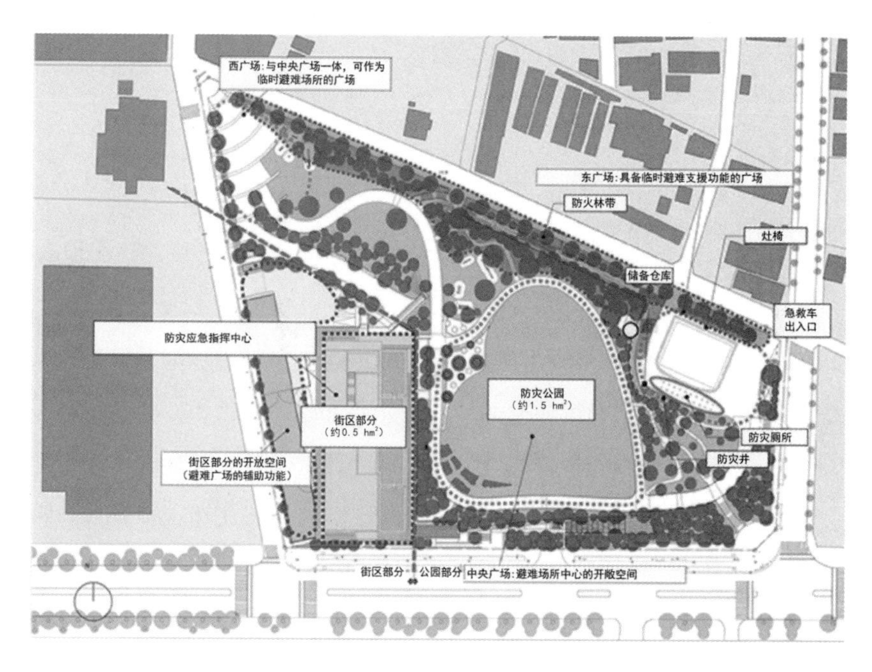

图7-18　新川防灾公园平面图

图7-19　新川防灾公园鸟瞰图

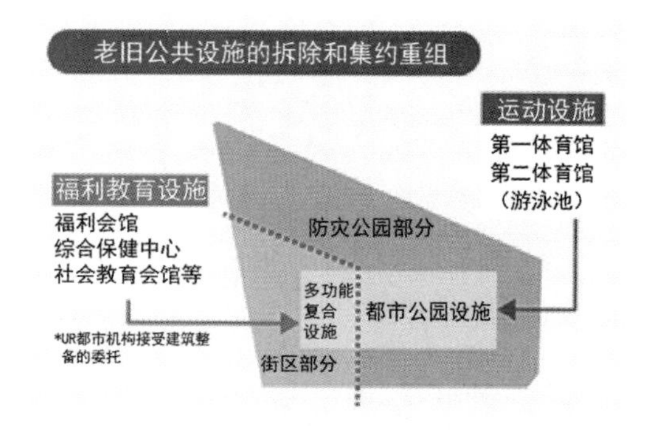

图7-20　防灾公园及公共设施的复合模式示意图

防灾公园建设

防灾公园的设计充分结合了原有地形条件和公共设施设计。为了创造具有地域特征的绿色城市景观，同时确保足够规模的完整绿地，以满足综合公园的功能配置和防灾公园的特定要求，设计中将部分体量较大的公共设施建筑设置于地下，主要为具有运动场和室内游泳池等功能的两层综合体育中心，面积约为13 000 ㎡。体育中心与西侧的公共设施相连接，平时作为市民休憩、运动与开展社区活动的场所，灾害发生时作为市民临时避难的防灾建筑。

防灾公园的地面主体为大面积绿地，

主要避难场地位于中部，高于周边地面，向东西两侧延伸，平时作为城市综合性公园和市民休憩空间，灾时作为应急避难场所。考虑到灾时疏散避难的主要人流来自东西两侧的城市街区，分别设置东广场和西广场，作为避难人群进入防灾公园的入口空间。东、西广场地面设计了较大面积的硬质铺装，确保足够的停留和缓冲空间，并通过公园道路连接和引导至中部的主要避难场地。根据以往的灾情信息，场地西北部的部分区域在暴雨时可能会被淹，因而将公园内运动设施建筑的1层地面抬高约1 m，东、西入口广场也高出周边城市道路0.5~1.0 m，形成缓坡绿化带，在其中结合坡地、台阶设置疏散楼梯，确保紧急情况时可以从多个方向和位置进入主要避难场地。此外，为了满足灾时避难及临时生活的使用要求，公园中还设置了应急仓库、应急厕所、遮阳蓬等防灾设施。

活力创造广场的多功能复合公共设施设计

活力创造广场是一座集公共服务、社会教育等多种功能于一体的大型综合公共设施，位于防灾公园的西侧用地，与防灾公园一体化设计。建筑共7层，地上5层，地下2层，面积约11 000㎡。在设计时，由于场地原有及周边的公共设施较为陈旧、服务功能有待提升，采取了多种功能的复合化设计，将防灾中心、终身学习中心、福利中心、保健中心及娱乐中心进行整合，不仅提高了土地和空间的集约化利用，也使各种不同类型的功能互补，增加了使用人群彼此接触和交流的机会，从而充分发挥综合体的优势。从防灾角度看，建筑为钢筋混凝土结构，具有很高的抗震性能，在地震等灾害发生时，可以作为防灾建筑。此外，该建筑还采取了一系列的绿色建筑设计措施来能降低环境负荷，比如通过屋顶绿化和阳台绿化减少采光和空调能耗，最大限度地利用垃圾处理设施排放的热量转化为电力和热水；将屋顶上的雨水和游泳池的用水通过水处理设施进行收集，用于厕所冲洗和绿化浇灌。

新川防灾公园将公共设施及防灾建筑设置于地下，地面的开放空间连接具有地域特色的城市绿地系统，既作为居民进行健康保健、体育活动及多种社区活动的场所，在创造具有魅力的绿色空间和公共活动空间的同时，也建立了应对灾害的防灾避难场所（图7-21）[⑧]。

图7-21　活力创造广场

3）项目特色

通过对工厂企业的搬迁用地进行收购和整理，三鹰市新川公园采取公共设施与防灾公园一体化整合设计的策略，同步解决了老旧公共设施改造更新与防灾能力提升的问题，呈现出3个方面的显著特色。

（1）防灾公园与公共设施的综合设计。不仅利用绿色公园空间作为延烧遮断带和应急避难场所，还通过防灾设施和防灾建筑的设计与建设，大大提升了其作为更大范围城市区域防灾据点的功能与设施配备水平。同时，通过对原有公共设施功能的重组，将体育、健康、交流等功能相互融合，使其成为该地区具有活力的核心空间。

（2）灾平结合的高效使用。新川公园与邻近的街区建设用地始终作为一个整体进行设计与布局。作为公共设施的一部分，第一和第二体育馆集中布局于防灾公园之中，其余公共服务设施结合原有功能进行重新设计，将福利会馆、综合保健中心、社会教育会馆等设施整合为活力创造广场的综合体。在日常生活中，该综合体建筑成为市民活动中心，在灾害发生时转变为应急避难场所与防灾指挥中心，这也避免了部分居民由于日常使用频率较低而不熟悉疏散路线与避难场所，从而提升了新川公园平时与灾时的使用效率。

（3）公共设施建设管理的提升。在城市建设中，对原有公共设施进行新建及改造时，会导致其公共服务功能在一定时期内中断，给居民生活带来不便。新川公园及公共综合体建筑先设计建设，再进行功能转移，有效避免了这种不利情况，加之建设过程中采取多种方式与居民进行建设信息的公布与交流，切实提高公共设施建设与管理的效率。

7.2.3 千叶县市川市广尾防灾公园

1）项目背景

广尾防灾公园位于千叶县市川市广尾二丁目街区36号，是市川市仅有的两个防灾公园之一。市川市总面积56.39平方千米，人口约47万人。市川市内共有公园绿地377处，总面积141.96 hm^2。广尾地区的公园绿地面积不足，居民人均公园面积仅为2.77㎡，并未达到日本《城市公园法》规定的标准。而且，广尾地区的应急避难场所等防灾

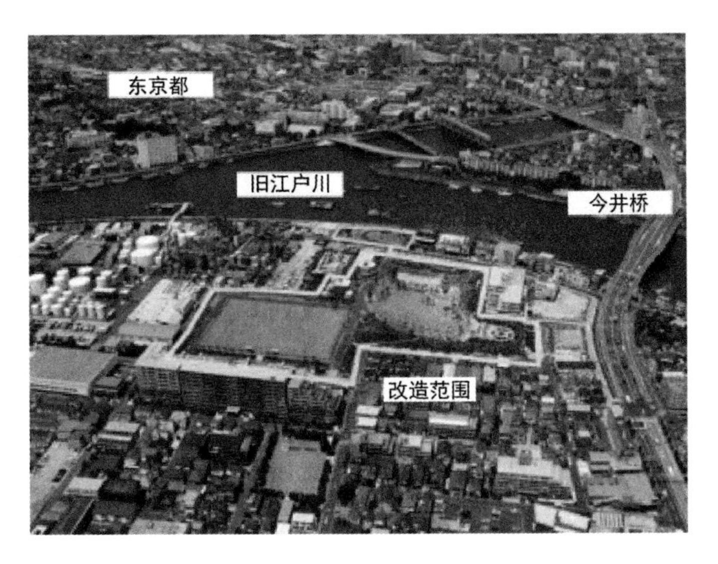

图7-22　广尾防灾公园鸟瞰

设施更为缺乏，人均避难场所可使用面仅为0.72㎡，发生灾害时，无法满足居民的避难需求，亟须通过城市公园的防灾建设，形成具有避难功能的防灾据点，强化周边地区的防灾能力[⑨]。

广尾防灾公园处于旧江户川与新仲川两条河道的交汇处，面积约3.7 hm^2。公园的原有土地为工业用地，存在一定程度的工业污染，且临近旧江户川河道，洪水易淹没区域，不利于建筑开发，因而将防灾公园选址于此，既作为雨洪调蓄空间，也是广尾地域的固定避难场所。广尾防灾公园于2005年开始建设，2010年竣工并于当年4月1日开园，与临近的新井小学一起，共同服务于周边半径1 km区域居民的应急避难，约可容纳避难人数13 000人（图7-22）。

2）优化设计

避难及活动场地布局

广尾公园平时是当地居民休闲娱乐和儿童戏水的热门场所。一旦发生灾害，公园即转变为避难场所，也作为灾后初期救援和紧急交通的中转场所。公园共设有7个广场，即花卉广场、生井广场、聚会广场、游乐广场、水广场、健康广场和休闲广场，大部分广场都具有灾时应急避难的作用。其中，健康广场临近新井小学的操场，形状为规整矩形，平时供儿童进行足球等球类运动，周末和假期则举行少年棒球比赛。若发生大地震，健康广场可以用作应急直升机的起降场地，展开紧急医疗救护和救援物资运输。此外，这里还连接旧江户川和广尾防灾公园，居民平时沿旧江户川步道

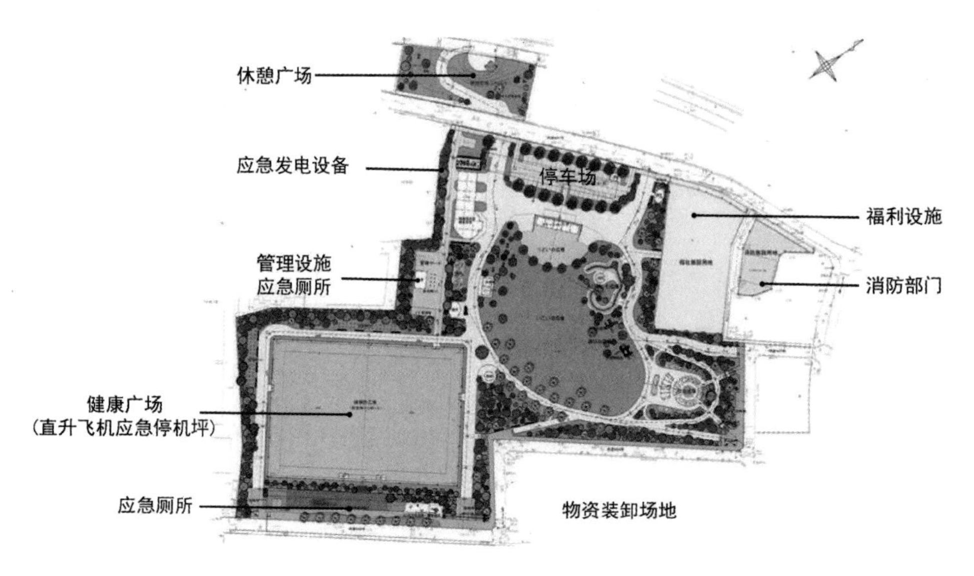

图7-23　广尾防灾公园平面图

散步时可以顺便停留休息，灾害发生时可以结合应急码头，供救灾船只停靠和装卸防救灾物资，形成水路防灾应急通道。水广场主要供平时休闲使用，场地临近河道，是儿童的水上游乐场，也成为备受居民欢迎的公园的象征（图7-23）。

防灾设施设计

公园的防灾设施与雨洪调蓄处理设施充分结合，在地下设置了120 m^{3}的耐震饮用水槽，直接与供水系统连接，两侧的阀门在受到大地震震动时会自动关闭，保证约13 000名避难人员的饮用水供应。在公园内部和重要建筑周边的3个地点，还分别设置了40 m^{3}的消防水箱，以应对公园及建筑灾时发生火灾的情况。为了防止公园内的雨水过度外流、减轻雨洪内涝的危害，在3处设置了共4 600 m^{3}临时储存雨水的水箱，对雨水进行有效的停留和排放调节。还设有可供68人同时使用的应急厕所与应急发电设备，保证临时避难生活最低限度的生活与电力需求。

交通与防灾建筑组织

公园周边边界设置了防火林带，保护疏散避难人员免受外部的火灾危害，提升了防灾公园的安全性。防灾公园沿周边的城市道路在各个方向上设置多个出入口，与周边的居住街区等城市区域紧密连接。公园内部设有消防环道，方便各分区之间应急车辆的联系。其余则采用步行道路，保证居民不论平时或灾时，都可方便、安全地出入公园和在公园内部通行。

防灾建筑的设计中，利用东侧原有的消防站和福利设施，将其作为防灾公园的一部分。管理办公室设有临时休息空间和作为公园管理志愿者活动基地的空间，并且与物资储备仓库合并，便于在灾害发生时统一使用。补给站的广场和停车场在灾害发生时用于救灾物资的补给和发放，设有用于物资运输的大型车辆通道和具有顶棚的物资装卸区[10]（图7-24）。

3）项目特色

广尾防灾公园在平时作为休息和娱乐的场所，深受当地居民喜爱。在防灾方面，广尾防灾公园设计充分利用了用地区位、道路交通等方面的独特条件，对防灾据点的多种功能、周边居民疏散避难的可达性及安全性进行了综合考虑。

公园周边分布多条道路，交通较为便利。为了防止地震时电线杆倾倒造成道路阻塞，保证周边居民安全到达避难场所，设计中将周边临近道路的电线杆等设施全部修建于地下。通过与交通部门协商，周边道路专门设置了“广尾防灾公园”的交通信号牌等标识，甚至电子导航也直接这样显示，便于外部区域驶来的应急救援车辆到达防灾公园。

公园临近旧江户川河道的应急停靠码头设置了休息广场，内部的健康广场也可在灾时用作直升机停机坪，从陆地、空中、河道都可以到达防灾公园，构建了水、陆、空立体避难救援通道，并与周边的消防署充分整合，共同构成一体化的综合防灾据点，除了作为应急避难场所，还能够用于初期救援和紧急运输的中转空间，全面保证了防灾公园的效用。

图7-24　广尾防灾公园主要防灾设施

7.2.4 川崎市矢上川周边居住街区加濑水处理中心防灾广场

1）项目背景

加濑水处理中心的防灾广场位于神奈川县川崎市的南加濑地区四丁目，主要服务于矢上川周边的居住街区。场地西侧紧临川崎市西南部的河流矢上川，东侧为连接川崎市与东京都大田区的道路大田神奈川线。加濑水处理中心主要处理川崎市中原区全域和高津区、幸区部分区域的污水，对于整个城市的污水处理具有重要作用。该水处理中心主要包括南、北两个水处理设施，中部通过管理处和泵房连接。1973年启用了北侧的处理设施，随着污水处理需求的不断增加，1990年南侧的部分设施开始启用，1998年全部设施投入使用（图 7-25）。

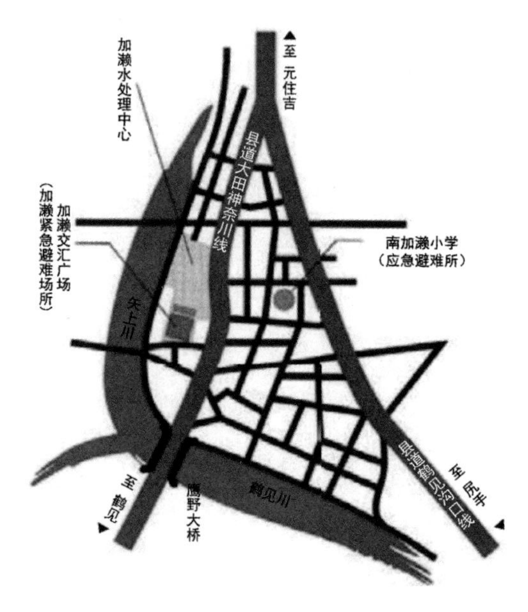

图 7-25　加濑水处理中心防灾广场区位图

在南、北两侧，水处理方法和最初沉淀池、最终沉淀池的排布各不相同，北侧是一层级式，南侧是两层级式。加濑水处理中心的防灾广场位于南侧储水反应罐及最终沉淀池的上部，平时作为多功能广场，供矢上川周边居民和市民休憩活动，灾时作为应急避难场所。在川崎市中，南加濑地区距离最近的避难场所超过2 km，而且其人口稠密、可用于疏散避难的开放空间非常少，属于疏散避难困难的地区，一旦发生大规模地震及火灾，将造成巨大的生命财产损失。为了建设更安全的城市，加濑水处理中心在建设之初就定位为多功能的城市公共设施，强调充分利用其空间、水等多种特征条件，并建设防灾避难场所，以实现安全、舒适的城市空间的多重目标。

2）优化设计

在加濑水处理中心防灾广场的设计中，利用污水处理厂具有广阔开放空间的优势，结合独有的水文条件，创造出富有特点的应急避难场所，并在平时作为多功能广场和步道向公众开放。防灾广场的有效面积共

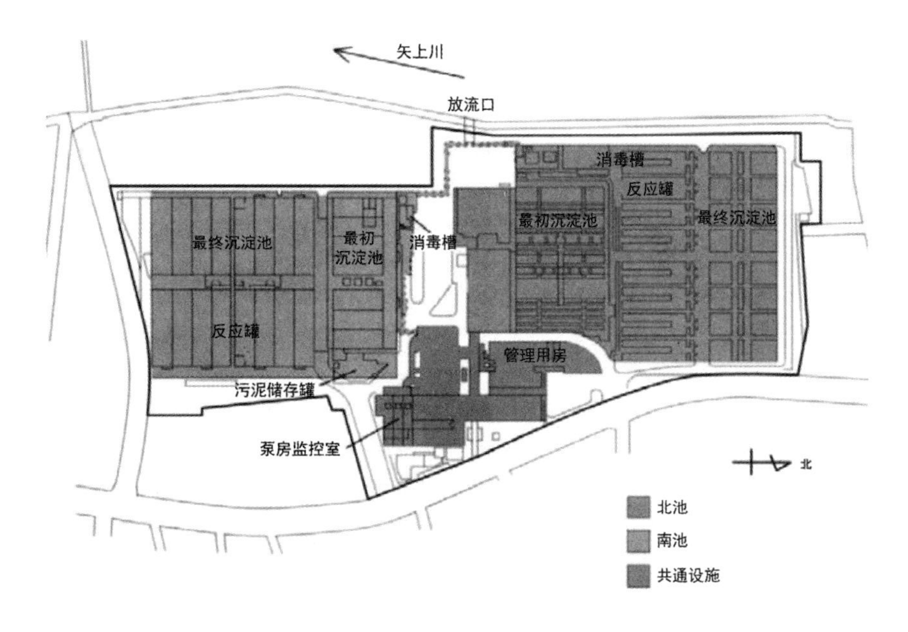

图7-26　加濑水处理中心防灾广场平面布局示意图

9 700 m²，可容纳7 500人避难，主要包括两个避难广场，污水处理设施屋顶的避难广场相对较大，可容纳5 500人，最初沉淀池的前广场可容纳2 000人（图7-26，图7-27）。

防灾广场的设计利用了水处理厂的资源优势。一方面，结合其储备的充足水量，设置了扇形水幕、喷水枪、喷淋闸门、应急水池等一系列设施，保障防灾广场的安全性（图7-28）。另一方面，防灾广场设有步道、花坛、运动广场等多种功能的活动空间，周边的林带中设有凉亭，平时向市民开放。水池、喷水设备等水体景观尤其受到居民的喜爱，一到七八月间，广场上就挤满了带着儿童来戏水纳凉的家长。此外，矢上川周边居住街区成立了居民联合会，居民对防灾广场展开自主的管理和运营，并定期在此地举办各种防灾演习活动。

图7-27　加濑水处理中心防灾广场鸟瞰图

图7-28　防火用喷水设备

7.2.5 日本千叶县市川市大洲防灾避难救援公园设计

1）项目背景

大洲防灾公园位于日本千叶县市川市大洲一丁目，占地面积约2.8 hm^2。该地块之前曾经是一家明治乳业长期经营的工厂。1999年秋，日本“都市再生机构”计划开展“防灾公园街区建设事业”，大洲防灾公园作为首个实践项目，规划为服务于东日本客运铁路总武线、东京外环公路、京叶道路和江户川周边居住街区的应急避难场所。随着2000年工厂搬迁，防灾公园街区整备事业开始实施。在建设之初，都市再生机构与当地政府就邀请当地居民参与防灾公园的规划设计，听取和采纳了居民提出的多种设想和修正建议，后经当地政府决策，该项目获得建设许可。2004年4月11日，大洲防灾公园建成并开园使用。

由于距离城市中心距离较近，交通便利，公园所处地区逐渐形成城市化建设的区域，主要为由传统单栋木构住宅构成的居住区和部分工厂，建筑及人口较为密集，建设安全、舒适的城市一直是这一地区的建设课题。大洲防灾公园建设的主要目的是在地震等灾害发生时，为周边居住街区的受灾民众提供应急疏散、避难、临时生活、灾后救援及救灾物资中转的场所，同时也为周边居民提供日常生活中进行休憩娱乐活动的公共空间。此外，这一地区主要为高密度老旧居住区，绿色自然景观十分缺乏，大洲防灾公园规划设计及建设与街区更新改造相结合，在提升城市整体防灾能力的同时，也丰富了绿色景观资源，促进居住和工业混合街区整体环境的改善（图7-29）。

图7-29 大洲防灾公园及其周边居住街区鸟瞰图

2）优化设计

场地划分与设计

根据应急避难场所的功能和构成要求，大洲防灾公园内部共分为5个区域，包括2个多功能广场、1个野餐广场、1个中央广场，以及防灾物资集散区和卫生、消防及管理区域。其中，较大的多功能广场为避难救援区，面积约7 000 m^2，位于公园北侧，以大面积的开阔草坪为主，平时可作为学生举办足球、棒球等球类运动比赛的场地，灾时供周边居民临时避难和开展救灾活动，并设有直升机停机坪。较小的多功能广场为应急避难区，面积约2 300 m^2，位于公园西侧，铺设了高强度的地面铺装，可满足20 t消防车的通行要求，还设置了野餐区和运动器具，平时可用作居民休闲和防灾训练场地，灾时可容纳1万人避难。两个多功能广场的分区既相对独立，又彼此临近，便于灾时随着时间发展和根据救灾行动不同阶段的各种要求，进行灵活调整。野餐广场和中央广场面积较小，分别为1 800 m^{2}和900 m^2，主要用作灾时紧急避难的临时集中场地和平时的防灾训练场地。

物资卸载场位于中央广场南侧，紧临东侧的物资储藏仓库，共同构成公园的防灾救援物资集散区。物资卸载场通过入口空间与西南侧的城市主要避难道路直接联系，灾时应急车辆可快速驶入，并通过公园内部道路到达应急避难区和避难救援区等空间。卫生、消防及管理区域位于公园南部，由急诊所、消防署、派出所构成。

周边安全防护设计

公园南侧为宽阔的城市道路，形成了与南侧街区的防火隔离带。而在公园的北侧、东侧与西侧，临近建筑密集的居住街区，易于受到震时火灾的威胁。因此，在公园东、北边界及南、西边界的一部分，设置了防火林带。防火林带整体宽度达10~15 m，2~3列交错种植，选用防火性能较好的常绿阔叶树种，环绕应急避难区、避难救援区等主要避难场地，可以有效阻断地震引发的火灾蔓延至防灾公园内，并对南侧急诊所、派出所和消防署等建筑进行建筑不燃化处理和防灾性能提升，与防火林带共同构成防灾公园周边的整体防护空间。

交通与出入口组织

整个公园设有多个机动车和人行出口。其中，大型应急车辆的入口及其他车辆停车场的出入口主要开设于物资集散区和急诊所、派出所、消防署的防灾建筑区，分别位于南侧和东侧的外围城市道路之上。此外，除了公园北部之外，公园的周边具有环路，并在周边边界的不同方向上设置了多个出入口，便于周边居住街区居民灾时快速便捷地进入防灾公园。

公园内的主要道路同时满足步行和机动车行驶的要求，形成多重的环状道路系统，连接公园内的各个功能区和多个方向的出入口，供大型应急车辆使用的道路建立了物资集散区、应急避难区和避难救援区之间的直接联系。

防灾设施

大洲防灾公园根据避难场地等不同空间的使用要求，配备了一系列防灾设施。在应急供电与照明方面，在靠近急诊所、派出所和消防署的地点，设置了一台输出功率75 kW的发电机，灾时一旦供电中断可自动启用，在不用区域设置了5个风能和太阳能混合能源的应急照明灯具。在消防和避难生活用水方面，在避难区南侧靠

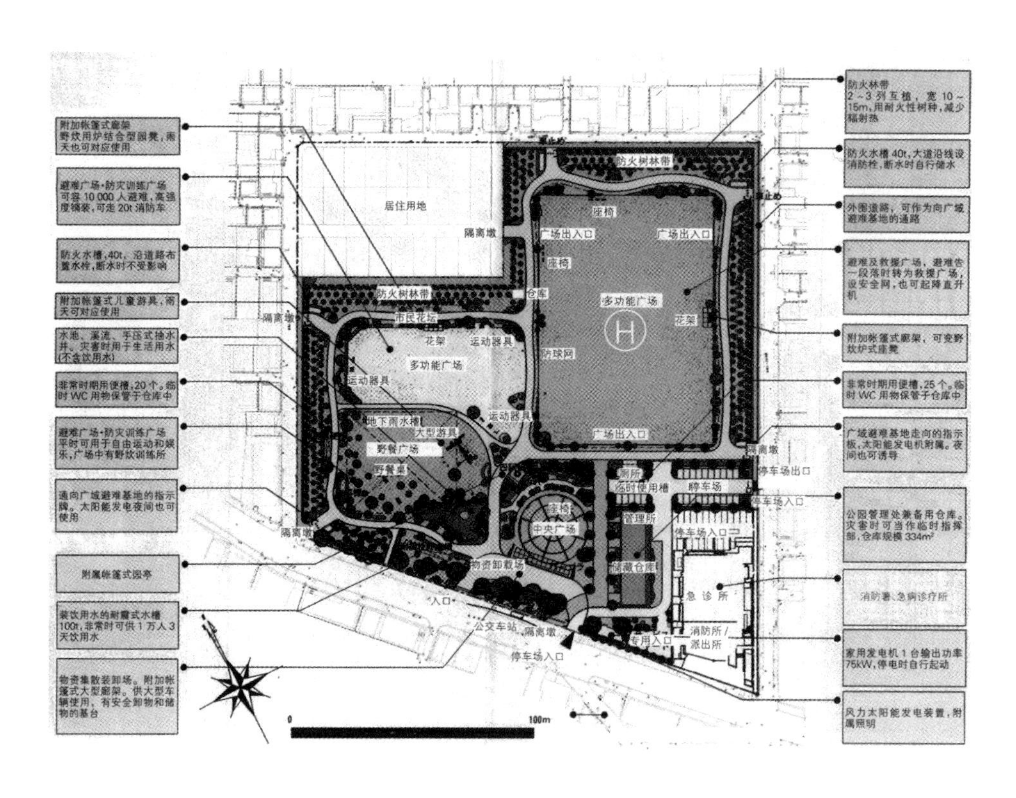

图7-30　大洲防灾公园平面图

近城市道路的地点修建了耐震性储水槽，能够储存100 t饮用水，可满足1万人3天的用水需求。野餐广场中设有水池和手压式的抽水井，便于灾时提供避难生活用水。应急避难区和避难救援区周边设有2座能够储存40 t水的防火水槽，并沿道路设置多个消防栓，满足防火需求，还建有便于灾时临时生活搭建帐篷的凉亭小品，以及2座应急厕所，满足灾时避难生活的基本需求。此外，公园出入口与内部设置了标示道路、避难场所和防灾设施的指示标识，不仅夜间可利用太阳能储电装置发光显示，还适当降低了设置高度，使儿童也易于看见和识别（图7-30）[12]。

3）项目特色

大洲防灾公园的设计定位为综合性的防灾据点，具有应急避难、救援、物资供应、卫生救助、救灾管理等多种防灾功能，也具有完善的安全防护空间与防灾设施。在公园的规划设计和建设过程中，充分发挥了公众参与的作用，邀请居民提出意见与建议，使公众切身感受和积极配合防灾建设活动，并通过在防灾公园中定期举办防救灾训练和教育活动，训练和提高居民的防灾意识与能力。而且，防灾公园在平时向公众开放，成为周边居民及学校的综合性公共活动场所。

7.2.6 成都市锦江区东升防灾广场

1）项目背景

成都位于四川盆地西部的岷江中游地段，地质构造复杂，地壳运动频繁，自古以来就是地震多发的地区。仅在近期，自2008汶川地震后，成都先后发生2013年崇州地震、2015年天府新区地震、2017年青白江地震等多次地震。为了应对潜在的地震危害，成都计划于“十四五”期间建设大量各级应急避难场所，总面积将达2 000多万平方米，以实现人均应急避难场所面积不小于2 m²的目标，显著提升防灾能力。

此外，成都市于2021年出台实施了《成都市应急避难场所管理办法》，从规划与建设、日常维护与管理、场所启用与结束、监督和检查等方面，规范全市应急避难场所管理，明确各区县政府及市级相关部门职责分工。同年还颁布了《成都市应急避难场所建设导则（试行）》，规范应急避难场所的设计、建设及改造，指导各级避难场所建设分级评价。根据导则要求，成都市的应急避难场所分为一、二、三、四类，对应不同的规模与配备。一、二类应急避难场所主要用于长期安置灾时受助人员，三、四类应急避难场所用于灾时紧急疏散避难，与受灾民众关联更加紧密，是灾时居民安全的重要保障。

东升广场位于成都市锦江区红星路四段与东升路交叉口，距离太古里与春熙路地铁站约200 m。东升广场既是城市绿地广场空间的一部分，也属于三类应急避难场所，面积约2 400 m²，可容纳近1 000人避难。广场周边多为居住街区，人口密度较高，灾害发生时，能够服务周边500 m范围内的居民疏散和避险。

2）空间与环境设计

内部功能分区

东升广场中部设有应急棚宿区，约占整个广场的一半，为矩形与圆形连接构成的硬地广场，灾害发生时用于搭建帐篷及临时避难生活，其中还设置了运动健身设施，供周边居民平时使用（图7-31，图7-32，图7-33）。应急医疗救护区位于棚宿区北侧，靠近红星路四段的出入口，便于紧急医疗救护时受伤人员的进出，并就近服务应急棚宿区。防灾应急设施大多集中于临近红星菜市场的东侧，主要包括三部分。广场东北部除应急广播设施之外，主要为垃圾应急存放点与应急厕所，并建有一处绿化廊亭供居民休息与聚集；广场东部为应急管理区，主要功能包括应急物

图 7-31　从东升路望向东升广场

图 7-32　应急棚宿区

图 7-33　广场运动器械

资供应、应急指挥与应急饮用水，用于应急避难场所的管理与调度；东南角建有供电房，内设应急供电配电箱，保障灾时避难的照明、医疗、通信、通风等设施用电，并与应急通信、应急保卫相结合，周边以木制栅栏和绿化与其他区域进行分隔（图 7-34，图 7-35）。

交通与周边设计

防灾广场共有3个出入口，分别位于广场的南侧与西侧，便于周边居民从不同方向进入广场。其中1个设置于红星路四段，考虑到周边居住街区主要分布于广场南侧与东侧，东升街设置了2个出入口，保障居民在灾害发生时能够快速有序地进入广场。广场内部主要沿应急棚宿区外侧设

图 7-34　应急厕所与绿廊

图7-35　应急供电设施及其景观处理

图7-36　应急避难场所标识

有疏散环道，连通各个区域。在临近东升街和红星路四段的广场边界种植防火绿化，与宽阔街道共同构成防火隔离带和安全防护空间，阻止火灾蔓延至防灾广场，保障疏散避难人群的安全。

应急标识设置

应急避难场所标识设置于红星路四段一侧的显著位置，引导避难人群到达和进入。广场内部的应急设施和相关设备均设有明显的指示标识。在应急指挥处周边的布告栏，放置东升广场避难场所功能布局示意图，说明功能布局、场所负责人与场所容纳人数，便于周边居民灾时识别、寻找和使用应急难场所及其设施（图7-36，图7-37）。

图7-37　避难场所功能布局信息布告栏

7.3 防灾建筑的设计与改造案例

7.3.1 东京都板桥区防灾建筑与空间设施整合设计

1）项目背景

板桥区政府东侧沿中山路和老中山路的仲宿地区，历史上就十分繁华。现在，沿老中山路依然保留着商业街的环境氛围。板桥区三丁目就位于板桥区东南部，距离板桥区政府东南300 m，附近不仅有地铁三田线、东日本客运铁路埼京线和东武东上线的3个站点，还靠近中山路、川越路、环七路等主要道路，交通十分便利。板桥区三丁目南侧的中山路沿路分布着板桥区政府等公共设施，北侧为图书馆、公园和居住街区。

该地区过去曾是政府所在地，后因战争烧毁，在原址修建商业店铺，并设立了相应的团体板桥商业复兴会。其后，板桥商业复兴会与板桥区政府之间出现多次土地所有权和租用权的转让，形成复杂的土地权属关系和较为细碎的地块划分，阻碍了该地区的更新改造，最终形成老旧建筑密集街区。街区内20世纪50年代以前建造的建筑物占比接近80%，建筑间距狭小，灾害发生时火灾易于蔓延，而且道路复杂，消防车辆无法进入，居民也难以向外部疏散，防灾安全问题突出。针对这种情况，2003年决定该地区需进行防灾街区改造，建设以具有高防灾性能的建筑设施及公共设施为中心的安全、宜居街区，得到土地所有人、租用人和板桥区政府的积极支持。2004年12月，筹备协会成立并着手准备街区改造的相关事宜。2007年3月，商业计划和建设方案获得批准。2008年9月工程开始建设，2010年10月竣工并交付使用。

2）优化设计

在防灾的更新与改造中，需要优先解决土地关系权益人之间的土地权利转换和原有居民安置问题，从防灾角度调整和完

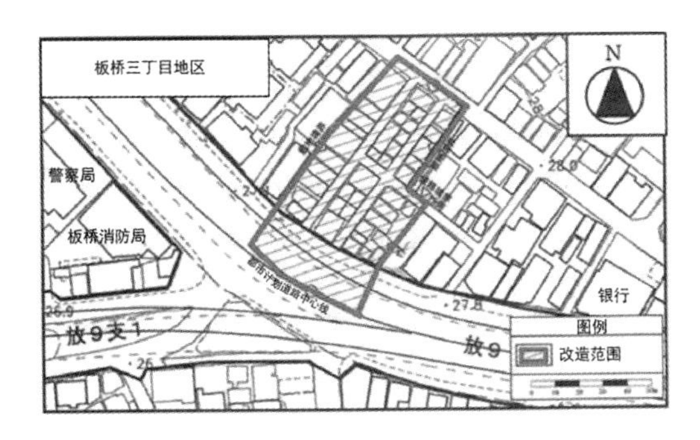

图7-38　板桥区防灾设施建筑用地范围图

善土地利用，土地权利转换和建筑共同化是灵活和有效的实现手段。土地所有人、土地租赁人和板桥区政府等权益人经过多次协商，最终于2008年1月达成了土地权利权力转换意向和方案。场地原有土地关系权益人61人，其中土地所有人1人，只有房子所有权而无土地所有权的土地租赁人39人，房屋租赁人21人。协商后，土地所有人与房屋租赁人全部搬出，土地租赁人中8人搬出、31人待项目完成后回迁入住。

板桥区三丁目3番的用地面积约0.4 hm^2，其中建筑用地面积2 384 ㎡，道路用地面积642 ㎡。改造前，该用地中的建筑总面积4 230 ㎡，建筑密度为83%，容积率约1.8。原有建筑共49栋，主要为住宅与店铺。其中，大部分为木造建筑，共43栋，占总建筑基底面积的90.6%，非木构建筑6栋，占总建筑基底面积的9.4%（图7-38，图7-39）。

优化设计通过拆除老旧的木构建筑，实现土地整理和建筑共同化，同时集约化地高效利用土地，消除零碎地块和狭窄道

图7-39　板桥区防灾设施建筑用地街巷原貌

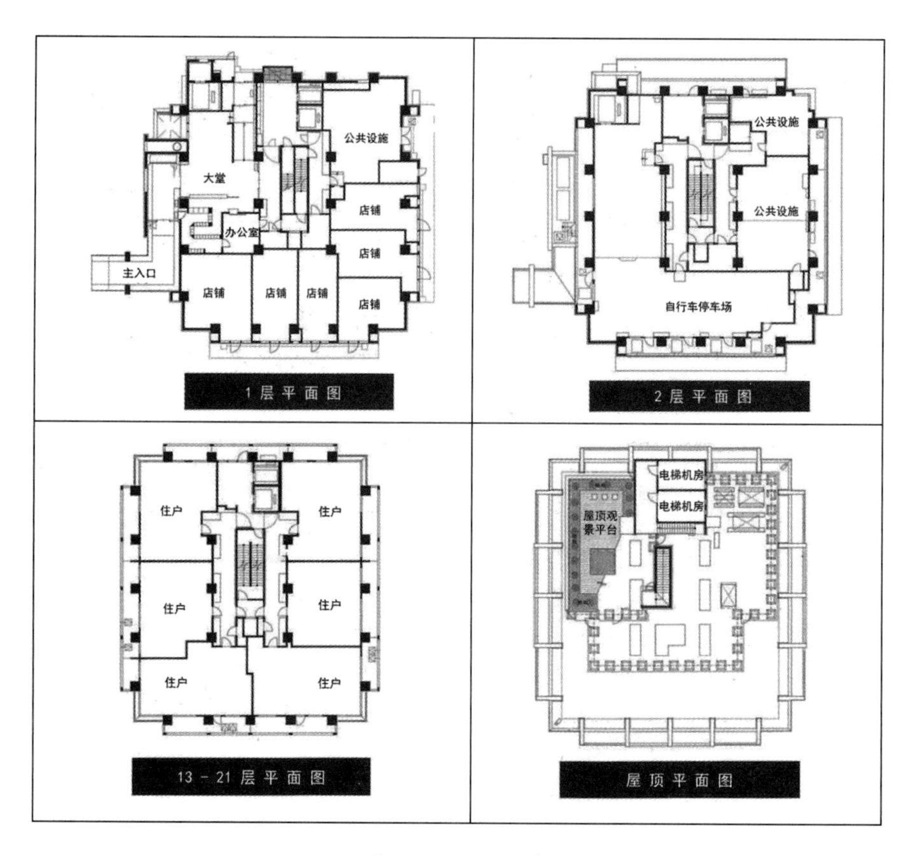

图7-40　板桥区防灾设施建筑平面图

路，以建设防灾性能优良的居住街区，有效防止火灾蔓延和确保疏散避难。新建成的防灾设施建筑物名叫“板桥里维奥塔”（リビオタワー板橋），总面积约15 450 ㎡，用地容积率提升至5.2，总共容纳139户住宅及一层的6个店铺。建筑主体为抗震性能优良的钢筋混凝土结构，高度为82.39 m，共24层，其中地上23层，地下1层。建筑占地面积仅1 021.29 ㎡，在提升住户数量的同时减少建筑密度，腾挪出更多土地用于修建平时生活和防灾所需的道路、广场和公共设施。

在防灾优化设计中，1号区划道路宽约6~6.4 m，沿场地东南侧边界贯穿整个场地，连接中山路与旧中山路，作为主要疏散通道，大大改善了整个密集街区的居住环境和防灾安全性。建筑南侧布置了能够储存40 t水的防灾储水槽，一旦发生火灾可以立刻用于消防。为了保证灾时的物资储备，在建筑北侧设置了两层的防灾物资仓库，地上与地下各一层。另外，场地北侧还预留了490.1 ㎡的个别利用区，改造为可用于应急疏散的缘宿防灾广场，并设有防火储水槽与信息公告牌（图7-40，图7-41，图7-42）[13]。

3）项目特色

作为板桥三丁目地区防灾街区整备事业的主体，“板桥里维奥塔”也是首都圈内第一个政府与公民共同参与的防灾街区整备事业，建成后成为该地区重要的公共空间和防灾设施。通过去除49栋密集的老旧居住建筑，实现了建筑共同化策略，建设具有综合居住等功能的防灾设施建筑、宽度6 m以上的街区防灾道路和防灾广场，避免火灾蔓延，确保防灾疏散避难活动的开展，并形成了良好的公共活动空间，提升了居住街区空间的防灾效能和环境品质。

图7-41　板桥区防灾设施建筑实景

此外，与街区再开发事业一样，防灾街区整备事业中防灾建筑与空间设施的整合设计以土地权利转换为前提，以前的土地或建筑物权利需要转换为共有性的用地。其中也允许部分土地转换为个别利用区内的住宅用地。通过土地和建筑所有权的灵活转换方式，能够促使相关权益人达成一致，进而推动防灾街区整备事业及防灾建筑设施建设的实施。

图7-42　缘宿防灾广场实景

7.3.2 东京都中延二丁目旧同润会地区防灾建筑与空间设计

1）项目背景

该项目位于东京都品川区中延二丁目，距离东急池上线“荏原中延”站西北250~300 m，用地面积约0.7 hm^2。项目所处的中延二丁目旧同润会地区包括东中延一、二丁目和中延二、三丁目地区，属于东京都“木密地区不燃化10年项目”确定的不燃化特区之一。

该地区中老旧木构住宅占9成以上，抗震和防火性能较低，且分布十分密集，地震时建筑倒塌和火灾蔓延的风险大。密集街区中道路大多宽度不足2 m，狭窄街巷形态复杂，应急疏散避难困难，应急车辆也无法进入街区内部进行消防救援。而且，由于居民高龄化和部分老旧住宅与道路联系路线迂回，居民个人进行单独改造和新建存在很大困难（图7-43，图7-44）。

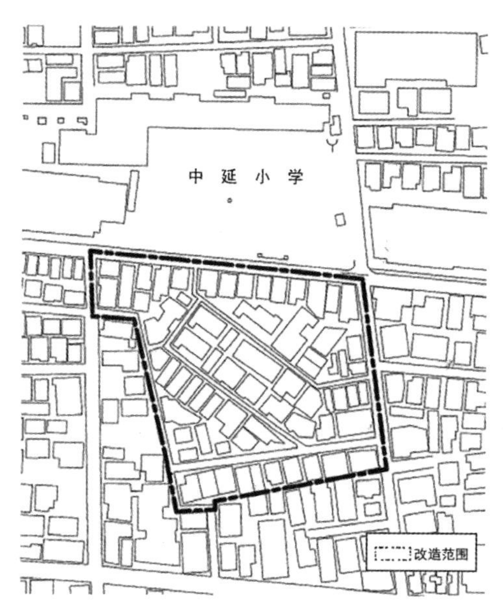

图7-43 旧同润会地区防灾建筑用地原貌总平面示意图

图7-44 旧同润会地区防灾建筑用地内建筑与街巷原貌

2016年时，考虑到东京都将于2020年举办奥运会和残奥会，防止地震等原因造成木构密集居住街区发生巨大损失成为非常急迫的防灾课题，一方面要确保灾时的有效防灾疏散避难和消防救援，另一方面也要保留居住街区的既有风貌，这需要采取适宜的规划设计对策。

2）优化设计

2016年2月，中延二丁目旧同润会地区防灾街区整备事业和建筑更新启动。在规划和设计层面提出了总体目标，在防灾方面建设具有防灾性能的优质都市住宅，消除土地细分和狭隘道路，在景观方面则延续旧同润会地区的繁华和街巷空间的记忆，并创造新的绿化空间，以打造能为居民交流和社区形成作出贡献的景观为目标。

由于原先的土地划分细碎，场地被划分为85个地块，约一半以上地块面积不足60 m²，相关的土地和建筑权利人多达140人，因此首先完成土地的权利转换和整理合并，进行建筑物共同化的设计，以利于防灾角度的空间改造。新建建筑于2019年完成，原先在大地震中易于发生倒塌和延烧的老旧住宅转变为耐震化和不燃化建筑物。建筑占地面积2 663.09 ㎡，总面积16 439.55 ㎡，采用钢筋混凝土结构，地下1层、地上13层，整体呈现退台形态，中部围合一个内院。整栋建筑中共有195户住户，单户面积33.45~87.05 ㎡。为建设安心、安全的居所，建筑设计专门进行了定制化的防灾设计。每户住宅都配备了防灾应急背包，内部墙体和餐具架等家具在标准规格的基础上进行了加固设计。为了在灾时能够及时与居民确认安全信息，还设置了紧急地震联动速报装置，能够确认家庭成员的安全并自动发送确认信息；为便于灾时居民之间相互了解情况和进行救助，设置了可以掌握需要救助者信息的网络服务设备。

根据与品川区政府签订的相关协定，北侧紧临避难广场的建筑设置了集会所空间。集会所室内面积约110 ㎡，另设面积4.8 ㎡的厨房，采用可移动的灵活隔断设计，便于根据灾时和平时的需求调整空间。集会所不仅可以作为居民日常使用的社区公共空间，也可在灾时用于临时接收周边街区中一时难以回家的居民。建筑一层另外设有品川区的防灾物资储备仓库，地下一层则为该公寓建筑专用的防灾仓库。

为了便于地块及周边地区的疏散避难，设计中将北侧、东侧与西侧道路拓宽了2 m，南侧在用地内留出宽度6 m的通道，从而确保建筑物周围形成环状道路、人行道及消防环路，使消防车能够进入内部灭火，并作为疏散避难通道，供自身和周边地块灾时使用。

以建设日常生活和灾时居民互助社区为目标，在场地北侧临近中延小学一侧设

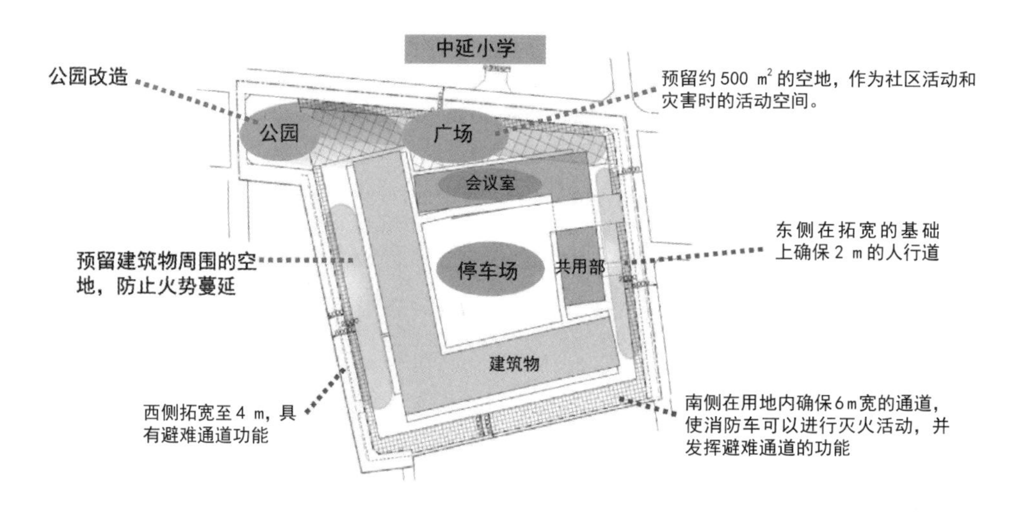

图7-45 旧同润会地区防灾建筑改造平面示意图

置了面积500 m²的避难广场，平时供居民集会和休憩。广场地面利用草坪营造出较为开敞的氛围。北侧种植樱花，与对面中延小学一侧的樱花呼应。在建筑、避难广场和西北侧街头公园之间设置步行路径，将其连为一体。在其基础上，还配套设置了简易应急厕所、炉灶长椅、防灾取水井和应急发电机等相应的防灾设施（图7-45，图7-46）[14]。

3）项目特色

防灾安全是居住街区和社区的重要目标，基于防灾效能提升和综合目标的空间环境设计是关键基础。

中延二丁目旧同润会地区防灾建筑与空间设计改造满足了平时与灾时的综合需求。一方面，从提升空间防灾效能的角度，将老旧木构住宅密集街区转变为抗震和防火性能优良的建筑，完善了疏散避难的应急道路系统，结合北侧小学的避难场所设置应急疏散避难所需的广场，改善了自身和周边街区的防灾避难效能，也对有效防止火势蔓延为街区大火发挥了作用。而且，避难广场中配备了相应的防灾设施，南侧建筑的一层也结合设置接收回家困难居民的集会所，相邻小学避难场所中的避难人

图7-46 旧同润会地区防灾建筑改造后实景

员也可以利用，彼此相互结合，服务整个周边街区居民的疏散避难。在另一方面，设计构建了步行空间，避难广场和集会室也是平时居民公共活动的场所，还设计了机械式停车场和屋顶绿化，为居民的日常生活提供了便利的公共活动空间和舒适的绿化景观。

而且，在项目的实施过程中，包括高龄老人在内的很多原有居民获得了在新建集合住宅中继续居住的机会，使中青年人和老年人的不同需求得到平衡。项目建成后，居民与周边居民协会联合举办防灾演习、防灾宣传等活动，比如学习过往大地震灾害相关知识的防灾研讨会，讲授消防急救装备使用方法的救援讲课，交流防灾设施的使用方法和体验。这种方式有助于居民彼此交流，构建新的社区关系，也促进了灾时居民之间的互助与合作。

7.3.3 岸和田市东岸和田站以南地区防灾设施建筑

1）项目背景

岸和田市以岸和田藩城下町为中心发展起来的泉州地区为核心，位于大阪府南部和泉海岸平原的中部，距离大阪市约25 km，距离关西国际机场约105 km，人口约20万。东岸和田站以南地区位于连接大阪市中心和关西国际机场的东日本客运铁路阪和线东岸和田站的南侧。在20世纪80年代，该地区周边的住宅开发带来了大量的人口及密集的商业设施，但作为岸和田市综合规划确定的都市交通核心区域，东岸和田站站前广场、道路交通、下水道

图7-47　东岸和田站以南地区防灾设施建筑场地原貌

等城市基础设施尚未完善，存在大量未经平整和与道路不连通的土地，还有许多破旧的木构住房（图7-47）。此外，多种因素

导致了该地区的再开发事业不断停顿，建筑长期无法更新，步行车行混杂，交通流量也受到限制，需要有力推进再开发事业，整备城市基础设施及交通网络，最终形成都市商业和交通的核心区。

早在1993年，出于对关西国际机场建设的期待，城市规划决定该地区开展市区再开发事业。规划建设包括43层的住宅楼与7层的商业楼，总建筑面积高达146 200 ㎡。但是由于泡沫经济崩溃和人员、资金等方面的问题，该地区的开发强度大幅降低，不得不放弃商业开发。其后，新的提案提出利用定期租地来开发商业设施和出售公寓，但由于存在土地所有者反对的情况，无法达到利用定期借地用地需要全体权益人同意的要求，一直未能开始实施（图7-48）。

图7-48　改造之前的老旧建筑街区

2005年8月，负责该项目的相关单位在与日本国土交通省、大阪府政府进行商谈之后，正式将该项目变更为防灾街区整备事业，使建设实施成为可能。其后，与土地所有人的权益人达成共识，并克服了建筑工程费用增加和金融危机等诸多困难，该项目最终于2010年竣工。

2）优化设计

东岸和田站以东地区面积共约2.9 hm^2，规划设计中分为3个部分。

A街区用地面积约1 hm^2，为个别利用区，是通过定期借地方式开发的商业设施用地。按照规划，建筑主要为两层的商业店铺，其余则作为汽车与自行车的停车场。在项目实施的过程中，部分土地权益人希望将所有权转换为土地租赁权，因此将零散的土地进行整合后，由土地所有人出租给土地租借人运营。

B街区用地面积约0.4 hm^2，为原有土地权益人继续运营的综合功能设施用地。B街区面向东岸和田站站前广场，建筑共13层，总面积16 500 ㎡，整体为钢筋混凝土结构。建筑主要由面向老年人的商品住宅、公共服务设施和商业设施组成。商业设施主要位于建筑1~2层，包括邮局、便利店、烘焙店、美容院、5个诊所和药店等。公共服务设施位于建筑3~5层，主要为从别处迁入的东岸和田市民中心，包括市民服务窗口、图书馆等功能设施。另外建设了一栋面向老年人的商品住宅楼，共有100套住宅，并在楼内设置居家护理支援事务所、上门护理事务所、支援站，提供护理支援、生活支援及餐厅用餐等多项服务。

C街区用地面积约0.3 hm^2，为公寓用地。总建筑面积14 820 ㎡，建筑占地面积2 140 ㎡，共有14层，整体为钢筋混凝土结构。建筑功能包括130户面向家庭的商品住宅及配套停车场。

通过改造和更新，原有建筑转变为安全的耐震和不燃建筑，为居民提供了安全的住所。市民中心等建筑的设计充分考虑了物资储存和应急插座等防灾方面的要求，可以在灾时转变为防灾设施建筑，用于临时避难生活和救灾指挥。为了应对灾时可能的供电中断，防灾设施建筑物的屋顶设置了太阳能应急发电设备，在紧急情况下可以为防灾设施建筑及设备供电。

在场地设计中，与之前相比，建筑密度由85%降低至62%，开放空间大幅度增加，主要用于建设道路、公园和广场等空间。场地东北侧规划设计宽度为13 m的一个防灾公园－土生公园，面积为1 148 ㎡。道路交通组织对南侧原有的大阪和泉泉南路进行拓宽，北侧紧临东岸和田站设置服务于车站旅客的出租车停车场和宽度18 m的进出道路，东侧设置宽度13 m的东岸和田站东路，与西侧的城市干道共同形成周边环路。在场地中部，设计宽8 m的东岸和田步行专用道，连接东岸和田站与府道大阪和泉泉南路。采用电线等基础设施管线的共同管沟，消除了地面上的电线杆等障碍物，确保疏散避难日常使用步行空间的通畅和效率。从防灾的角度，道路系统和步行空间不仅便于该项目用地自身的疏散避难和消防救援，也提升了周边其他城市区域使用东岸和田站和土生防灾公园的可达性（图7-49，7-50，7-51）[⑮]。

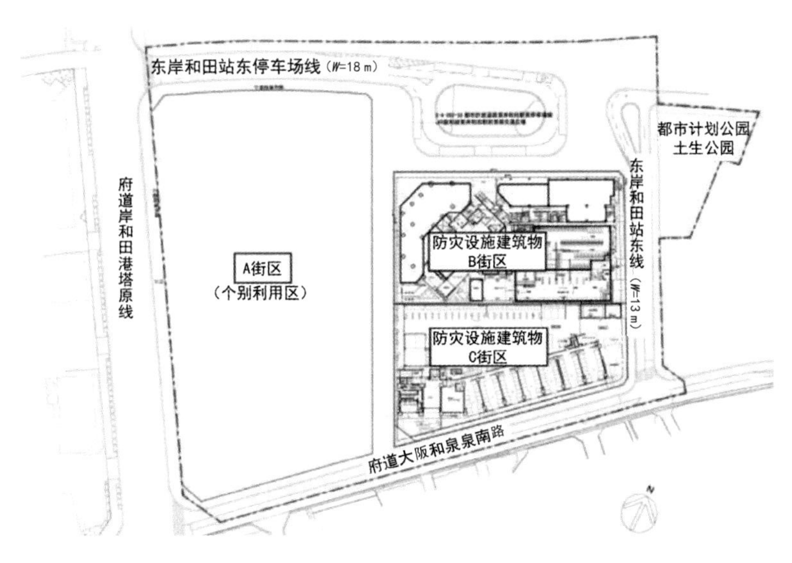

图7-49　用地划分与空间布局

图 7-50　防灾改造建成后鸟瞰图

图 7-51　防灾改造建成后的土生公园实景

3）项目特色

东岸和田站以南地区防灾设施建筑的设计与建设在多个方面呈现出综合性的特征。

该项目对建筑、道路、站前广场、防灾公园、基础设施进行综合组织，实现了街区建筑的不燃化和耐震化，完善了防灾疏散避难道路、场所和设施。场地环境设计将东岸和田站及站前广场、周边城市道路纳入考虑范围，从建筑、街区、城市的不同尺度进行综合考虑。通过优化设计和改造更新，提升了街区自身的防灾安全，也对周边及城市区域的防灾具有重要作用，充分发挥了空间的防灾效能。

而且，防灾设施建筑及街区具有多种功能，既有面向普通家庭、老年人的住宅，也有商业及图书馆、体育馆、文化馆、市民服务、医疗等公共设施，居住、购物、就医、行政服务、文化交流多种功能配套齐全，形成了防灾性能优良的复合型街区，满足了不同年龄层次人群便利、安全、安心居住和生活的需求。

此外，项目实施过程较为漫长与曲折。由于涉及土地所有人、借地人及租屋人等权益人共115人，其诉求不同而无法统一，甚至存在反对意见，项目长期无法有效推进。通过开展防灾街区整备事业和建设防灾设施建筑，设立个别利用区，灵活运用土地权利和定期借地等转换方式，进行了原有土地的腾挪与高效利用，有力推进了符合自身条件和能力的街区更新与再开发，也实现了提升防灾安全、日常生活品质及街区活力等多元化的建设目标。

7.4 建筑防灾设计与改造案例

7.4.1 日本奈良木构住宅抗震改造设计与优化

1）项目背景

1995年发生的阪神·淡路大地震给日本民众带来了巨大的生命与财产损失，共造成6 434人死亡，调查显示，其中死于房屋倒塌或家具倒塌的有4 831人，约占总数的75%。在此之后，日本发生了2007年能登半岛地震和新潟县中越冲地震、2011年东日本大地震、2016年熊本地震等多次大地震，也存在相似的现象。

图7-52 老旧木构住宅原貌

在日本，木构住宅存量很大，占住宅总面积的一半以上。根据对多次地震中建筑物受损情况的调查，倒塌的木构住宅等建筑物大多修建于1981年之前。1981年，日本对《建筑基准法》进行了修改，大幅度提升了建筑物耐震性能标准，并颁布施行，因而其也被称为“新耐震基准”。之前修建的住宅中大部分无法满足新的标准。据统计，奈良市1980年以前的独栋住宅共26 841户，其中木构住宅25 541户，占绝大多数。因此，这些木构住宅往往需要通过耐震诊断来判断建筑在大地震作用下的倒塌程度和风险水平，并进行耐震性能的优化和改造。

该建筑为日本奈良一栋普通的二层木构住宅，具有相似规模与形态等特征的住宅在奈良县居住街区中广泛存在（图7-52）。建筑建于1979年，总面积约120㎡，主体为日本传统的木构结构，素混凝土基础，瓦屋面，墙体内部设有筋层并以

图7-53　新设承重墙

传统的土漆饰面。经耐震诊断后发现，该建筑基础状态良好、无明显开裂。承重墙虽然分布均匀，但按照新耐震基准，承重能力和强度等无法满足抗震要求。此外，一、二层的墙体位置错位，整体形态不稳定，外墙的水泥砂浆抹面也出现裂缝，而且一、二层在纵横两个方向上的具体性能均无法满足抗震标准，地震发生时倒塌可能性较高，需要进行耐震化改造。

2）优化设计

根据耐震诊断发现的问题，优化设计主要针对墙体、楼板、基础等部位进行重点改造，以达到耐震标准的要求。

对于墙体的改造中，由于各层的承重墙不足，因此在不影响日常生活使用的前提下，适当增设承重墙，并在不影响采光开窗的同时提升墙体承载力（图7-53）。建筑一层南侧的承重墙较少，进行重点增设与加固。对一、二层原有的承重墙都进行了加固，在其表面加贴了厚度为9 mm的结构用胶合板，还使用长度为50 mm的金属钉，按照150 mm的间距将胶合板固定在墙体上。二楼墙体的正下方没有墙体，因而建筑师加固了二楼的地板，采用承载能力较强的金属水平拉筋提高二楼地板的水平刚性（图7-54）。

为了防止地震时柱、梁等主体结构构件发生脱离，设计中将柱与梁、梁与梁交接的部位及墙内筋层的端部等相对脆弱的交接部位，采用五金构件加强构造连接（图7-55）。

图7-54　金属水平拉筋加固

图7-55　金属构件构造加固

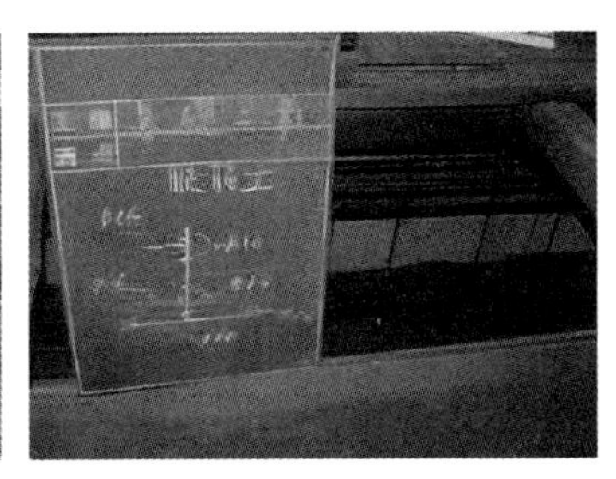

图7-56　钢筋混凝土基础重筑

建筑的基础被替换为钢筋混凝土基础，并在修补基础和墙壁裂缝的同时，对老化的部位进行了修复（图7-56）。

经过设计与改造，该住宅一层、二层在纵横方向上的抗震指标总体上提升近一倍，确保在大地震发生时能够维持建筑的基本结构与形态稳定，大幅降低了倒塌风险[16]。

3）项目特色

日本木构住宅的耐震化优化和改造对于地震发生时保护居民的生命安全至关重要。这一案例的改造设计以耐震性能诊断为依据，对承重墙体、楼板、基础、构造构件等进行重点强化，并尽量减少了对空间使用功能的影响，建筑防灾性能提升充分考虑了日常生活的需求。在实施过程中，一方面，建筑师与结构工程师等专业技术人员相互协作，负责调查、诊断、加固设计、施工等各个阶段，根据建筑存在的特定问题，不断提出富有针对性的修改意见，并在控制经费预算的基础上，使建筑达到抗震标准的要求。另一方面，设计人员、施工人员与业主直接沟通，三方通过持续的交流与协商，完善设计方案，推进建造施工，共同推动了住宅建筑抗震改造的顺利完成。

7.4.2 鸟取县立中心医院主楼的防灾设施建筑抗震改造

1）项目背景

鸟取县（鳥取県）立中心医院位于日本鸟取市江津地区，病床超过500张，并设有重症监护中心和新生儿重症监护病房，是该地区的主要医院。该医院成立于1952年，1955年迁至鸟取市吉方温泉，1975年迁至现在的鸟取市江津地区。此后，医院先后加建门诊大楼与其他建筑物，医疗服务也逐步拓展，1999年被指定为具有灾害医疗支援功能的防灾据点医院。

图7-57　从主入口看向建筑

鸟取县立中心医院主楼于1975年建设，面积约26 065 ㎡，地下1层，地上7层，1~3层为钢与钢筋混凝土复合结构，4~7层为钢筋混凝土结构，建筑平面形态接近于

图7-58 采用与立面色彩相近的加固结构

十字形(图7-57)。

根据1996年的耐震诊断结果，专家认为该主楼存在抗震问题，且远低于一般医院的抗震标准，一旦发生大地震，会受到相当大的破坏。此外，该地区多次发生大规模地震，2004年新潟县中越大地震是继阪神·淡路大地震之后第二次观测到的7级地震。作为地区防灾据点医院，该医院承担地区内灾害发生时期的主要医疗救助任务，确保医院使用者的安全与安心是其首要任务。为了保护患者、避难人员和受害民众的免受震时建筑物倒塌的危害，相关机构于2008年制订项目计划，完成主楼建筑抗震加固的设计与实施方案，于2010年4月开始施工，2011年5月竣工。

2)优化设计

加固方式的选择

根据医院主楼的现有条件，如果通过在建筑内部设置结构支撑进行抗震加固和改造，不但会严重影响住院患者的医疗环境和医院的日常运营，而且会导致改造经费大幅上升而难以承担。而随着技术的发展和进步，从建筑外部进行抗震加固与改造成为可能。这种方式可以最大限度地保证医院运营管理的平稳。因此，医院计划利用日本政府建立抗震加固支撑体系和推动“房屋和建筑物抗震改造示范项目”二次修订的契机，主要采用不干扰内部医疗环境的设计与施工方式，对医院主楼进行抗震加固与改造。

抗震加固的内容

在建筑主体的加固改造中，病房、手术室和就诊区等主要区域采用了外置框架，加固结构布置在建筑外部，避免减少病房内的使用面积，维持医院接纳病人的数量。外置框架与建筑物整体色调搭配，大部分结构都设置在主楼的背面，以减少对于主楼主要立面的破坏(图7-58)。工作人员使用的区域则采取不同的策略，在建筑内部运用增设混凝土墙体和钢制框架加固等方式提高抗震性能，并结合钢制框架设计壁橱等收纳空间，尽可能增加使用面积，降低内部加固对于空间使用的不利影响(图7-59)。

对于部分建筑设备，采取了轻量化设计的更换及改造策略，将水箱容量由160 t减至120 t。同时，整修建筑外墙部分不满足抗震标准的配件，加固易于受到地震影响的机电设备。在施工方面，充分考虑

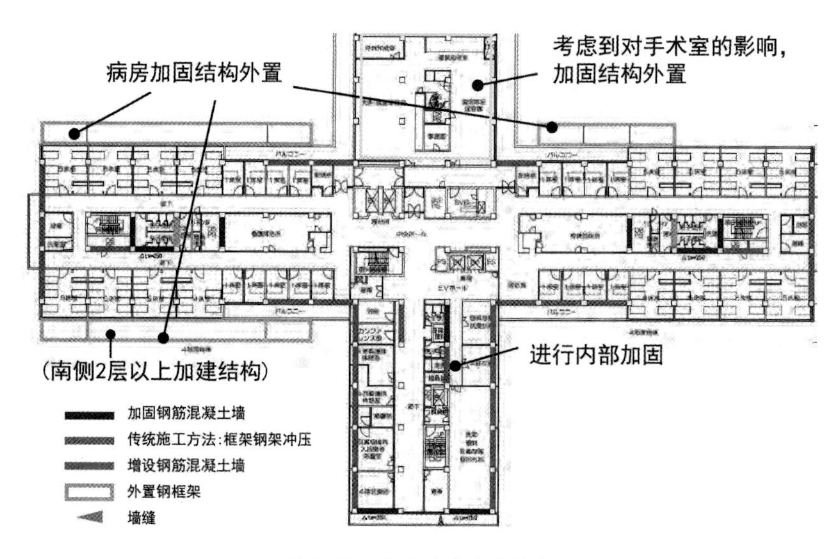

图 7-59　多种耐震改造措施

了施工区域划分及相关流程与动线，使住院、就诊、手术等使用功能在施工改造期间能够正常运转，并采用震动、噪声与粉尘较低的施工作业方式，避免声于患者的影响。

根据日本国土交通省相关部门的耐震诊断，医院主楼经过改造后，耐震性能总体指标成倍上升，达到建筑抗震的相关标准，成为可靠的防灾设施建筑⑰。

3）项目特色

鸟取县中心医院主楼作为地区防灾据点的重要设施建筑，从设计和施工等层面，有效应对了既有建筑抗震改造的问题与困难。

为了降低对医院日常功能和运营的不利影响，组合运用了不同的抗震改造方法。主要功能区域以外置加固框架为主体，辅助功能区域部分则采用了更为灵活的内置加固构件，并综合考虑了使用空间拓展、建筑风貌延续等方面的要求。施工过程的组织和作业方式坚持以人为本的原则，将病患的需求置于首位，最大限度地降低施工影响和保障正常使用。

设计与改造不仅提升了建筑自身的防灾性能，为疏散避难及医疗救助提供了安全的防灾设施建筑，也使街区及地区的防灾能力得到显著提升。

7.4.3 千代田区德海屋大楼耐震改造

1）项目背景

德海屋大楼是日本东京都千代田区九段北的一栋出租办公楼，位置靠近东京地铁半藏门线与都营新宿线九段下站，交通便利。大楼为1975年设计建造，整体结构为钢筋混凝土结构，共12层，其中地上11层，地下1层，总高度36.85 m。建筑占地面积约322 ㎡，总面积3 127 ㎡，各层都出租给不同的租户，包括事务所、牙科诊所等。

德海屋大楼在建设之初参考的是旧的耐震标准。2004年，按照当时施行的相关标准，进行了建筑物耐震诊断，该大楼在*X*、*Y*正负两个方向施加作用力时，下层的*Is*值约为0.41~0.58，低于标准值0.6，结构强度无法抵抗地震发生时所产生的最大剪切力，因而存在损坏风险，需要进行耐震加固（图7-60）。

图7-60 改造后建筑立面

2）优化设计

业主要求

业主的设计意向是“想建设成能让租户安心办公、耐震性能出色的建筑物”，但当耐震改造落实至工程的实施时就出现了困难。一方面，建筑物和地基边界之间的距离不足，一般建筑物需要60c m左右的施工距离，但该建筑与邻地边界之间的距离只有20 cm，因此无法从外部进行耐震加固，业主也不希望因加固出现的缝隙破坏了大楼最初的设计意向。另一方面，当内部每层都对耐震墙进行加固时，施工对租户的干扰很大，且大楼的窗户会被封住，影响室内的采光。

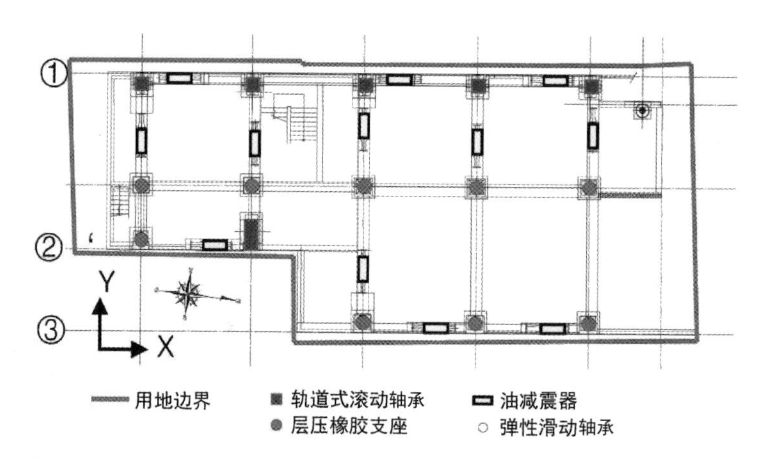

图7-61　免震装置位置平面示意图

基础改造

经过研究后，设计者最终选择了适用于城市建筑密度较高地区的耐震改造方法。该方法通过组合轨道式滚动轴承的装置，确保建筑的长周期化和高衰减力，增强建筑的抗震性能。使用到的装置如下。9台层压橡胶支座 、6台轨道式滚动轴承、12台油减震器及1台弹性滑动轴承。建筑地下一层的柱、梁构件，根据大地震发生时的设计应力以及免震装置带来的附加应力进行了加固，使其能在短期内承受允许范围内的应力。工程主要在周六与周日进行，且不需要对上层进行加固，允许建筑边使用边施工，使得建筑能够在维持营业的同时，对大楼进行整修。此外，改造时预留了8个立体停车场和2个平面停车场，可在改造后投入使用[18]。

相关工程

免震改造工程对于施工的精度要求较高，因此采用了管理建筑物偏移的测量技术和维持建筑物位置精度的变形控制技术来确保施工的精准性，还设置了能够承受地震作用力的墙壁，以应对施工期间发生的地震。相关的必要工程也很复杂，其中建筑工程除了加固用于支撑免震装置的原有基础、柱、梁等主体外，还需设置承受油减震器作用力的反力台，以及确保安全区的干燥区域和挡土墙的施工。设备工程包括污水管的转换，污水坑与给水泵的移设等等（图7-61，图7-62，图7-63）。

工程于2009年8月开始设计，2010年

图7-62　免震装置设置实景

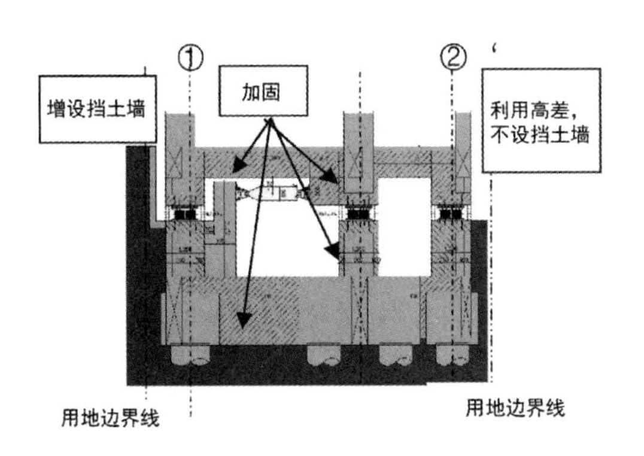

图7-63　免震装置剖面图

2月取得指定评价机关的性能评定结果后开始动工，进行基础设施移设、实体加固等相关工程后，2010年7月至11月进行主体的免震改造工程，最终于2011年2月15日竣工[19]。

3）项目特色

德海屋大楼经特殊免震改造后满足了耐震标准的要求，使建筑的层间变形角在地震发生时能控制在目标范围内，保护建筑内部功能不会因设备或杂物倒塌而造成损害，对于超过2级的地震则能够将水平位移控制在20 cm以内。在2011年3月11日发生东日本大地震时，建筑即使经历了震度5级以上的地震，仍几乎没有震感，完好无损，正在办公的住户也回答道“没有感觉到摇晃”，电梯也没有紧急停止，而是像往常一样继续使用。

建筑物的改造最大程度地维持了原有的状态。一方面，业主在设计方面希望维持大楼最初的设计意向，提出“在加固工程中也希望作为租赁建筑继续使用”等要求，并负担了施工期间租户用于停车的替代停车场的费用。另一方面，施工方主要的施工时间集中于周末，地上楼层的结构也无须加固，使租户能够继续营业的同时完成整修改造工程。最终在这样一个无法保证必要间距的狭窄用地完成了业主“想建设成能让租户安心办公、耐震性能出色的建筑物”的要求。

7.5 街区整体防灾优化案例

7.5.1 名古屋筒井地区居住街区防灾改造

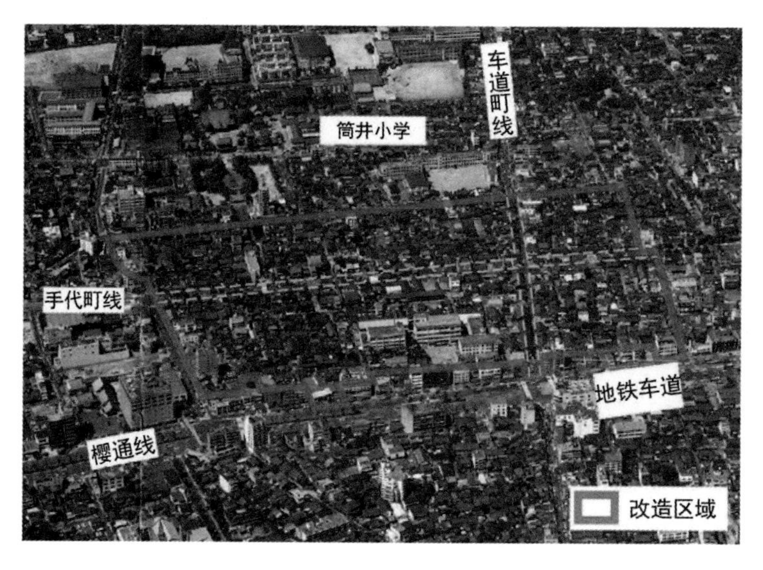

图7-64 筒井地区防灾改造实施区域

1）项目背景

筒井地区位于日本名古屋市东区的中心地带，靠近交通枢纽东日本客运铁路千种站，是一个以住宅建筑和商业街为主的居住街区。该地区北接筒井商业街，南临樱通路，樱通路设有地铁6号线的车道站。城市重要道路中，东西向的手代町线与南北向的车道町线穿过筒井地区，进一步提升了筒井地区交通出行的便利性，也为安全舒适、丰富而有活力、富有文化气息的城市建设提供了契机（图7-64）。

历史上，筒井地区始建于1610年，伴随着清洲士民移居及名古屋筑城而逐渐发展，当时作为守卫城邑的武士的居住区。在第二次世界大战中，筒井地区的大部分区域未遭受战祸，也就未被纳入日本第二次世界大战后的复兴土地区划整理事业之中。因此，筒井地区的建筑与空间环境较为完整地保留了下来。

自20世纪80年代，尤其是1995年阪神·淡路大地震之后，日本开始在全国范围内全面调查城市既有老旧居住街区的防灾风险。筒井地区居住环境针对地震、火灾等灾害的防灾安全问题十分突出。一方面，木造老旧住宅数量众多，在全部建筑中占比达60.8%，且分布密集，密度达68.0户/hm^2，道路等城市基础设施也很不完善，一旦发生地震或火灾，极易导致灾害的连锁反应。另一方面，随着城市与社会发展，该地区原有居民逐渐迁出，人口日益减少，居民老龄化比例升高，其自有住宅建筑的更新难以实施。

2）优化设计

针对上述问题，名古屋市政府及相关机构对筒井地区实施了建筑与基础设施相结合的空间优化设计与改造，主要分为两个部分的内容。第一部分是“筒井住宅市街地综合整备事业（密集住宅市区整备型）”，对住房建筑、公共设施及空间环境进行全面改造，并提供综合配套，从而营造安全舒适的居住环境，并提升城市功能。第二部分为“筒井土地区划整理事业”，其目的在于通过土地的重新配置与优化，谋求该地区公共设施的改善与用地的有效利用，为综合整备事业及其优化改造的顺利进行提供基础条件。

土地区划整理

筒井地区在改造前存在大量狭窄道路和小巷，步行疏散宽度不足，救灾车辆也无法进入。从防灾疏散避难的角度，道路等步行疏散路径系统的形态结构杂乱无章，向外部避难场所的疏散路径与行动不畅。此外，活动场地等开放空间也未能从防灾避难的角度加以考虑，灾害发生时无法作为避难场所进行有效利用。需要在土地利用的层面上，从防灾角度调整和优化住宅、道路和开放空间等不同类型用地的规模与构成比例。从1986年开始，名古屋市政府以城市规划道路手代町线为先导，针对车道町线等道路、公园等公共设施完善所需的土地，通过部分土地及房屋权利的转移、置换，先期展开土地性质调整、地块合并等整理工作。整理地区主要包括筒井二、三丁目的部分区域，共15.71 hm^2。经土地整理后，用地配比情况得到改善，为提升防灾安全的设计及改造提供了基础性的土地条件。公共用地中，道路用地面积占比由13.67%提升至22.61%，公园用地面积占比由0提升至1.72%。住宅用地面积占比则相应由86.3%降低至75.67%（图7-65）。

图7-65　筒井土地区划整理示意图

街区空间优化与改造

针对防灾的街区空间优化与改造依托“筒井住宅市街地综合整备事业（密集住宅市区整备型）”而展开。在实施前期的1985年，进行了现状环境、房产权属及相关设施等方面的基础调查，并初步形成基本构想。1988年进行立项，1989年1月计划得到正式批准。该整备事业包括筒井一丁目、二丁目、三丁目的部分区域，总用地面积约16.08 hm²，计划资金共4 673 008 000日元。

在建筑层面，筒井地区老旧住宅年代久远、建筑密度高，建筑倒塌及火灾等方面的隐患多、风险高，不仅自身安全水平低，也易于危及疏散空间及行动的安全。改造中，共收购并拆除高风险老旧住宅190户，新建钢筋混凝土结构的社区共同住宅35户。一方面提高了建筑抗震及耐火性能，消除影响疏散安全的建筑风险因素；另一方面也为拆迁居民提供了就近安置的便利。

在疏散道路与应急避难场所改造层面，利用建筑拆除和土地区划整理所得的公共用地，一方面拓宽和延伸原有路网，提升疏散路径有效宽度、路网可达性与连通性。干线道路桜通路、手代町线与车道町线中满足疏散宽度要求的部分共计延长941 m。区划道路中除东区役所线与筒井町线外，6 m和4 m宽的街道分别延长1 459 m和1 559 m，总计延长3 855 m。同时，对道路转角等重点部位强化建筑高度及安全间距的控制，提升疏散安全性。另

(a) 改造前

(b) 改造后

图7-66　道路改造前后对比

一方面，设计新增2处公园，作为居民灾时紧急避难场所，另有9处儿童游乐场用于居民灾时在住家附近的疏散和避难，降低疏散距离，使各住宅建筑能够安全疏散至指定的紧急避难场所，整体提升了该地区的防灾性能(图7-66, 7-67)[20]。

3) 项目特色

筒井地区居住街区防灾改造于2015年完成，通过整备道路、公园、活动场地等基础设施和公共设施，提升了整个地区的防灾能力和环境品质(图7-68)。

在规划与设计层面，“筒井土地区划

图7-67　改造后的休息广场和游乐场

(a) 改造前

(b) 改造后

图7-68　居住街区环境品质提升

整理事业”与“筒井住宅市街地综合整备事业”相互结合，共同推动筒井地区的改造。政府与相关权利人充分沟通，对土地进行权属调整和集约使用。一部分土地调整为道路、公园等公共用地，另一部分保留、改造或出售，所得资金用于推进改造的实施。通常情况下，经过土地区划整理之后，土地所有者的宅地面积与以前相比会减小，但公共设施和环境品质的优化使其价值得以提升。

在实施过程中，政府机构与当地居民积极交流相关意见，使居民切实参与到老旧住宅重建及街区改造之中。而社区共同住宅的建设既使住宅被拆除的居民拥有栖身之所，也提升了社区凝聚力和地区活力。

7.5.2 东京都太子堂二、三丁目整备事业

1）项目背景

太子堂二、三丁目位于日本东京都世田谷区东部太子堂三宿地区。该地区用地总面积35.6 hm^2，周边为北侧的淡岛路、西侧的茶泽大道、南侧的246号国道和东侧的三太路环绕，中部的乌山川绿道将其划分为太子堂二丁目和三丁目（图7-69）。

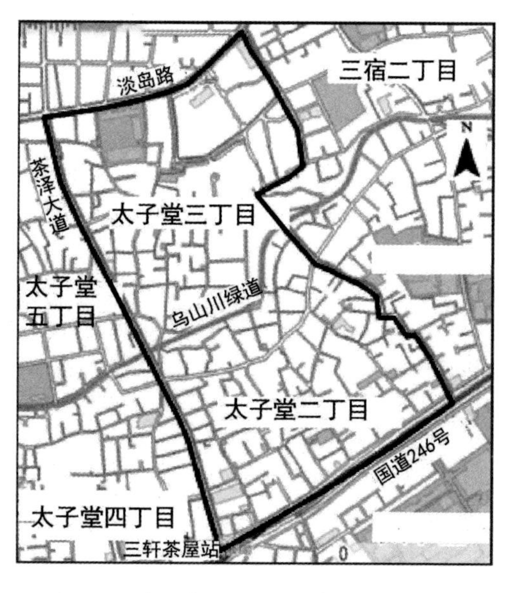

图7-69 太子堂二、三丁目街区范围示意图

在日本明治至大正年间，该地区由现今国道246号线沿线的大山街道与乌山川附近的居住聚集区组成。关东大地震后该区域开始了城市化进程，在城市基础设施尚未完善的情况下形成了密集的居住街区，道路骨架也基本成型。第二次世界大战后，

图7-70　太子堂二、三丁目局部鸟瞰图

随着城市社区的进一步发展，住宅用地不断细分，逐渐形成以老旧单户住宅与低层集合住宅为主的居住街区（图 7-70）。

在日本1980年进行的人口普查中，该地区人口8 489人，人口密度约为238.5人/hm²，即便是在世田谷区内也是人口密度很高的地区。地块中部地带较低，南北两侧为台地，海拔比周围高10~14 m，内部主要为住宅区，西南侧还包含了一部分的三轩茶屋商店街，附近有地铁东急世田谷线的三轩茶屋站。

20世纪70年代对该地区发生灾害时的危险性进行了一次调查，防灾等方面的建设也由此开始。到20世纪80年代，当地居民成立社区发展委员会，与政府共同推动太子堂地区的建设发展。当时，该地区的防灾安全问题十分突出。在建筑层面，木构住宅在建筑总量中占比高达86.4%，分布密集，灾害时火灾蔓延扩大的危险性很高。街区平均建筑层数为1.62层，对于土地和空间的利用率较低，需要进行住宅建筑的改造与更新。在道路层面，街区内的平均道路宽度为3.7 m，不足4 m的狭窄道路占总道路长度的78.8%。灾害发生时紧急车辆无法顺利通行和展开灭火、救援活动。街区内存在许多疏散和消防活动困难的区域，街区道路的扩宽和整体改造十分必要。因此有必要拓宽狭窄道路并整备宽度为6 m的主要道路。

历经30余年的持续推进，该地区的防灾改造取得显著成效。至2016年，街区整体不燃领域率达到72.7%，老旧木构住宅占比下降至39.8%，防灾及公共设施也得到完善。根据计划，将针对现实问题和情况不断调整，力求最终形成适宜长期舒适居住、抗灾能力强的城市居住街区㉑。

2）优化设计

虽然太子堂二、三丁目以住宅为主体，但世田谷区的都市整备计划将其定位为临近轨交三轩茶屋车站的“广域生活·文化据点”，因此其商业和公共设施的提升也非常重要。此外，该地区位于作为“灾害对策据点”的世田谷区政府的周边，也是承担防灾功能及容纳广域避难场所等公共设施的重要地区（图 7-71）。

建筑整备

建筑的整备主要分为3个部分，一是对于国立儿童医院旧址的开发建设，二是住宅的土地整备，三是其余街区的改造与整备。

国立儿童医院旧址占据太子堂三丁目东北角大部分用地。市政府、城市更新机

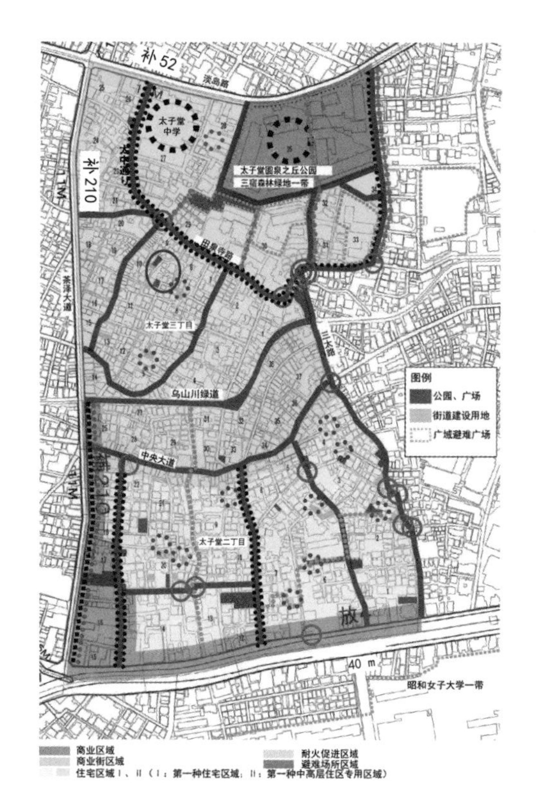

图7-71　太子堂地区二、三丁目相关规划示意图

图7-73　A区域集体住宅

图7-74　B、C区域集体住宅

图7-72　三轩茶屋公寓地块划分

构与当地居民持续进行了关于该地块未来功能与定位的交流沟通。此后，该地块被出售给城市更新机构，再由机构将基础建设用地转让、租赁给相关事业者，由事业者建设、供应商品房及租赁住房。事业者通过公开招募决定，作为规划建设条件，事业者需要负责整备防灾空地和通往防灾空地的用地内通道，从而引导事业者建设具有防灾性质的优质住宅。

最终开发建设了三轩茶屋公寓，并分为3个区域。其中，A区域建设了一栋用于出售的集体住宅，共311户；B、C区域建设了两栋用于租赁的集体住宅，共360户。两栋建筑各设有一个储水量100 t的消防水箱，并设有一个防灾仓库与9个灾时用作应急厕所的沙井。此外，还拓宽了既有道路，进行了连接防灾避难场所的区划道路及区立公园等公共设施的建设（图7-72，图7-73，图7-74）。

公社太子堂住宅位于医院旧址南侧，从1952年开始运营，因建筑明显老化而急需重建和改造。但是，由于经过长期的发展过程，用地形态较为破碎，重建与改造进展缓慢。因此，将公社的一部分土地与机构的事业用地进行交换，进一步规整用地形态，与道路连接的条件也得到改善。之后又将街角的三角形地块重新划分，并调整道路，使部分用地与相邻的公社太子堂住宅2期整合，形成了较为规整的用地形态。

除了国立儿童医院旧址与公社太子堂住宅之外，其余用地中大部分为老旧住宅，地块细碎，与道路连接不畅，也难以开展居民自主的改造与更新。为了确保防灾等环境改造的顺利实施和实际成效，一方面通过派遣专家等方式为居民的改造更新提供指导和支援，另一方面对用地、建筑高度、建筑退让等方面提出明确的引导与限制。比如，为了避免用地细碎和功能过度混杂的不利影响，住宅用地内禁止建设酒店、旅馆、娱乐设施等建筑。一般情况下，禁止面积小于60 ㎡的小块住宅用地。新建及重建建筑严格遵守新的防火规定，以满足防灾要求。为了确保建筑退让疏散道路的安全间距及改善街巷景观，规定在面积超过100 ㎡的地块上重建时，包括飘窗和地下室在内的建筑界面应退让用地边界至少50 cm。面向道路的建筑禁止设置高度超过60 cm的混凝土围墙，尽量采用树篱或栅栏。此外还对建筑高度进行了分类控制，商业街的建筑不超过20 m，商业片区建筑高度不超过25 m，住宅建筑不超过15 m，并限制了户外广告牌的使用。

道路整备

由于街区内部的大部分道路无法满足疏散避难和消防车通行要求，因此通过整备不同层级的道路系统，加强住宅建筑与应急场所的连接通道网络，这对于提升街区整体防灾性能十分重要。

地块中的主要区划道路包括街区东侧的三太路、三丁目的巴泉寺路和二丁目的中央路等道路，改造后这些道路的宽度达到6 m以上，可以保障震灾时的疏散避难和消防救援活动，并在一定程度上防止火灾蔓延。

对于其余宽度不足4 m的道路，根据相关条例拓宽至4 m以上。街区中的部分尽端路在紧急情况下无法向两个方向疏散，结合用地整理与住宅重建加以贯通。通向广域避难场所的避难通道，相应提升其中坡道和台阶的安全性，并清除障碍物，确保疏散避难行动的畅通。为了确保疏散通行的安全，对于三太路和圆泉寺路交叉口等视线视域不良的疏散路径的转弯、交叉口及危险路段进行了重点改造与强化（图7-75）。

公园等应急避难场所整备

太子堂二、三丁目人口稠密，但在开发之初几乎没有考虑公园及广场空间，也缺少必要的公共设施与步行空间。因此，改造中尽可能建设绿色空间和公共空间，在改善居住环境的同时提升街区防灾能力。

（a）改造前

（b）改造后

图7-75　三太路改造前后对比

历史上，横穿太子堂二、三丁目的乌山川曾被用作农业灌溉水源，20世纪50年代时还会因大雨而泛滥。1975年，乌山川改建为涵洞，上部则建设为绿道。在之后的街区防灾改造中，以振兴乌山川为出发点，对乌山川绿道进行了重新设计与整治，铺设了带有儿童图画的地砖，并种植了防火绿化树种等植物，形成了一条富有生活气息、便于疏散避难和阻止灾害扩散的防灾绿道。

对三轩茶屋公寓西南部的区立公园进行了改造，周边设置了从周边地区通往公园内避难场所的坡道与台阶，内部设置了灾害时可以使用的炉灶长椅等防灾设施。三轩茶屋公寓场地中设计了一个小型的内部防灾广场，沿内部道路将现有树木、新栽树木和绿地相结合，连接形成绿色、舒适、安全的步行空间。

此外，还建设了瓢虫广场、青蛙广场等“袖珍广场及公园”，散布于密集的街区之中，部分广场还配置了耐震蓄水池、下水道直通型厕所等防灾设施[22]。

3）项目特色

整体上，太子堂二、三丁目是城市基础设施相对落后的木构住宅密集街区，建设具有防灾抗灾能力的街区是其首要发展目标与挑战。从1982年太子堂地区城市建设协议会成立之后，太子堂二、三丁目的防灾改造持续了40余年的漫长过程。其间，由于建设条件及居民要求的变化，规划与设计经历了多次变更，但整体上一直坚持在考虑地区特征的同时，促进土地利用的合理化、建筑物的不燃化和开放空间的修复，推动该地区向更安全、更舒适的防灾街区转变。

在土地利用层面，始终根据用地性质的划分与实际状况制订相应的土地利用计划，灵活使用各类用地。比如，通过土地调整转换，促进社区共同住宅的用地整理和建筑重建。城市更新机构也接受了世田谷区主要区划道路整备事业的委托，进行道路整备，加强疏散避难路径的网络化。以防灾据点地区整备为契机，采用多种事业和措施，实现包括据点周边地区在内的综合性建设。

在建筑层面，坚持以往居民广泛参与的街区改造更新的做法，派遣专家对居民进行帮助与引导，全面施行建筑基准法等相关防灾建设规定，推进建筑物的不燃化和耐震化改造。

在开放空间层面，一方面通过乌山川绿道的重新开发及公园的整备，提升街区整体防灾避难能力与生活环境品质；另一方面，完善绿色空间与防火绿化，使防灾绿道与周边三宿森林绿地、昭和女子大学等避难场所相互连通，形成网络化的避难空间骨架，结合地区内广域避难场所的规划建设，促进整个地区的防灾生活圈的建构与完善。

7.5.3　浦安市堀江・猫实元町中央地区防灾改造

1）项目背景

浦安市位于日本千叶县西部，东、南侧临东京湾，北部与市川市相连，西隔旧江户川与东京都江户川区相望，市域面积约16.98 km^2，人口超过16万。其中，元町地区在浦安市填海造陆而扩大市区范围之前就已经存在，是历史上最早的聚居区。主要包含堀江、猫实、当代岛、北荣与富士见猫实5个片区。堀江与猫实位于元町地区中部，主要包括柳路、大三角线、五番路与宫前大道所围合的猫实三丁目与四丁目、堀江二丁目与三丁目，总面积共约35 hm^2。

浦安市三面环海，元町地区在历史上是一个渔村，浅海渔业十分繁荣，为江户地区供应鱼、贝类的海产品。19世纪50年代，由于工厂污水和生活废水导致渔场污染，捕鱼量逐年减少，因此逐步放弃渔业。其后进行填海造陆，并有计划地进行城市基础设施建设和推进街区化进程，逐步成为东京的卫星城。尽管快速发展使浦安市发生了很大变化，元町地区仍然保留着渔村时期的街区空间结构与风貌，并具有许多钓鱼爱好者旅馆、公共浴场、紫菜店、寿司店与贝类加工厂，但也存在着突出的安全问题。据统计，堀江・猫实元町中央地区约40%的建筑物建于1981年之前，木构老旧建筑较多，既易发生火灾，也不符合现今的抗震标准。几处渔村时期的建筑作为文化遗产进行了修缮与保护，但这一时期的其他建筑已经严重老化。2015年，堀江·猫实元町中央地区的总体不燃领域率为53.1%，但从各丁目的情况看，除了猫实四丁目不燃领域率为66.6%，其余三个丁目的不燃领域率仅为40.5%~48.5%，发生震害及大规模火灾的风险较高。而且，以港口线为界，堀江·猫实元町中央地区可以划分为南北两个区域。港口线北侧为“车站周边地区”，靠近浦安地铁站，作为地区防灾活动据点的浦安小学和中央公民馆位于此区域之中，人流量较大，但缺乏主干疏散避难空间。港口线南侧至五番路为历史街区，在境川两侧，以主要道路庚申路和花街为中心，保留了原有的历史风貌与街区形态。主要道路为东西向，再结合南北向的街巷构成街区，道路大多宽度不足4 m，灾害发生时疏散避难困难，防救灾车辆也无法进入街区。

同时，街区中存在少量小规模的公园和广场，虽然政府试图进行相关的土地收购整理和公共空间改造，但这些用地分布零散，周边交通条件不便，也很难作为避难场所加以利用。流经街区中部的境川在灾害发生时可以用作消防水源，但堤岸设施老化，滨河缺少消防车停留取水的空间。地区防灾活动据点浦安小学和中央公民馆、消防活动据点全部位于地区外围的主干道路附近，与街区内部疏散避难的联系不便。街区防灾与居住环境存在突出问题，部分密集地段也被划定为需要进行专项整治的区域（图7-76，图7-77）。

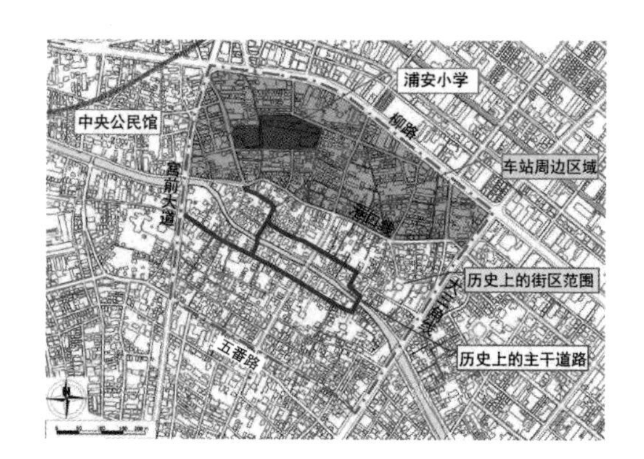

图7-76　堀江·猫实元町中央地区防灾改造区域划分

图7-77　堀江·猫实元町中央地区历史街区原有风貌

2）优化设计

堀江·猫实元町中央地区防灾改造根据各区域的特点，利用现有资源和历史空间结构，由居民、社区组织与行政部门协同推进，共同建设保护生命安全、安心生

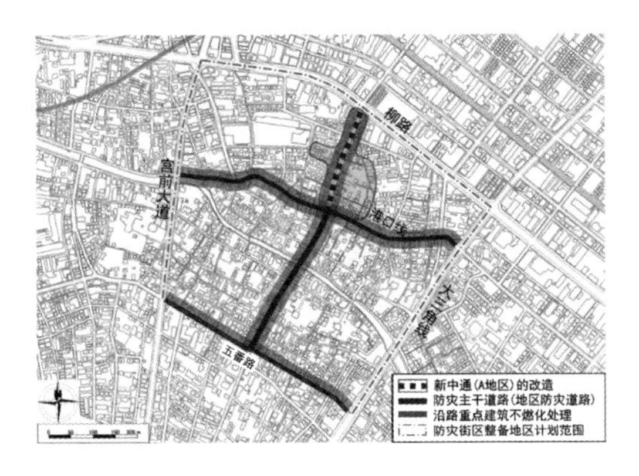

图7-78　通过新中通路改造建构防灾骨架道路

活的防灾街区，具体内容主要包括以下4个方面。

街区防灾骨架与防灾区块划分

堀江·猫实元町中央地区的木构老旧建筑物密集，道路与街巷十分狭窄，震时建筑物倒塌和火灾蔓延的风险较高。虽然街区周边的柳路、大三角线、五番路与宫前大道可以作为街区向外疏散的周边防灾骨架空间，但街区内部的防灾骨架道路及据此划分的防灾区块尚需进一步完善。为了防止灾时街区内部发生大火及火势蔓延，确保从街区内部至周边城市主要道路的安全避难通道畅通，设计中在现有街区道路结构的基础上进行最低限度的改造，将北侧A区的新中通路拓宽至6 m以上，与港口线共同构成十字形的街区防灾骨架道路。同时，进一步提升防灾骨架道路沿路建筑物的不燃化性能，保护主要疏散避难道路的安全性，并实现街区内部防灾区块的划分（图7-78，图7-79，图7-80）。

避难场所的整备

根据浦安市地区防灾计划，在堀江·猫实元町中央地区，堀江与猫实片区的防灾避难场所分别为浦安小学和南小学。南小学与元町中央地区距离较远，浦安小学与堀江片区之间有镜川相隔，可达性较低。虽然该地区散布一些小型的公园或广场，但灾害时可以作为防灾避难场所的空间较少，疏散距离过长，防灾设施也不完善，无法满足整个地区众多居民的疏散避难需求。而且，境川作为横穿元町中

图7-79　防灾骨架道路新中通路改造后实景

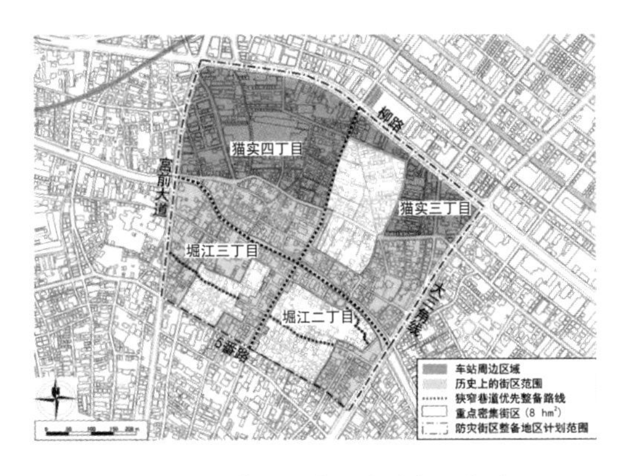

图7-80　街区防灾区块划分示意图

(a) 新桥周边广场用地

(b) 中央公民馆

(c) 浦安小学

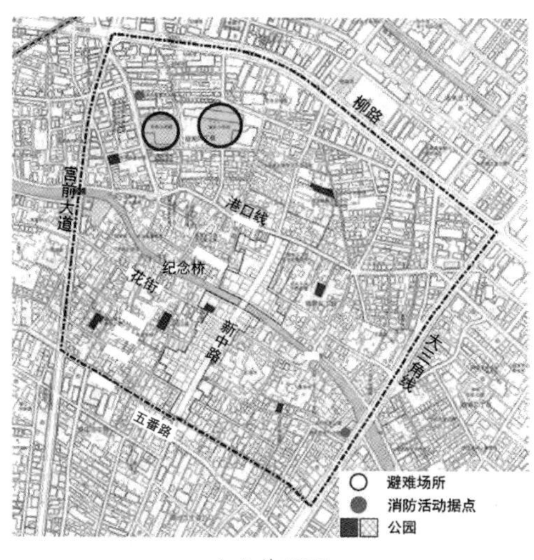

(g) 总平面

(d) 境川沿岸环境

(e) 小公园

(f) 消防活动据点

图 7-81　防灾避难场所示意图

央地区的河流，护岸老化，设施不足，也难以充分发挥其防灾避难作用。规划设计中，一方面将新桥周边的市政用地与东侧大三角线沿路的江川街区公园建设为辅助性防灾避难场所，进行了全面的防灾改造，作为两个小学防灾避难场所的补充。平时用作日常公共活动场地及防灾演习广场，灾时作为防灾物资供给与避难场所。同时，境川沿岸进行滨水步行活动空间的防灾整备，设置防灾设施和绿化，利用滨河步道系统连接两个辅助防灾避难场所，灾时也可以供紧急车辆通行。另一方面，完善通往避难场所的疏散避难路、小型口袋公园、防灾物资仓库，设置耐震水槽等防灾设施（图 7-81）。

疏散道路网络优化

元町地区承载着浦安发展的历史和文化，留存大量的木构房屋、狭窄街道、尽端路和无法直连街道道路的住宅。许多老旧建筑缺乏维护，灾害时可能发生倒塌及阻塞道路，影响疏散的安全性与可达性。设计与改造尽可能优化疏散避难道路网络的整体效能。由于拓宽街区大量存在的狭窄路段需要长期的改造，为了确保主要疏散避难道路的畅通，优先改造第三大道与江川街区公园周边等地点的对于街区整体疏散避难影响较大的狭窄路段和尽端路。此外，还采取增加疏散路径、清除部分围墙的方式，加强远离街道的住宅与疏散避难道路的直接联系。

促进居民参与防灾建设活动

由于居民老龄化、少子化和青年人大量迁出，该地区存在长期无人居住和维护修缮的老旧住宅，加之居民之间缺少交流和对于防灾建设缺乏了解，防灾改造难度较大。

市政府广泛招募当地居民成立“城镇建设协议会”，组织学习会、防灾演习、防灾普及、街道走访等防灾建设的各类活动，鼓励居民积极参加，加强不同年龄居民的交流与合作，并派遣专家展开专业化的协助与支援，推进综合性防灾城市与街区建设。平时向居民无偿提供灭火器等防灾设备，普及住宅火灾报警器和感震断路器等设备的使用方法，提升全体居民的自我防灾意识。

街区整体规划考虑每个街区中与道路连接不畅的住宅改造，同时以町目为单位优化疏散道路和防灾据点。在实施过程中，与相关居民与权利人共同讨论方案，根据实际情况灵活运用不同对策与手法，协商推进空间防灾效能的提升[23]。

3）项目特点

堀江・猫实元町中央地区防灾改造，在充分利用浦安市的历史资源和延续城市特色风貌的同时，以“推进不易发生火灾、不易遭受灾害破坏和易于逃生避难的街区”为目标，基于街区空间现状推进防灾改造与优化，主要具有以下特点。

原有空间结构的利用与优化

许多保留的小巷、街道和公园等空间从渔村时期开始就是日常邻里交往的公共空间，防灾改造尽可能保护了原有空间结构和形态特征，使街区环境风貌和集体记忆得以延续。防灾改造还将原有道路、开放空间转化为防灾空间资源，新中通路、港口线等既有街区道路也转变为街区防灾避难主干道路，街区内的小巷成为次级疏散通道，公园和广场成为避难场所，实现了防灾避难层面街区空间的整体优化。在实施过程中，考虑到全面改造的复杂性和长期性，对条件可行和具有重要防灾作用的对象进行优先改造，循序渐进地推进全面改造。

防灾空间与防灾意识的同步提升

防灾街区与城市的建设，不仅依赖于采取适应性设计策略优化物质空间环境，也需要积极举办地区防灾活动，普及防灾知识，提升居民防灾意识，通过硬件和软件两方面对策来综合提高城镇的防灾性能。另外，居住街区老龄化、空心化等问题也会导致其防灾能力的相对降低，因而也需要从街区活化设计的角度提升街区活力，建设美丽、安全、安心的居住街区。

7.5.4 北沢五丁目·大原一丁目地区防灾街区规划设计

1）项目背景

北沢五丁目·大原一丁目地区位于日本东京都世田谷区东北部，东北侧与涩谷区相邻，北侧的一部分连接杉并区，是一个木构独栋住宅、低层与多层集合住宅混合的居住街区。该地区总面积约44.4 hm^2，西侧有环状七号线，沿路具有商业设施及多层与高层集合住宅，东北方向为都市计划道路辅助26号线，东西向的井之头路在中部贯穿场地。另外，东南侧分布电车小田急线东北沢站及下北沢站，北侧的电铁京王线笹冢站也在10分钟步行生活圈之内，交通出行十分便利（图7-82）。

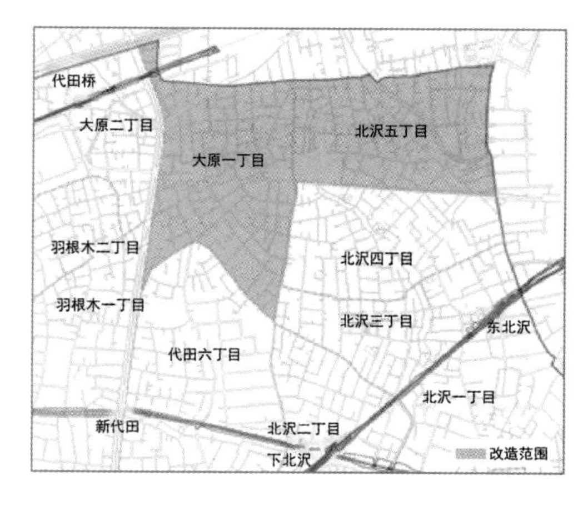

图7-82 北沢五丁目·大原一丁目范围示意图

最初，该地区在1923年关东大地震之后伴随着昭和初期的铁路建设，将原有农田转为居民区，并开始逐步城市化。第二次世界大战后，该地区快速形成城市区域，由于部分道路、公园等基础设施未能及时建设，却形成密集居住街区，防灾和居住环境方面的问题逐渐显现。除了道路狭窄和连通性低等安全隐患之外，公园面积也严重不足，1996年时人均公园面积约为1.0㎡。为此，在1996年3月开启整备事业，当地居民与区政府共同努力，开始“建设防灾街道”。1998年4月，基于世田谷区建设条例，将本地区指定为“街道建设引导地区”，制定通过了“北沢五丁目·大原一丁目地区街道建设计划”。2000年2月，根据日本《密集市区防灾街区整备促进相关法律》制订《防灾街区整备地区计划》。2010年5月，东京都建筑安全条例实施，将该地区指定为“新防火限制”区域，以求提高建筑物的不燃化性能。

至2021年，该地区人口为9 403人，其中65岁以上的高龄人口占比为19.8%，老龄化程度较高。建筑物共有2 317栋，其中51.5%为年代老旧的木构建筑，虽然与2019年的65.9%相比有所降低，但老旧建筑的改造与重建工作仍未充分展开。宽度不足4 m的狭窄道路约占60%，火灾时很难顺利进行疏散避难与消防救援我。

2）优化设计

该地区与市中心及下北沢站较为接近，通勤便利。在东京都的住宅总体规划中被确定为优质住宅的重点供给地区。因此，该地区的防灾安全提升整合了居住环境和住宅品质的改善，基本内容包括以下4个方面。

用地调整与居民安置

该街区中分布独栋住宅、集合住宅和住商结合的建筑，用地和建筑权属关系较为复杂，首先需要根据居民和土地权利所有者的具体情况进行协调和调整，以取得建筑重建、道路拓宽和公园建设的用地。而且，街区中各部分的情况有所不同，分布大量的细碎住宅用地，不但影响后续的建筑改造，还会产生大量的狭窄道路与尽端路。因此，在防灾改造的规划和设计中，将该街区进一步划分为两个住宅区域、井之头路沿路区域、环状七号线沿路区域和住商协调区域。进而，根据各个区域的特点，制订具体方针，合理利用土地。在采取土地协调和建筑改造重建等方面的对策的同时，规定每个区域内建筑用地的规模限制。如住宅用地最小为60 ㎡或80 ㎡，住宅建筑边界应退让用地边界至少50 cm等，防止用地划分过于细碎对于疏散避难道路和避难场所的不利影响。

为了更好地推进规划与设计的实施，针对住宅的权属类型分别采取不同的安置对策。租住老旧住宅的人群主要是年轻人，居住年限较短，人员流动频繁，迁出成本主要包括租金及相关税费，相对易于进行土地权属调整。自住住宅的人群主要为当地的原有居民，且大多数为老年人，主要选择原地安置或就近安置，在改造过程中，多采取利用附近住宅或公寓临时过度的措施，推进规划与设计的实施。

道路改造优化

该街区靠近市中心，区位优越，但由于道路系统的不完善，内部日常交通和疏散避难都存在问题，规划设计力求建立高效的道路网络（图7-83）。

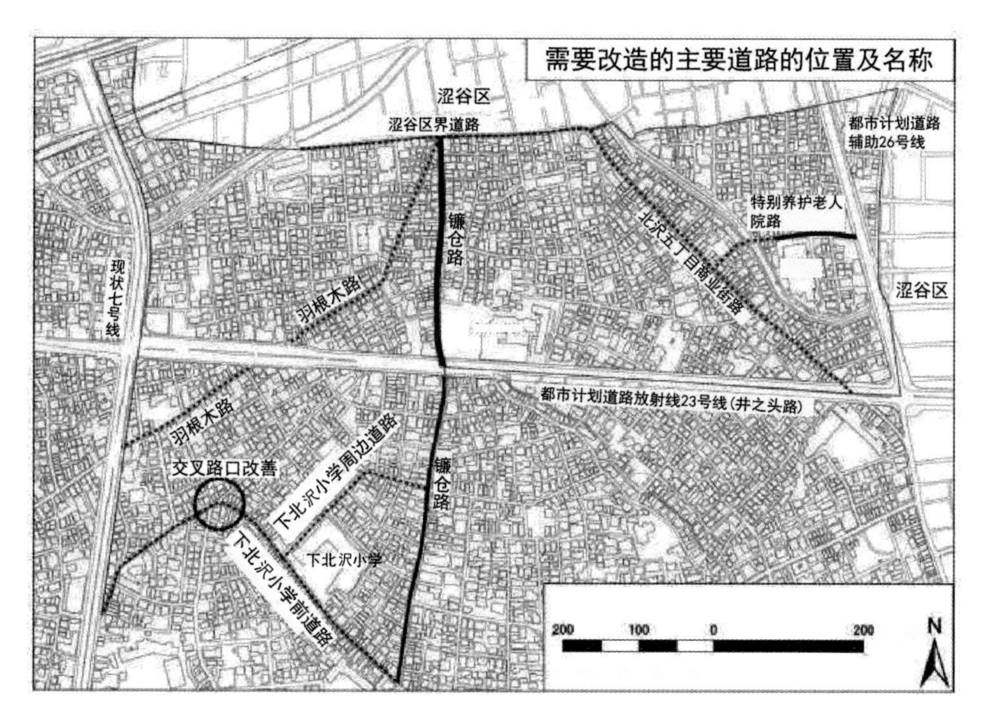

图7-83　需要改造的主要防灾道路

镰仓大道作为该街区的主要道路，承载着日常生活的机动车交通，对于整个街区的疏散避难也十分关键，在规划与设计中被定位为地区防灾主要道路，并进行了拓宽，以提高日常和应急交通的能力。羽根木路、北沢五丁目商业街路、涩谷区界道路、特别养护老人院路部分路段及及下北沢小学周边道路，被确定为防灾重要道路，通过扩大沿街建筑的退让距离进行道路拓宽，提升疏散速度与安全性。对主要道路的交叉口进行改造，改善交通与疏散瓶颈部位的通行能力（图7-84）。其余狭窄街道则通过局部建筑拆除、用地调整和灵活措施，打通尽端路。同时加强沿街建构筑物界面的处理，如取消安全风险较高的混凝土围墙，改为绿篱或围栏，沿街建筑退让范围内避免各类设施阻碍和影响疏散畅通。

图7-84　主要防灾道路交叉路口改造后实景

公共空间防灾改造优化

为了提高住宅密集区域的防灾性能，适当建设了多个防灾小公园和广场，用于防止火灾蔓延，并作为避难活动的场所。街区原有的公园与广场中，玉川上水绿道面积约8 100㎡，城市经营的住宅区内2处广场和北沢五丁目的儿童游乐园，面积共有1 331㎡，总体规模严重不足。通过改造，公园与广场面积增加3 159㎡，人均面积由原先的1.0㎡提高到1.3㎡。街区内原先公园与广场严重不足的6个区域在面积规模上均得到明显改善，同时在局部密集区域适当增设了防灾小广场或小公园，还结合公园与广场设置了相应的防灾设施（图7-85）。另一方面，在协调独栋住宅区与多层集体住宅的同时，拓宽的道路空间也将成为地区居民交流的公共场所，积极地增设人行道绿化以及商业设施，形成宽松而有活力的住宅区。

建筑整备

通过建筑抗震与防火改造，提升街区整体的不燃领域。从2011年到2019年，街区不燃领域率从48.2%上升至59.4%，按照规划设计，未来将努力达成70%的目标。对镰仓大道等主要防灾道路两侧的建筑优先进行重点改造，防止建筑震时倒塌，形成建筑防火屏障，保障可达性与安全性[24]。

3）项目特点

北沢五丁目・大原一丁目地区的防灾改造在处理用地调整、空间优化等问题的同时，也根据当地的特征，从规划设计与

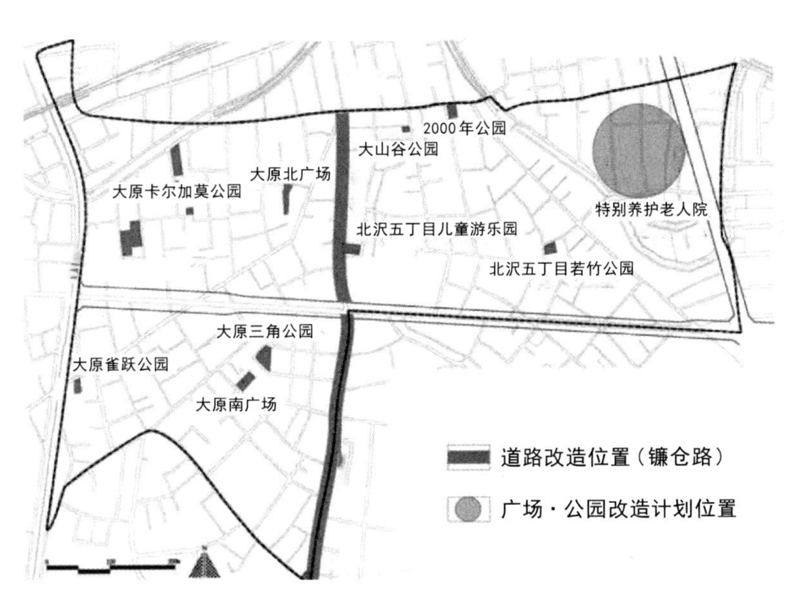

图7-85　街区公共空间防灾改造优化示意图

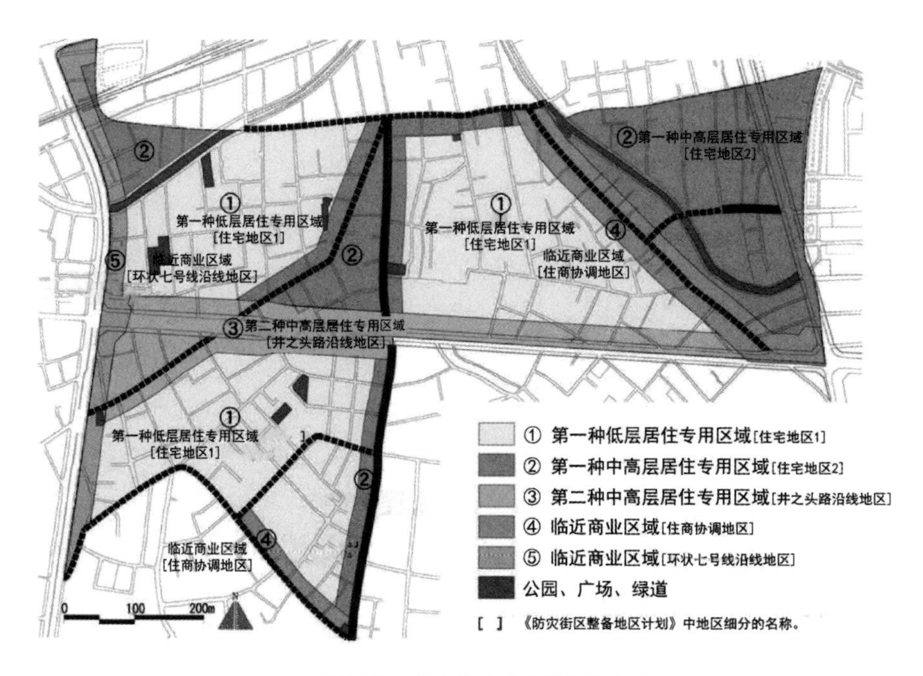

图7-86 用地性质划分的分区处理

项目实施的层面，采取了具有特点的适应性措施。

差异化的分区土地调整对策

街区中建筑与功能的构成较为复杂，包括商业建筑、道路沿线的中高层住宅以及其余的中低层住宅，既要考虑商业建筑与住宅建筑的共存关系，也要考虑不同住宅及其用地之间的协调。在改造和建设过程中，根据各个区域的特点进行分区化处理，制订不同的土地利用方针，促进建筑及空间环境的改造与优化。如住商协调区域利用北沢五丁目商业街加强与周边地区的联系，在完善商业功能的基础上，实现与相邻住宅区域的协调关系（图7-86）。

多样化的改造援助

街区中多为小规模的租赁住宅，考虑到居民自行进行建筑改造的生活不便与经济压力，政府采取提供拆除与设计费用补助、减免固定资产税等多种方式，给予资金援助。而且，组织居民参与制订相关的规划设计，并派遣专家，提供关于建筑重建、改造和土地权利转移的全面咨询服务，给予技术和政策方面的引导与援助，有效推进防灾街区的规划设计与具体实施。

7.6 主要防灾设施及其平灾结合案例

城市多、低层居住街区中的建筑和人口密度较高，地震等自然灾害或突发公共事件往往会带来生命和财产的巨大损失。提升居住街区空间的防灾效能，可以使居民在灾害发生后尽快躲避由灾害引发的直接或间接伤害，并保障一段时期内的基本生活需求。

道路与步行路径构成疏散避难通道的主体，应急避难场所主要选择广场、绿地和活动场地等开放空间，这些空间因其开敞性和可达性，具备了一定的防灾疏散避难功能。实际上，防灾疏散避难空间具有多重的综合作用，短期可以作为避难、救援、临时安置的场所，长期也可以为受灾居民的生活及灾后恢复重建活动提供空间保障，需要具有针对性的防灾化设计才能充分提升和发挥其防灾效能。防灾化设计不仅包括空间环境的设计组织，还需要合理设置各类防灾设施。防灾设施的配置和设计一方面要考虑灾害发生后发生断水断电等不利情况，提供极端条件下的适应性和冗余性，另一方面要综合考虑到疏散、避难、生活等各类使用要求，并进行平灾结合设计，使防灾设施充分融入居民的日常生活与使用之中。

7.6.1 用电相关设施

地震、海啸等自然灾害会对城市基础设施造成严重破坏，在这种情况下，发电厂等供电设施也必须紧急停止供电，以避免重要设备受损。而当多个发电厂同时关停时，电网内部的供需平衡就会被破坏，供电能力大幅下降，电力无法正常供应，在某些情况下，就可能会导致大规模停电。2018年9月北海道胆振东部的7级地震发生后，北海道最大的火力发电厂最先停止供电，周边的风力发电厂、水力发电厂也相继关闭，在震后约17分钟，北海道全境多达295万户家庭停电，而大约 50 h后电力才逐渐恢复[25]。因此，设置在灾时停电阶段也能正常使用的防灾设施十分必要。

1）太阳能应急照明灯具

图7-87　太阳能应急灯具

夜间发生震灾时，充足的照明是居民应急疏散避难行动的基本保障。在夜间的黑暗条件下，居民难以辨别周围环境和迅速展开疏散避难行动。光对于空间定位与快速疏散十分必要。而且，灾害发生时居民易于产生沮丧甚至恐慌情绪，黑暗环境会放大恐惧等负面情绪，引发各种问题，甚至导致犯罪行为的发生，老人、女性和儿童尤其易于成为犯罪行为攻击的对象，继而出现更为严重的次生灾害。考虑到强烈地震时电力设施可能发生破坏而导致停电，应急照明灯具还需考虑自备电源，太阳能灯最为常见。太阳能灯装有太阳能板和蓄电池，能够在白天将太阳能转化为电能并储存起来，在供电中断时使用，通常设置于疏散避难道路沿线，以及避难场所中的应急卫生间、管理用房等设施周边。比如，日本茨城县鉾田市的鹿岛滩海滨防灾公园中，太阳能灯具一旦检测到环境光线变暗，会自动启动发光，即使在停电或恶劣天气的情况下也能照亮周围的路径和区域，引导人们快速定位和疏散避难。有些太阳能灯具还装有应急充电插口，能够在灾时停电时给手机充电（图7-87）。

图7-88　水元公园避难场所标识灯

2）避难场所标识灯

避难场所标识灯是普通应急避难标识与灯具的结合，可以显示避难场所的名称。与以往的应急标识牌不同，不仅可以在白天发挥作用，由于内部配备了太阳能板与蓄电池，夜间停电时，即使在很远的地方也能清楚地看到。避难场所标识灯一般设置在防灾公园及广场等避难场所的入口附近，可以有效提示居民避难场所的位置和疏散方向。比如，日本葛饰区埼玉县三乡市水元公园的入口处设置了标示“水元公园”与“广域避难场所”的标识灯（图7-88）。

3）应急发电设备

一旦因强烈地震或大规模火灾而停电，防灾设备和救援设备可能无法运行，从而加剧受灾情况。为了避免此类情况，日本在《电力法》《建筑标准法》《消防法》等法律中都规定特定建筑物应当安装应急发电机，主要针对医院、大型避难场所等重要的防灾设施及空间。除此之外，在许多服务于街区尺度的应急避难场所中，为了应对停电状况，也设置了可移动或固定式的应急发电设备。例如，位于日本神户的港之森公园，即神户震灾复兴纪念公园，就设置了200 kW级的应急发电机，并储备了足量的燃料，能够在紧急情况下投入使用，保障公园防灾设施的正常供电（图7-89）。

图7-89　港之森公园应急发电机

7.6.2 用水相关设施

水对于生存与生活不可或缺，应对灾害时，供水中断是最困难的情况。地震发生时地面晃动，地上地下的给排水管可能破裂、损坏，或是接头松动，地震引发的海啸也会直接冲断建筑或防灾设施的水管而导致停水。此外，供水设施需要依靠电力才能将水输送至水龙头，一旦断电就会导致断水。2011年东日本大地震致使19个县大范围停水，海啸导致从净水厂到配水库的输水主管道频繁泄漏，受损严重，配水库供水停止，共约256.7万户受到了影响。根据东京都水道局2019年的统计数据，人均每天的家庭用水量为214升。一旦停水，居民就无法洗漱、洗澡、使用厕所、做饭。东日本大地震后，许多居民抱怨连续几天无法洗漱，产生了严重的卫生问题、精神压力、过敏反应，灾后生活受到严重影响。因此，防灾设施需要考虑与应急避难相关的消防、生活、卫生等方面的用水问题。

防灾厕所

防灾厕所是应急避难场所中的必要设施之一。发生地震灾害时，普通卫生间可能会由于断水而无法正常使用。即使有的仍能使用，数量也较为有限。避难居民需要长时间排队等待，故而会选择长时间不使用卫生间，易于出现身体不适及健康问题，以及导致避难场所的卫生条件恶化。因此，应急避难场所通常按照相关标准，设置一定数量的防灾卫生间。防灾卫生间在供水中断时可以正常使用，主要包括常设防灾厕所、下水道厕所、沙井厕所等类型。

图7-90　东京都东村山中央公园的常设防灾厕所

常设防灾厕所注重平灾结合。例如，日本东京都东村山中央公园的常设防灾厕所对建筑结构的抗震性能进行强化，确保震时安全。地面设有便槽，平时就作为普通厕所使用（图7-90）。一旦地震时进水管和排水管出现损坏，可以打开与便槽直接连接的窨井盖继续使用。下水道厕所大多与常设防灾厕所相邻设置，地面按照一定

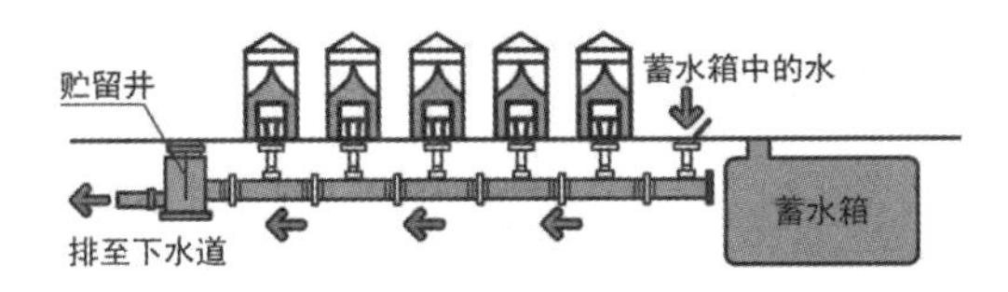

图7-91　下水道厕所示意图

(a) 平时

(b) 灾时

图7-92　下水道厕所示例

间距设有窨井盖，下面连接排水管道。使用时打开窨井盖，设置简易的板房或帐篷(图7-91，图7-92)。为了方便老人或残障人士使用，有时还会设置临时座便器。除了防灾公园，日本在作为应急避难所的中小学中也在推进下水道厕所的建设。

耐震性蓄水池

防灾广场和公园等应急避难场所通常需要设置应急供水点，考虑到灾时可能供水中断，其水源主要来自耐震性蓄水池或蓄水箱。耐震性蓄水池通常深埋于地下，经过加固处理，可以随时储存新的自来水。当震时供水系统失效时，启动应急发电装置和水泵，从蓄水池中抽水，为防灾设施供水(图7-93)。耐震性蓄水池及蓄水箱通常分为两类。一类用于应急供水，主要用于保证避难居民灾时临时的生活用水及饮用水；另一类用于消防供水。地震发生时存在多处起火及火势大规模蔓延的风险，消防栓可能会无法供水或水压不足。耐震性蓄水池可以有效供给灾时和平时的消防用水，保障应急消防系统的正常运行。

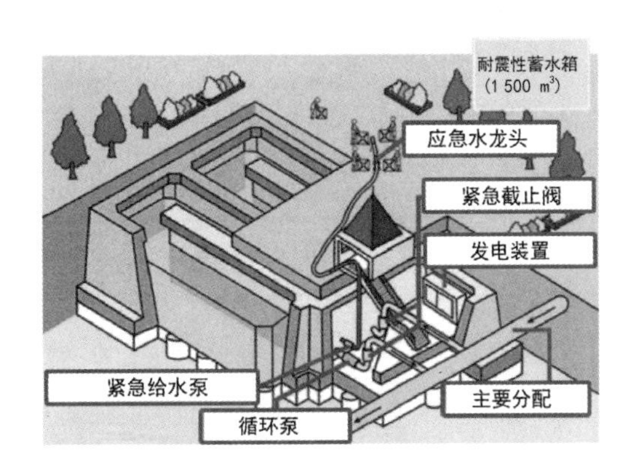

图7-93　耐震性蓄水池示意图

图7-94　东京都中野防灾四季公园防灾井

防灾井手压泵

防灾井地下设有耐震蓄水池或水箱。在灾时供水中断时，居民可以通过手动操作水压泵，从地下获取用水。直接抽取上来的水可能含有杂质，可以用作清洗用水等生活用水，或处理后饮用（图7-94）。

7.6.3　休憩设施

1）防灾凉亭与廊架

防灾凉亭与廊架通常设置于防灾公园及广场的周边区域，采取抗震结构，不设墙壁，平时设有座椅，可供居民休息、交谈和观望。灾害发生时，可以在柱子之间，放下原先收纳于梁和屋顶的卷棚作为遮蔽物，地面铺设睡垫，搭建成为临时性的帐篷，供避难居民临时居住。例如，大阪府茨木市岩仓防灾公园一侧，设置了平面正方形的四角凉亭，平时和灾时都可以使用。而且，凉亭一侧还设置了信息牌，详细说明了应急避难时关于卷棚放置、固定等方面的使用方法（图7-95）。

图7-95　大阪府茨木市岩仓公园防灾四角凉亭

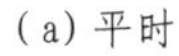

(a) 平时

(b) 灾时

图 7-96　炉凳示例

2）灶椅

灶椅是一种平时作为休息长椅和凳子、应急避难时也能够用作炉子的防灾设施。普通椅凳通常用金属或木制材料制作椅腿等框架，防灾灶椅的支撑框架通常采用混凝土或石材制成。应急避难使用时，取下坐面和靠背部分，椅腿之间或支撑中设有金属框网，下面可以生火，上面放上厨具就可以做饭，在天气寒冷时也可以生火取暖。不同灶椅的形状大小和用途略有区别。大洲防灾公园在中心广场周边设置了许多一人座的灶凳（图 7-96）。三鹰中央防灾公园采用了长椅，拆除的坐面板还可以用长椅中收纳的杆件支撑，当作桌子使用。

7.6.4　安全防护设施

除了连续的防火建筑，防火绿化及防护屏障是主要的安全防护设施，通常设置于主要防灾道路沿路和避难场所周边，确保其安全性。

一定宽度和高度的树木形成林带，具有显著的防火作用。一方面，特定树种含水量较高、含油量较低，不易燃烧，如木荷、夹竹桃、红豆杉等就是耐火性较强的植物。另一方面，一定数量的树木一旦形成林带，能够阻隔火灾产生的辐射热，降低林带周边的风速。此外，树木在受热后，树叶中的水分释放，可以降低大火气流的温度，并阻挡火星四处飞溅，在提高疏散道路和避难场所安全性的同时，也有利于消防人员的扑救行动。比如，大洲防灾公园在周边选择难燃性高的常绿阔叶树种，分成2~3列种植，形成了宽度达10~15 m的防火林带，在为周边居民提供绿色空间的同时，结合城市道路形成了防火缓冲空间，可以有效减缓及阻止火势蔓延，保障避难场所内部的安全。

防护屏障主要应用于防灾道路及避难场所周边空间局促和限制严苛的环境。其中，防火墙用于隔离出火伤人和防止火势蔓延，金属栏网用于承接和缓冲震时建筑坠物。例如，日本东京京岛三丁目街区小广场设计中，在强化周边建筑的抗震防火性能的同时，由于空间限制，利用墙体和金属栏网隔离建筑倒塌、出火和坠物风险要素，确保避难场所的周边安全。

---

① 日本品川区. 東京都市計画地区計画の決定(品川区決定) [EB/OL].（2009-08-11）[2023-12-27]. https://www.city.shinagawa.tokyo.jp/ct/other000013200/chikukeikaku_21.pdf.

② 東京都都市整備局. 大井・西大井地区住宅市街地整備計画[EB/OL].(2023-03-31)[2023-12-27].https://www.toshiseibi.metro.tokyo.lg.jp/keikaku_chousa_singikai/pdf/misshu_140.pdf.

③ 東京都都市整備局. 墨田区京島二・三丁目住宅市街地整備計画[EB/OL]. [2023-12-27]. https://www.toshiseibi.metro.tokyo.lg.jp/keikaku_chousa_singikai/pdf/misshu_05.pdf?2303=.

④ 東京都都市整備局. 不燃化推進特定整備地区整備プログラム-墨田区京島周辺地区[EB/OL].（2021-03-01）[2022-05-24]. https://www.toshiseibi.metro.tokyo.lg.jp/bosai/mokumitu/pdf/3_sumida01.pdf.

⑤ 胡燕. 城市公共空间周边居住用地规划设计策略初探——以南京江宁东山公园周边北沿路用地规划设计为例[D]. 南京：东南大学建筑学院，2020.

⑥ 仁和学区防災まちづくり協議会.仁和学区防災まちづくり計画[EB/OL]. (2015-05-01)[2024-05-21].https://www.city.kyoto.lg.jp/tokei/cmsfiles/contents/0000186/186521/ninna_keikaku.pdf.

⑦ 都市再生機構. 岩倉公園-大阪府茨木市[EB/OL].（2018-10-31）[2023-12-27]. https://www.ur-net.go.jp/aboutus/publication/web-urpress55/special1.html.

⑧ 都市再生機構.三鷹中央防災公園・元気創造プラザ整備事業[EB/OL].（2020-11-01）[2023-12-27].https://www.ur-net.go.jp/produce/case/lrmhph00000024px-att/mitaka_sashikae.pdf.

⑨ 国土交通省国土技術政策総合研究所. 防災公園の計画・設計・管理運営ガイドライン（改訂　第2版）[EB/OL].（2017-09-01）[2024-05-17].https://www.nilim.go.jp/lab/bcg/siryou/tnn/tnn0984pdf/ks0984.pdf.

⑩ 市川市の公園ナ. 広尾防災公園ってこんな公園! [EB/OL] .（2021-03-01）[2023-12-27] https://ichikawacityinfo.com/park/hiroobousaipark/.

⑪ 加瀬水処理センター. 川崎市上下水道局[EB/OL]. [2023-12-27] https://www.city.kawasaki.

jp/800/cmsfiles/contents/0000084/84115/kase.pdf.

⑫ 沈悦，齐藤庸平. 日本公共绿地防灾的启示[J]. 中国园林，2007，23(7)：6-12.

⑬ 東京都板橋區都市整備部再開發課.板橋三丁目地区防災街区整備事業[EB/OL].(2020-01-25)[2023-12-27].https://www.city.itabashi.tokyo.jp/bousai/machidukuri/saikaihatsu/1006322.html.

⑭ 旭化成不動産レジデンス株式会社.「中延二丁目旧同潤会地区防災街区整備事業」が竣工[EB/OL].（2019-02-21）[2023-12-27]. https://www.asahi-kasei.co.jp/file.jsp?id=620077.

⑮ 日本大阪府. 東岸和田駅東地区[EB/OL].[2023-12-27].https://www.pref.osaka.lg.jp/attach/2543/00107181/56%20higasikisiwadaekihigasi.pdf.

⑯ 奈良県土木部建築課.木造住宅耐震改修事例の紹介第3集[EB/OL].[2023-12-27].https://www.pref.nara.jp/secure/12124/jirei3.pdf.

⑰ 東京都都市整備局. 建築物の耐震改修事例集[EB/OL]. (2014-07-31) [2023-12-27]. https://www.taishin.metro.tokyo.lg.jp/pdf/proceed/06_02.pdf.

⑱ 日本建設業連合会. 徳海屋ビル免震レトロフィット [EB/OL]. [2023-12-27]. https://www.nikkenren.com/kenchiku/qp/pdf/27/027.pdf.

⑲ 東京都都市整備局. 建築物の耐震改修事例集[EB/OL]. (2014-07-31) [2023-12-27]. https://www.taishin.metro.tokyo.lg.jp/pdf/proceed/06_02.pdf.

⑳ 名古屋市大曽根北・筒井都市整備事務所.筒井地区総合整備のあらまし[EB/OL].（2023-07-21）[2023-12-27].https://www.city.nagoya.jp/jutakutoshi/cmsfiles/contents/0000010/10237/230721_tutui.pdf.

㉑東京都世田谷区都市計画課.太子堂地区まちづくり[R/OL].（1981-03-01）[2023-12-29].https://www.setagayatm.or.jp/trust/fund/library/taishidou/ayumi0.pdf.

㉒ 東京都世田谷区世田谷総合支所街づくり課.太子堂二・三丁目地区地区街づくり計画-地区計画[EB/OL].（2019-07-01）[2024-05-21]. https://www.city.setagaya.lg.jp/mokuji/sumai/003/002/001/d00123540_d/fil/panfu.pdf.

㉓ マヌ都市建築研究所.密集市街地防災まちづくり方針【堀江・猫実元町中央地区編】[EB/OL].（2018-06-01）[2024-05-04].https://www.city.urayasu.lg.jp/_res/projects/default_project/_page_/001/023/904/housin.pdf.

㉔ 東京都都市整備局. 住宅市街地整備計画書（北沢5丁目・大原1丁目地区）[EB/OL].（2023-03-01）[2023-12-27]. https://www.toshiseibi.metro.tokyo.lg.jp/keikaku_chousa_singikai/pdf/misshu_37.pdf?2303=.

㉕ 日本経済産業省資源エネルギー庁. 日本初の“ブラックアウト”、その時一体何が起きたのか [EB/OL].（2018-11-02）[2023-12-27] .https://www.enecho.meti.go.jp/about/special/johoteikyo/blackout.html.

8 结语：空间形态－疏散避难效能关联研究与设计的精细化

8.1 多层及低层居住街区紧急疏散避难及其空间的复杂性

紧急疏散避难行动是多层与低层居住住区应对地震灾害时第一个500 m的关键，其行动自身及相应物质空间呈现显著的复杂性。紧急疏散行动接续于震时建筑疏散之后。自建筑疏散出入口及其周边环境为起点，历经建筑面前道路、街区各级道路及步行空间构成的疏散路径，到达绿地、广场等紧急避难场所，构成完整的时空过程。紧急疏散避难行动发生于居住区的外部空间之中，其疏散决定、路径选择、行动效率等要素受到空间环境、疏散人群、管理组织等多方面的影响。从物质空间的角度，多层与低层居住住区建筑年代相对老旧，建筑抗震及防火等性能较低，存在大量易于导致原生及次生灾害的安全隐患。而且，人口和财产密集，疏散避难空间需求量大，但其建筑密度较高，道路、绿地、广场等疏散通道和避难场所数量不足。在空间形态层面，震时可能发生建筑倒塌、出火、坠物的建筑要素广泛分布，与疏散避难空间之间缺少必要的安全间距和缓冲防护，易于引发疏散通道和避难场所有效面积、可达性和安全性等关键效能的显著下降。针对多层及低层居住街区疏散避难的规划设计面临复杂空间要素的挑战。对于存量大、分布广的既有多层及低层居住街区，其防灾改造还涉及更多方面。不仅受到所需土地和空间资源的严苛限制，还包括项目实施、资金支持等方面的诸多约束。因此，应对多层及低层居住街区疏散避难的现实问题，应当力求科学评价风险水平，合理确定改造对象，有效破解限制条件，精准实施设计对策，这需要从多个相关学科及领域，展开空间疏散避难效能提升的系统研究。

8.2 空间形态与疏散避难效能的关联性

空间的形态与疏散避难效能之间存在密切关联，尤其体现于空间形态对于疏散避难可达性与安全性的效能的影响。疏散可达效能在以建筑疏散出口为起点、以紧急避难场所为目的地的行进过程中，随着疏散网络实际距离的增加而不断降低。街区总体尺度、避难场所位置、疏散路径网络形态、建筑布局等要素的组合形态，直接影响各建筑疏散距离累积的结果，造成局部各建筑疏散距离和街区建筑整体平均疏散距离的差异，从而导致可达效能的差异。局部空间中疏散道路等疏散避难空间与建筑的间距和建筑高度，是影响安全效能的重要因素。总体上，建筑高度越大、间距越近，其产生影响的可能性和影响程度越大，安全风险越高。以建筑疏散出口为起点，随着时间推移，沿疏散道路网络经过多幢建筑，每幢建筑的影响会因正反馈作用而叠加，对于疏散避难空间安全的影响可能性和程度逐渐变大，安全效能逐渐降低。而在整个疏散空间网络中，这种距离和风险自局部至整体的时空累积相互联系、互相作用，会导致不同形态街区整体效能、同一街区内各建筑的局部效能水平和空间分布产生相对差异，从而出现疏散效能较低的薄弱环节及具有关键影响的空间节点。理解空间形态与疏散避难行动及其空间效能的关联影响，有助于分析物质空间环境所导致的街区整体和建筑个体疏散避难水平差异及其规律。

8.3 提升疏散避难效能及城市设计策略的适应性

相较于日本等国家，我国居住街区防灾安全建设尚需全面完善。在以多层及低层住宅为主体的老旧小区更新过程中，对于避震疏散避难等防灾问题，大多关注疏散道路宽度、紧急避难场所和防灾设施的容量提升，对于空间形态及环境设计的重视尚显不足。这一方面是由于空间形态与疏散避难效能的关联及相关城市设计虽在理论层面形成初步成果，但在政策制订、规划设计、运行管理层面对仍未实现广泛认知。另一方面也由于空间形态对于疏散避难行动及相应空间的影响机制尚未得到完全阐释，其设计实践的全面展开仍需时间积累。因此，对于规划设计人员，需要逐步重视空间容量、结构、形态、效能的相互关联与匹配，在防灾疏散避难的相关规划设计中，主动运用空间形态和城市设计的技术工具，从街区布局、建筑、道路系统、公共空间、绿化景观等方面，展开防灾适应性的综合环境设计，以高效提升和充分发挥居住街区空间的防灾效能，保障居民的生命财产安全。

8.4 研究展望

21世纪以来，国内外城市规划设计学界逐步形成共识，城市设计立足于空间形态、空间环境组织与灾害的关联性研究，将为防灾减灾的空间建设提供重要机会与途径。其后，城市设计领域的防灾减灾研究针对多种灾害类型，从空间与灾害因素的作用描述、关联分析，逐渐转向不同尺度下的空间影响研究，并拓展至空间综合设计。然而，目前国内城市设计及空间形态领域对疏散避难等防灾议题的研究明显不足，其介入和干预相关实践的作用和途径尚未分明，相应的基础性研究仍需继续拓展。结合国内外既有研究成果和实践案例，笔者认为未来面向疏散避难的城市设计研究应关注以下几个方面。在理论研究层面，归纳城市设计维度下“空间形态－疏散避难”研究的脉络和趋势，厘清既有的研究思路和方法。在此基础上，从空间网络局部至整体效应累积及其效能表征的角度，进一步拓展疏散避难相关空间行为－空间形态－空间效能的理论模型，科学探索其相互关联与影响机制，建立面向疏散避难的城市设计研究的理论与方法基础，并确立面向多层及低层居住街区及其他特定对象的设计实现路径。在实证研究层面，构建多个空间尺度下居住街区空间疏散避难效能与空间构成及形态要素的对应关系，精细量化要素之间的影响程度及其差异表征，形成判断设计对象及设计成效的科学依据；在实践层面，探索不同尺度下多效能目标优化的空间适应性设计策略，精准而高效地提升多层及低层居住街区空间的疏散避难效能及防灾安全水平。

参考文献

(1) 中华人民共和国国务院办公厅．国务院办公厅关于印发国家综合防灾减灾规划（2016—2020年）的通知：国办发〔2016〕104号[A/OL]．(2017-01-13) [2023-02-21]．https://www.gov.cn/zhengce/zhengceku/2017-01/13/content_5159459.htm．

(2) 住房和城乡建设部．住房和城乡建设部等部门关于开展城市居住社区建设补短板行动的意见：建科　规〔2020〕7号[A/OL]．(2020-08-18) [2022-12-05]．https://www.gov.cn/zhengce/zhengceku/2020-09/05/content_5540862.htm．

(3) 塚门博司，戸谷哲男，中辻清恵．阪神・淡路大震災における道路閉塞状況に関する研究[J]．国際交通安全学会誌，1996，22（2）：21-31．

(4) 张敏政．汶川地震中都江堰市的房屋震害[J]．地震工程与工程振动，2008，28（3）：1-6．

(5) 范悦，周博．汶川地震震害考察与震害研究体系化思考[J]．大连理工大学学报，2009，49（5）：680-686．

(6) 陈亮全，詹士梁，洪鸿智．都会地区震灾紧急路网评估方法之研究[J]．都市与计划，2003，31(1)：47-64．

(7) 周铁军，何晓丽，王大川．基于灰关联分析法的商业中心区避难道路安全评价研究：以重庆市沙坪坝商业中心为例[J]．西部人居环境学刊，2013，(6)：1-5．

(8) 胡继元，叶珊珊，翟国方．汶川地震的灾情特征、灾后重建以及经验教训[J]．现代城市研究，2009(5)：25-32．

(9) 李泳龙，何明锦，戴政安．震灾境况条件下影响居民避难行为因素之研究：永康市为例[J]，建筑学报（台湾），2008，65（9）：27-44．

(10) 胡斌，吕元．社区防灾空间体系设计标准的构建方法研究[J]．建筑学报，2008（7）：13-14．

(11) 林姚宇，丁川，吴昌广，等．城市高密度住区居民应急疏散行为研究[J]．西部人居环境学刊，2013，29（7）：105-109．

(12) 王江波，戴慎志，苟爱萍．老旧住区居民地震紧急避难路径选择的空间特征研究[J]．城市发展研究，2014，21（11）：95-101．

(13) 卜雪旸，曾坚．城市居住区规划中的抗震防灾问题研究[J]．建筑学报，2009(1)：83-85．

(14) 曾坚，左长安．CBD空间规划设计中的防灾减灾策略探析[J]．建筑学报，2010（11）：75-79．

(15) 孔维东，曾坚，钟京．城市既有社区防灾空间系统改造策略研究[J]．建筑学报，2014（2）：6-11．

(16) 马东辉，周锡元，苏经宇，等．城市抗震防灾规划的研究和编制[J]．安全，2006（4）：3-6．

(17) 中华人民共和国住房和城乡建设部．防灾避难场所设计规范：GB 51143-2015[S]．北京：中国建筑工业出版社，2021．

(18) National Tsunami Hazard Mitigation Program(NTHMP). Designing for tsunamis: seven principles for planning and designing for tsunami hazards[EB/OL]. (2001-05-01) [2024-04-19]. https://nws.weather.gov/nthmp/documents/designingfortsunamis.pdf.

(19) MILETI D S. Disasters by design: a reassessment of natural hazards in the united states[M]. Washington D.C.: Joseph Henry Press, 1999.

(20) GEIS D E. By design: the disaster resistant and quality-of-life community[J]. The journal of natural hazards review, 2000, 1(3): 151-160.

(21) American Planning Assoiation. Planning and urban dseign standards[M]. Hoboken, New Jersey: John Wiley & Sons, Inc. 2006.

(22) 王建国．21世纪初中国建筑和城市设计发展战略研究[J]．建筑学报，2005(6)：5-10．

(23) ALLAN P, BRYANT M, WIRSCHING C, et al. The influence of urban morphology on the resilience of cities following an earthpuake[J]. Journal of urban design, 2013, 18 (2): 242－262.

(24) CASTILLO M M. The study of urban form and disaster: an opportunity for risk reduction[J]. Urban morphology, 2016, 20 (1): 69-71.

(25) 金磊．城市安全之道——城市防灾减灾知识十六讲[M]．北京：机械工业出版社，2007．

(26) 吕元．城市防灾空间系统规划策略研究[D]．北京：北京工业大学，2005．

(27) 段进，李志明，卢波．论防范城市灾害的城市形态优化——由ＳＡＲＳ引发的对当前城市建设中问题的思考[J]．城市规划，2003，27(7)：61-63．

(28) 刘海燕．基于城市综合防灾的城市形态优化研究[D]．西安：西安建筑科技大学，2005．

(29) 東京都都市整備局．防災都市づくり推進計　画[EB/OL]．(2024-03-28)　[2024-05-20]．https://www.funenka.metro.tokyo.lg.jp/promotion-plan/．

(30) 浅见泰司．居住环境评价方法与理论[M]．高晓路，张文忠，李旭，等，译．北京：清华大学出版社，2006．

(31)BARBERA J A, MACINTYRE A G. US emergency and disaster response in the past, present, and future: the multi-faceted role of emergency health care[M/OL]//PINES J M， ABUALENAIN J， SCOTT J,et al.Emergency care and the public's health. Chichester:John Wiley & Sons Ltd，2014:111-126.[2024-02-15].https://onlinelibrary.wiley.com/doi/epdf/10.1002/9781118779750．

(32)ERCOLANO J M. Pedestrian disaster preparedness and emergency management: white paper for executive management[R/OL]．(2007-07-16) [2023-06-15]． https://www.dot.ny.gov/divisions/engineering/design/dqab/dqab-repository/PedDisasterPlans.pdf．

(33) 柴丽君．北方平原城市社区应急避难空间设计策略研究[D]．北京：北京工业大学，2009．

(34) 常健，邓燕．社区空间结构防灾性分析[J]．华中建筑，2010,28(10): 31-34．

(35) 于洪蕾，曾坚，隋鑫毅．城市旧住区适应性防灾策略研究[J]．建筑学报，2016（S1）：159-162．

(36) 王江波．住区避难圈[M]．南京：东南大学出版社，2016．

(37) 戴慎志．城市综合防灾规划[M]．2版．北京：中国建筑工业出版社，2015．

(38) 戴慎志，刘婷婷．城市慢行交通系统与公共避难空间整合建设初探[J]．现代城市研究，2012，12（9）：37-41．

(39) 周铁军，王大川．应对突发事件的城市中心区步行疏散备灾空间设计探讨——文献回顾与框架构建[J]．城市建筑，2017(21):21-26．

(40) 胡强．山地城市避难场所可达性研究[D]．重庆：重庆大学，2010．

(41) 徐嵩，曾坚，任兰红．基于可达性分析的山地村镇防灾避难场所研究——以阜平县不老树村为例[J]．建筑学报，2016(S2):22-25．

(42)SARI F， ROJAS C， OHNO R， et al. GIS-base exploration of the relationships between open space systems and urban form for the adaptive capacity of cities after an earthpuake：the cases of two chilean cities ［J］．Applied geography，2014，48(2)：64-78．

(43)DOU K I， ZHAN Q M. Accessibility analysis of urban emergency shelters: comparing gravity model and space syntax[C/OL]. 2011 International Conference on Remote Sensing, Environment and Transportation Engineering,2011[2023-06-17]．https://www.dot.ny.gov/divisions/engineering/design/dqab/dqab-repository/PedDisasterPlans.pdf.

(44) 付飞，刘刚．传统城镇街道空间网络的引力场安全格局研究[J]．西部人居环境学刊，2016，31(2)：65-70．

(45)MATHEWS A J, ELLIS E A. An evaluation of tornado siren coverage in stillwater, Oklahoma: optimal GIS methods for a spatially explicit interpretation[J]．Applied geography，2016，68(3)：28-36．

(46) 孙澄，王燕语，范乐．基于疏散模拟的东北地区居住区路网结构优化策略研究[J]．建筑学报，2018（2）：27-32．

(47) 市川総子，阪田知彦，吉川徹．道路閉塞による避難経路の危険性を考慮した避難地の配置に関する研究．日本建筑学会学術講演梗概集(F－1)

[C]. 2001: 489-490.

(48)郑军植，吉村英祐. 避難経路の選択法とネットワーク信頼度変化の関係について. 日本建筑学会学術講演梗概集(E－1)[C]. 2008: 827-828.

(49)林世镔，谢礼立，公茂盛，等. 城市建筑物抗震能力评估方法[J]. 自然灾害学报，2011，20(4)：1-5.

(50)郭小东，苏经宇，马东辉，等. 城市建筑物快速震害预测系统[J]. 自然灾害学报，2006，15(3)：128-134.

(51)赵振东，余世舟，钟江荣. 建筑物震后火灾发生与蔓延危险性分析的概率模型[J]. 地震工程与工程振动，2003，23(4)：183-187.

(52)郭惠. 城市地震火灾风险评估指标体系研究[J]. 中国安全生产科学技术，2013，9(3)：56-59.

(53)高广华,周浩翔,王森,等.地震作用下建筑室外安全距离的界定[J].四川建筑科学研究,2014,40(4):233-237,337.

(54)马东辉，王雷明，王威. 建筑结构地震倒塌过程模拟与瓦砾堆积分布研究[J].中国安全科学学报，2016，26(7)：29-34.

(55)孙澄，范乐. 基于强震破坏模拟的中学教学区灾损信息模型建构研究[J]. 建筑学报，2017(S1)：88-93.

(56)苏薇. 山地城市商业中心区避难疏散评价与控制策略研究——以川渝地区为例[D]. 天津：天津大学，2012.

(57)王峤,曾坚,臧鑫宇.高密度城市中心区灾害风险评价及应用研究[C]//中国城市规划学会,贵阳市人民政府.新常态：传承与变革——2015中国城市规划年会论文集(01城市安全与防灾规划).天津：天津大学,2015:4-16.

(58)管友海，高惠瑛，王耀. 城市避震疏散能力评价方法研究[J]. 世界地震工程，2010，26(4)：100-106.

(59)東京都都市整備局. あなたのまちの地域危険度：地震に関する地域危険度測定調査報告書(第7回)[R]. 东京：昭和商事株式会社，2013.

(60)陈慧慧. 央视新闻. 土耳其2月强震已致该国50500人遇难[EB/OL]. (2023-04-14)[2024-04-15]. https://news.cctv.com/2023/04/14/ARTI05Wxknd7qnJpZVHamydS230414.shtml.

(61)央视新闻.强震已过一周 土耳其地震损失超840亿美元[EB/OL]. (2003-02-14)[2024-04-17]. https://wap.peopleapp.com/article/7005324/6862139.

(62)汶川特大地震四川抗震救灾志编纂委员会. 汶川特大地震四川抗震救灾志·总述大事记[M]. 成都：四川人民出版社，2017：1，6-35.

(63)王国权,马宗晋,苏桂武,等.国外几次震后火灾的对比研究[J].自然灾害学报,1999(3):72-79.

(64)史培军. 三论灾害研究的理论与实践[J]. 自然灾害学报，2002，11(3)：1-9.

(65)尹占娥.自然灾害风险理论与方法研究[J].上海师范大学学报(自然科学版),2012,41(1):99-103,111.

(66)吕元，胡斌. 城市防灾空间理念解析[J]. 低温建筑技术，2004(5)：36-37.

(67)蔡凯臻，王建国. 安全城市设计——基于公共开放空间的理论与策略[M]. 南京：东南大学出版社，2013.

(68)沈玉麟. 外国城市建设史[M]. 北京：中国建筑工业出版社，1989.

(69)吴庆洲. 建筑安全[M]. 北京：中国建筑工业出版社，2007.

(70)斯皮罗·科斯托夫. 城市的形成——历史进程中的城市模式和城市意义[M]. 单皓，译. 北京：中国建筑工业出版社，2005.

(71)张驭寰. 中国城池史[M]. 天津：百花文艺出版社，2003.

(72)肖大威. 中国古代城市防火减灾措施研究[J]. 灾害学，1995，10(4)：63-68.

(73)张敏. 国外城市防灾减灾及我们的思考[J]. 规划师，2000，16(2)：101-104.

(74) 谭纵波．城市规划[M]．北京：清华大学出版社，2005．

(75) 王建国．城市设计[M]．2版．南京：东南大学出版社，2004．

(76) 王建国．城市设计[M]．4版．南京：东南大学出版社，2021．

(77) 梶秀树，冢越功．城市防灾学：日本地震对策的理论与实践[M]．杜菲，王忠融，译．北京：电子工业出版社，2016．

(78) 齐藤庸平，沈悦．日本都市绿地防灾系统规划的思路[J]．中国园林，2007，23(7)：1-5．

(79) 沈悦，齐藤庸平．日本公共绿地防灾的启示[J]．中国园林，2007，23(7)：6-12．

(80) 雷芸．阪神・淡路大地震后日本城市防灾公园的规划与建设[J]．中国园林，2007，23(7)：13-15．

(81) 李繁彦．台北市防灾空间规划[J]．城市发展研究，2001，8(6)：1-8．

(82) 蔡凯臻．提升空间防灾安全的城市设计策略——基于街区层面紧急疏散避难的时空过程[J].建筑学报,2018(8):46-50.

(83) 王燕语.东北城市居住区安全疏散优化策略研究[D].哈尔滨：哈尔滨工业大学,2020:36-41.

(84) 尹之潜.现有建筑抗震能力评估[J].地震工程与工程振动,2010,30(1):36-45.

(85) 東京都都市整備局.地震に関する地域危険度測定調査報告書(第9回)[R/OL].(2022-04-01)[2023-03-20]．https://www.toshiseibi.metro.tokyo.lg.jp/bosai/chousa_6/download/kikendo.pdf?1803.

(86) 蔡凯臻.基于防灾安全的住区空间更新改造——日本实践及其启示[J].新建筑,2021(1):58-62.

(87) BATTY M. The new science of cities[M]. Cambridge, MA: The MIT Press,2013.

(88) 侯静轩,张恩嘉,龙瀛.多尺度城市空间网络研究进展与展望[J].国际城市规划,2021,36(4):17-24.

(89) 刘滨谊,吴敏."网络效能"与城市绿地生态网络空间格局形态的关联分析[J].中国园林,2012,28(10):66-70.

(90) 東京都都市整備局.防災生活道路整備事　業[EB/OL].(2017-11-27)[2024-02-12]. https://www.toshiseibi.metro.tokyo.lg.jp/bosai/sokushin/pdf/sokushinjigyo_01.pdf.

(91) 李树华，李延明，任斌斌，等．浅谈园林植物的防火功能及配置方法[C]//北京园林学会，北京市园林局．抓住2008年奥运机遇进一步提升北京城市园林绿化水平论文集．北京：2005: 437-443．

(92) 墨田まちづくり公社．木造住宅の耐震改修事例をご紹介します「住まい」第51号[EB/OL]．(2020-01-31)[2023-12-20]．https://www.city.sumida.lg.jp/kurashi/funenka_taishinka/taishinka/taishin_jirei.files/sumai_51_ver2.pdf.

(93) 墨田まちづくり公社．木造住宅の耐震改修事例をご紹介します「住まい」第41号[EB/OL]．(2017-07-10)[2023-12-20]．https://www.city.sumida.lg.jp/kurashi/funenka_taishinka/taishinka/taishin_jirei.files/sumai_41.pdf.

(94) 日本品川区.東京都市計画地区計画の決定(品川区決定)-滝王子通り地区地区計画[EB/OL]．(2009-08-11)[2023-12-27]．https://www.city.shinagawa.tokyo.jp/ct/other000013200/chikukeikaku_21.pdf.

(95) 東京都都市整備局.大井・西大井地区住宅市街地整備計画[EB/OL].(2023-03-31)[2023-12-27].https://www.toshiseibi.metro.tokyo.lg.jp/keikaku_chousa_singikai/pdf/misshu_140.pdf.

(96) 東京都都市整備局.墨田区京島二・三丁目住宅市街地整備計画[EB/OL].[2023-12-27]. https://www.toshiseibi.metro.tokyo.lg.jp/keikaku_chousa_singikai/pdf/misshu_05.pdf.

(97) 東京都都市整備局．不燃化推進特定整備地区整備プログラム-墨田区京島周辺地区[EB/OL]．(2021-03-01)[2022-05-24]．https://www.toshiseibi.metro.tokyo.lg.jp/bosai/mokumitu/pdf/3_sumida01.pdf.

(98) 京島地区まちづくり協議会．京島地区まちづくりニュース（39）[EB/OL].（2023-04-20）[2024-05-07]. https://www.city.sumida.lg.jp/matizukuri/matizukuri_suisin/zigyoubetu/jushiisou.files/No39kyoujima1.pdf.

(99) 胡燕. 城市公共空间周边居住用地规划设计策略初探——以南京江宁东山公园周边北沿路用地规划设计为例[D]. 南京：东南大学，2020.

(100) 仁和学区防災まちづくり協議会.仁和学区防災まちづくり計画[EB/OL]. (2015-05-01)[2024-05-21].https://www.city.kyoto.lg.jp/tokei/cmsfiles/contents/0000186/186521/ninna_keikaku.pdf.

(101) 日本大阪府危機管理室.大阪府地域防災計画（基本対策編）[EB/OL]. (2022-12)[2023-12-27]. https://www.pref.osaka.lg.jp/attach/31241/00441626/01_shusei_kihontaisaku_r4.pdf.

(102) 都市再生機構. 岩倉公園-大阪府茨木市[EB/OL].（2018-10-31）[2023-12-27]. https://www.ur-net.go.jp/aboutus/publication/web-urpress55/special1.html.

(103) 都市再生機構.三鷹中央防災公園・元気創造プラザ整備事業[EB/OL].（2020-11-01）[2023-12-27].https://www.ur-net.go.jp/produce/case/lrmhph00000024px-att/mitaka_sashikae.pdf.

(104) 国土交通省国土技術政策総合研究所. 防災公園の計画・設計・管理運営ガイドライン（改訂第2版）[EB/OL].（2017-09-01）[2024-05-17].https://www.nilim.go.jp/lab/bcg/siryou/tnn/tnn0984pdf/ks0984.pdf.

(105) 市川市の公園ナ. 広尾防災公園ってこんな公園！[EB/OL].（2021-03-01）[2023-12-27].https://ichikawacityinfo.com/park/hiroobousaipark/.

(106) 川崎市上下水道局.加瀬水処理センター[EB/OL].[2023-12-27].https://www.city.kawasaki.jp/800/cmsfiles/contents/0000084/84115/kase.pdf.

(107) 東京都板橋區都市整備部再開發課.板橋三丁目地区防災街区整備事業[EB/OL].(2020-01-25)[2023-12-27].https://www.city.itabashi.tokyo.jp/bousai/machidukuri/saikaihatsu/1006322.html.

(108) 何芳子 顧問. 防災都更的典範——東京都墨田區京島三丁目地區防災街區改造事業[J/OL]. 都市更新簡訊，2014，62（6）：22-23[2023-12-27]. https://www.ur.org.tw/upload/publish/SMS%20(62).pdf.

(109) 都市再生機構. 京島三丁目地区防災街区整備事業/東京都墨田区[EB/OL].（2016-07-01）[2023-12-21].https://www.ur-net.go.jp/aboutus/recommend/bjdv9d000000252x-att/ur2016_timetrip_kyojima-san.pdf.

(110) 都市再生機構. 京島三丁目地区防災街区整備事業（東京都墨田区）[EB/OL].（2014-08-30）[2024-01-12]. https://www.ur-net.go.jp/toshisaisei/comp/lrmhph000000c9d3-att/kyojima01.pdf.

(111) 旭化成不動産レジデンス株式会社.「中延二丁目旧同潤会地区防災街区整備事業」が竣工[EB/OL].（2019-02-21）[2023-12-27].https://www.asahi-kasei.co.jp/file.jsp?id=620077.

(112) 村上顕生.東岸和田駅東地区防災街区整備事業の取り組みと課題について[EB/OL].[2023-12-23].https://www.city.kawanishi.hyogo.jp/_res/projects/default_project/_page_/001/003/504/saikaihatujyuku45.pdf.

(113) 日本大阪府. 東岸和田駅東地区[EB/OL].[2023-12-27].https://www.pref.osaka.lg.jp/attach/2543/00107181/56%20higasikisiwadaekihigasi.pdf.

(114) 奈良県土木部建築課.木造住宅耐震改修事例の紹介第3集[EB/OL].[2023-12-27].https://www.pref.nara.jp/secure/12124/jirei3.pdf.

(115) 東京都都市整備局.建築物の耐震改修事例 集[EB/OL].（2014-07-31）[2023-12-27].https://www.taishin.metro.tokyo.lg.jp/pdf/proceed/06_02.pdf.

(116) 日本建設業連合会. 徳海屋ビル免震レトロフィット[EB/OL].[2023-12-27]. https://www.nikkenren.com/kenchiku/qp/pdf/27/027.pdf.

(117) 名古屋市大曽根北・筒井都市整備事務所.筒井地区総合整備のあらまし[EB/OL].（2023-

07-21）[2023-12-27].https://www.city.nagoya.jp/jutakutoshi/cmsfiles/contents/0000010/10237/230721_tutui.pdf.

(118)東京都世田谷区都市計画課.太子堂地区まちづくり[R/OL].（1981-03-01）[2023-12-29].https://www.setagayatm.or.jp/trust/fund/library/taishidou/ayumi0.pdf.

(119)東京都世田谷区総合支所街づくり課.太子堂二・三丁目地区地区街づくり計画-地区計画[EB/OL].（2019-07-01）[2024-05-21]. https://www.city.setagaya.lg.jp/mokuji/sumai/003/002/001/d00123540_d/fil/panfu.pdf.

(120)マヌ都市建築研究所.密集市街地防災まちづくり方針【堀江・猫実元町中央地区編】[EB/OL].（2018-06-01）[2024-05-04].https://www.city.urayasu.lg.jp/_res/projects/default_project/_page_/001/023/904/housin.pdf.

(121)東京都都市整備局.住宅市街地整備計画書(北沢5丁目・大原1丁目地区)[EB/OL].（2023-03-01）[2023-12-27]. https://www.toshiseibi.metro.tokyo.lg.jp/keikaku_chousa_singikai/pdf/misshu_37.pdf?2303=.

(122)日本経済産業省資源エネルギー庁.日本初の"ブラックアウト"、その時一体何が起きたのか[EB/OL].（2018-11-02）[2023-12-27].https://www.enecho.meti.go.jp/about/special/johoteikyo/blackout.html.

(123)京島地区まちづくり協議会.京島地区まちづくり協議会のあゆみ（40周年記念誌）[EB/OL].（2021-7-1）[2024-04-09].https://www.sumida-machi.or.jp/cms-pdf/notices/20210701100735yvez7A6gcxT0IlgvNLFupw.pdf.

图表索引与来源说明

图片

1) 图1-1 夏威夷希罗市市区重建应对海啸的城市设计示例

引自：American Planning Assoiation. Planning and urban dseign standards[M]. Hoboken, New Jersey: John Wiley & Sons, Inc. 2006: 17.

2) 图2-1 2023年土耳其“2 · 6”地震中倒毁的居住建筑

引自：央视新闻. 强震已过一周 土耳其地震损失超840亿美元[EB/OL].（2003-02-14）[2024-04-17]. https://wap.peopleapp.com/article/7005324/6862139.

3) 图2-2 2008年汶川“5 · 12”大地震中北川县城倒毁的居住建筑

引自：陈燮. 四川北川县县城被地震摧毁的建筑 物[EB/OL].（2008-05-13）[2024-01-12]. http://news.sina.com.cn/c/p/2008-05-13/123915529243.shtml.

4) 图2-3 科萨巴德城宫殿示意图

引自：沈玉麟. 外国城市建设史[M]. 北京：中国建筑工业出版社，1989：14.

5) 图2-4 雅典城市鸟瞰

引自：王建国. 城市设计[M]. 2版. 南京：东南大学出版社，2004：8.

6) 图2-5 维特鲁威理想城市平面示意图

引自：王建国. 城市设计[M]. 2版. 南京：东南大学出版社，2004：11.

7) 图2-6 帕马诺瓦城平面及鸟瞰

(a) 帕马诺瓦城平面；(b) 帕马诺瓦城鸟瞰

引自：斯皮罗 · 科斯托夫. 城市的形成——历史进程中的城市模式和城市意义[M]. 单皓，译. 北京：中国建筑工业出版社，2005：161，19.

8) 图2-7 北京安定门城楼及城墙

引自：张驭寰. 中国城池史[M]. 天津：百花文艺出版社，2003：328.

9) 图2-8 唐长安复原想象图

引自：董鉴泓. 中国城市建设史[M]. 3版. 北京：中国建筑工业出版社，2004：48.

10) 图2-9 古代平江城平面

引自：斯皮罗 · 科斯托夫. 城市的形成——历史进程中的城市模式和城市意义[M]. 单皓，译. 北京：中国建筑工业出版社，2005：97.

11) 图2-10 1666年大火前后的伦敦城市平面

(a) 1666年大火前的伦敦平面；(b) 1666年大火后伦敦规划平面

引自：沈玉麟. 外国城市建设史[M]. 北京：中国建筑工业出版社，1989：99.

12) 图2-11 1693年地震前及震后重建的卡塔尼亚

(a) 1693年地震前的卡塔尼亚；(b) 1693年震后重建的（18世纪）卡塔尼亚

引自：张敏. 国外城市防灾减灾及我们的思考[J]. 规划师，2000，16(2)：101-104.

13) 图2-12 震后重建的里斯本城市局部

引自：张敏. 国外城市防灾减灾及我们的思考[J]. 规划师，2000，16(2)：101-104.

14) 图2-13 18世纪末巴黎地图

引自：谭纵波. 城市规划[M]. 北京：清华大学出版社，2005：27.

15) 图2-14 欧斯曼巴黎改建规划平面

引自：贝纳沃罗. 世界城市史[M]. 薛钟灵，余靖芝，等，译. 北京：科学出版社，2000：834.

16) 图2-15 霍华德“田园城市”图解

引自：王建国. 城市设计[M]. 2版. 南京：东南大学出版社，2004：34.

17) 图3-1 居民个体疏散避难行为示意图

作者自绘.

18) 图3-2 汶川地震发生时居民利用居家附近沿街空地紧急避难

引自：吴胜. 灾区居民将马路当成临时的家[EB/OL].（2008-05-15）[2023-10-16]. https://news.sina.com.cn/c/p/2008-05-15/120915545635.shtml.

19) 图3-3 防灾生活圈示意图

作者自绘.

20) 图3-4 日本阪神地震后树木阻拦部分建筑废墟进入疏散道路

引自：沈悦，齐藤庸平. 日本公共绿地防灾的启示[J]. 中国园林，2007，23(7)：6-12.

21) 图4-1 居住街区层面紧急疏散避难行动的时空过程

作者自绘.

22) 图4-2 居住街区道路与疏散路线示意图

(a) 有利结构；(b) 不利结构

作者自绘.

23) 图4-3 居住街区道路与疏散路线结构示意图

改绘自：王燕语.东北城市居住区安全疏散优化策略研究[D].哈尔滨：哈尔滨工业大学,2020.36-41.

24) 图4-4 居住区道路形态的主要类型

(a) 鱼骨状；(b) 网状

作者自绘.

25) 图4-5 居住街区避难场所布局示意图

作者自绘.

26) 图4-6 居住街区出入口环境类型

(a) 开敞空间；(b) 宅间间隙；(c) 过街楼

作者自绘.

27) 图4-7 临近疏散道路的潜在建筑坠物疏散风险

作者自摄.

28) 图4-8 疏散实际路网距离与欧式距离示意图

(a) 实际疏散距离；(b) 欧氏距离

作者自绘.

29) 图4-9 日本居住街区地域综合危险度评价的内容与流程

引自：東京都都市整備局. 地震に関する地域危険度測定調査報告書（第8回）[R].东京：东京都都市整备局，2018.

30) 图4-10 东京都市区第8次地域综合危险度评价图示

引自：東京都都市整備局. 地震に関する地域危険度測定調査報告書（第8回）[R].东京：东京都都市整备局，2018.

31) 图5-1 疏散避难空间网络示意图

作者自绘.

32) 图5-2 空间形态对可达效能的距离累积影响示意图

作者自绘.

33) 图5-3 空间形态对安全效能的风险累积影响示意图

作者自绘.

34) 图6-1 居住街区住宅建筑与避难场所相对位置关系示意图

(a) 避难场所位于疏散道路交叉点；(b) 避难场所位于疏散道路中部

作者自绘.

35) 图6-2 居住街区疏散道路网络改造与控制示例

改绘自：東京都都市整備局.防災生活道路整備事業[EB/OL].（2017-11-27）[2024-02-12]. https://www.toshiseibi.metro.tokyo.lg.jp/bosai/sokushin/pdf/sokushinjigyo_01.pdf.

36) 图6-3 通过拓宽主要道路优化街区疏散路径网络示例

(a) 改造前；(b) 改造后

引自：住宅市街地整备推进协议会.事業地区事例紹介-名古屋市筒井地区[EB/OL]. [2023-04-21]. http://www.jushikyo.jp/project/009.php.

37) 图6-4 通过拓宽狭窄巷道优化街区疏散路径网络示例

(a) 改造前；(b) 改造后

引自：東京都都市整備局.防災生活道路整備事業[EB/OL].（2017-11-27）[2024-02-12]. https://www.toshiseibi.metro.tokyo.lg.jp/bosai/sokushin/pdf/sokushinjigyo_01.pdf.

38) 图6-5 利用步行空间连接与优化街区疏散路径网络示例

(a) 改造前； (b) 改造后

引自：住宅市街地整备推进协议会.事業地区事例紹介-秋田市駅東第三地区[EB/OL]. [2023-04-21]. http://www.jushikyo.jp/project/029.php.

39) 图6-6人行道分区示意图

引自：蔡凯臻，王建国．安全城市设计——基于公共开放空间的理论与策略[M]．南京：东南大学出版社，2013：79．

40) 图6-7 影响疏散通行环境的主要空间要素

(a) 建筑入口台阶和自行车；(b) 街道设施；(c) 配电箱及电线杆；(d) 非机动车及机动车停车；(e) 树木

作者自摄.

41) 图6-8 居住街区周边缓冲防护空间分布示意图

作者自绘.

42) 图6-9 街区周边防火绿化带控制示意图

引自：蔡凯臻，王建国．安全城市设计——基于公共开放空间的理论与策略[M]．南京：东南大学出版社，2013：166．

43) 图6-10 街区主要疏散道路和紧急避难场所周边安全设计控制示意图

作者自绘.

44) 图6-11 狭窄道路拓宽改造为主要防灾生活道路示例

(a) 改造前； (b) 改造后

引自：住宅市街地整备推进协议会．事業地区事例紹介-東京都練馬地区 [EB/OL]．[2020-08-06]．http://www.jushikyo.jp/project/011.php．

45) 图6-12狭窄巷道拓宽改造为防灾生活道路示例

(a) 改造前； (b) 改造后

引自：東京都都市整備局.防災生活道路整備事　業[EB/OL].（2017-11-27） [2024-02-12]. https://www.toshiseibi.metro.tokyo.lg.jp/bosai/sokushin/pdf/sokushinjigyo_01.pdf.

46) 图6-13埼玉新都心公园草坪广场

引自：公益財団法人さいたま市公園緑地協会.さいたま新都心公園[EB/OL].[2024-03-12].https://www.sgp.or.jp/shintoshin.

47) 图6-14大洲防灾公园多功能广场

引自：市川市街づくり部公園緑地課. 大洲防災公　園[EB/OL]. (2024-01-23)[2024-04-09].https://www.city.ichikawa.lg.jp/gre04/osubosai.html.

48) 图6-15 笹原公园游乐园广场

引自：amichan.【伊丹市】水に親しむ公園（笹原公園・スカイパーク）で遊ぼう。西猪名公園では5月5日に「みんなであそぼ（リサイクルマーケット 他）」開催! [EB/OL]. (2019-07-24)[2024-04-09]. https://itami.goguynet.jp/2019/04/25/waterpark/.

49) 图6-16 居住街区空间防灾更新改造措施的组合运用示例

改绘自：名古屋市住宅都市局. 震災に強いまちづくり方針[EB/OL]．(2015-01-01) [2020-04-05]．http://www.city.nagoya.jp/jutakutoshi/cmsfiles/contents/0000002/2717/honpen.pdf.

50) 图7-1 滝王子路防灾优化前原貌

引自：日本品川区. 大井地区まちづくりの整備方針[EB/OL].[2023-12-27] https://www.city.shinagawa.tokyo.jp/ct/other000036800/14dai5syou3-ooitiku2.pdf.

51) 图7-2品川区总体规划中滝王子路沿路地区位置示意图

引自：東京都都市整備局.大井・西大井地区住宅市街地整備計画[EB/OL].(2023-03-31)[2023-12-27].https://www.toshiseibi.metro.tokyo.lg.jp/keikaku_chousa_singikai/pdf/misshu_140.pdf.

52) 图7-3道路改造意向示意图

引自：日本品川区. 大井地区まちづくりの整備方針[EB/OL].[2023-12-27] https://www.city.shinagawa.tokyo.jp/ct/other000036800/14dai5syou3-ooitiku2.pdf.

53) 图7-4 京岛二、三丁目建筑防火性能及构造现状图

引自：住宅市街地整備推進協議会研究会.墨田区密集市街地のまちづくり[EB/OL].(2018-05-24)[2023-12-27].http://www.jushikyo.jp/doc/

zenkoku2018/08.pdf.

54) 图7-5 街区防灾道路形态整体优化示意图

改绘自：東京都都市整備局. 不燃化推進特定整備地区整備プログラム-墨田区京島周辺地区[EB/OL].（2021-03-01）[2022-05-24]. https://www.toshiseibi.metro.tokyo.lg.jp/bosai/mokumitu/pdf/3_sumida01.pdf.

55) 图7-6 东山公园周边约500m范围示意图

引自：胡燕. 城市公共空间周边居住用地规划设计策略初探——以南京江宁东山公园周边北沿路用地规划设计为例[D]. 南京：东南大学，2020.

56) 图7-7 网络化步行疏散系统平面图

引自：胡燕. 城市公共空间周边居住用地规划设计策略初探——以南京江宁东山公园周边北沿路用地规划设计为例[D]. 南京：东南大学，2020.

57) 图7-8 最西侧住宅建筑最短疏散路径示意图

引自：胡燕. 城市公共空间周边居住用地规划设计策略初探——以南京江宁东山公园周边北沿路用地规划设计为例[D]. 南京：东南大学，2020.

58) 图7-9 编号8主要疏散路径北侧立面示意图

引自：胡燕. 城市公共空间周边居住用地规划设计策略初探——以南京江宁东山公园周边北沿路用地规划设计为例[D]. 南京：东南大学，2020.

59) 图7-10 京都市仁和学区地块划分示意图

引自：仁和学区防災まちづくり協議会.仁和学区防災まちづくり計画[EB/OL].(2015-05-01)[2024-05-21].https://www.city.kyoto.lg.jp/tokei/cmsfiles/contents/0000186/186521/ninna_keikaku.pdf.

60) 图7-11 京都市仁和学区防灾轴空间规划设计控制示意图

引自：仁和学区防災まちづくり協議会.仁和学区防災まちづくり計画[EB/OL].(2015-05-01)[2024-05-21].https://www.city.kyoto.lg.jp/tokei/cmsfiles/contents/0000186/186521/ninna_keikaku.pdf.

61) 图7-12 应急疏散门

引自：京都市情報館. 仁和学区（上京区）の取組[EB/OL].[2023-12-27]. https://www.city.kyoto.lg.jp/tokei/page/0000186521.html.

62) 图7-13 易倒塌堵塞疏散道路的围墙改造

(a) 改造前；(b) 改造后

引自：京都市情報館. 仁和学区（上京区）の取組[EB/OL].[2023-12-27]. https://www.city.kyoto.lg.jp/tokei/page/0000186521.html.

63) 图7-14 岩仓公园及周边街区航拍图

引自：都市再生機構. 岩倉公園-大阪府茨木市[EB/OL].（2018-10-31）[2023-12-27]. https://www.ur-net.go.jp/aboutus/publication/web-urpress55/special1.html.

64) 图7-15 立命馆大学和岩仓公园总平面图

引自：茂木俊輔. 防災公園と大学キャンパスを一体化、茨木市と立命館大[EB/OL].（2016-08-24）[2023-12-27].https://project.nikkeibp.co.jp/atclppp/15/434169/072800104/?P=1.

65) 图7-16 公园整体实景

引自：澤田聖司. 岩倉公園（大阪府茨木市）.[EB/OL].（2017-02-27）[2023-12-27].https://townscape.kotobuki.co.jp/works/type1/park/104.html.

66) 图7-17 新川防灾公园用地原貌

引自：都市再生機構.三鷹中央防災公園・元気創造プラザ整備事業[EB/OL].（2020-11-01）[2023-12-27].https://www.ur-net.go.jp/produce/case/lrmhph00000024px-att/mitaka_sashikae.pdf.

67) 图7-18 新川防灾公园平面图

引自：都市再生機構.三鷹中央防災公園・元気創造プラザ整備事業[EB/OL].（2020-11-01）[2023-12-27].https://www.ur-net.go.jp/produce/case/lrmhph00000024px-att/mitaka_sashikae.pdf.

68) 图7-19 新川防灾公园鸟瞰图

引自：日本設計株式会社，エスエス東京支店.三鷹中央防災公園・元気創造プラザ[EB/OL].[2023-12-27].https://www.nihonsekkei.co.jp/wp-content/themes/nihonsekkei2020/pdf-download.php.

69) 图7-20 防灾公园及公共设施的复合模式示意图

引自：都市再生機構.三鷹中央防災公園・元気創造プラザ整備事業[EB/OL].（2020-11-01）[2023-12-27].https://www.ur-net.go.jp/produce/case/lrmhph00000024px-att/mitaka_sashikae.pdf.

70) 图7-21 活力创造广场

引自：日本設計株式会社，エスエス東京支店.三鷹中央防災公園・元気創造プラザ[EB/OL].[2023-12-27].https://www.nihonsekkei.co.jp/wp-content/themes/nihonsekkei2020/pdf-download.php.

71) 图7-22 广尾防灾公园鸟瞰

引自：市川市の公園ナ.広尾防災公園ってこんな公園！[EB/OL].（2021-03-01）[2023-12-27].https://ichikawacityinfo.com/park/hiroobousaipark/.

72) 图7-23 广尾防灾公园平面图

引自：国土交通省国土技術政策総合研究所.防災公園の計画・設計・管理運営ガイドライン（改訂第2版）[EB/OL].（2017-09-01）[2024-05-17].https://www.nilim.go.jp/lab/bcg/siryou/tnn/tnn0984pdf/ks0984.pdf.

73) 图7-24 广尾防灾公园主要防灾设施

引自：市川市の公園ナ.広尾防災公園ってこんな公園！[EB/OL].（2021-03-01）[2023-12-27].https://ichikawacityinfo.com/park/hiroobousaipark/.

74) 图7-25 加濑水处理中心防灾广场区位图

引自：川崎市上下水道局.加瀬水処理センター[EB/OL].[2023-12-27].https://www.city.kawasaki.jp/800/cmsfiles/contents/0000084/84115/kase.pdf.

75) 图7-26 加濑水处理中心防灾广场平面布局示意图

引自：川崎市上下水道局.加瀬水処理センター[EB/OL].[2023-12-27].https://www.city.kawasaki.jp/800/cmsfiles/contents/0000084/84115/kase.pdf.

76) 图7-27 加濑水处理中心防灾广场鸟瞰图

引自：川崎市上下水道局.加瀬水処理センター[EB/OL].[2023-12-27].https://www.city.kawasaki.jp/800/cmsfiles/contents/0000084/84115/kase.pdf.

77) 图7-28 防火用喷水设备

引自：国土交通省.平成１２年度「手づくり郷土賞」選定物件一覧-加瀬ふれあいの広場（緊急避難場所）[EB/OL].[2023-12-27].https://www.mlit.go.jp/sogoseisaku/region/hurusato/part15/no11.htm.

78) 图7-29 大洲防灾公园及其周边居住街区鸟瞰图

引自：沈悦，齐藤庸平．日本公共绿地防灾的启示[J]．中国园林，2007，23(7)：6-12．

79) 图7-30 大洲防灾公园平面图

引自：沈悦，齐藤庸平．日本公共绿地防灾的启示[J]．中国园林，2007，23(7)：6-12．

80) 图7-31 从东升路望向东升广场

作者自摄.

81) 图7-32 应急棚宿区

作者自摄.

82) 图7-33 广场运动器械

作者自摄.

83) 图7-34 应急厕所与绿廊

作者自摄.

84) 图7-35 应急供电设施及其景观处理

作者自摄.

85) 图7-36 应急避难场所标识

作者自摄.

86) 图7-37 避难场所功能布局信息布告栏

作者自摄.

87) 图7-38 板桥区防灾设施建筑用地范围图

引自：東京都板橋區都市整備部再開發課.板橋三丁目地区防災街区整備事業[EB/OL].(2020-01-25)[2023-12-27].https://www.city.itabashi.tokyo.jp/bousai/machidukuri/saikaihatsu/1006322.html.

88) 图7-39 板桥区防灾设施建筑用地街巷原貌

引自：首都圏不燃建築公社.防災街区整備事業についての資料[EB/OL].[2023-12-27].https://www.funenkosya.or.jp/wp/wp-content/themes/funenkosya/assets/docs/%E9%98%B2%E7%81%BD%E5%9C%B0%E5%8C%BA%E6%95%B4%E5%82%99%E4%BA%8B%E6%A5%AD/%E9%98%B2%E8%A1%97%E4%BA%8B

%E6%A5%AD%E3%81%AB%E3%81%A4%E3%81%84%E3%81%A6.pdf.

89) 图7-40 板桥区防灾设施建筑平面图

引自：東京都板橋區都市整備部再開發課.板橋三丁目地区防災街区整備事業[EB/OL].(2020-01-25)[2023-12-27].https://www.city.itabashi.tokyo.jp/bousai/machidukuri/saikaihatsu/1006322.html.

90) 图7-41 板桥区防灾设施建筑实景

引自：東京都板橋區都市整備部再開發課.板橋三丁目地区防災街区整備事業[EB/OL].(2020-01-25)[2023-12-27].https://www.city.itabashi.tokyo.jp/bousai/machidukuri/saikaihatsu/1006322.html.

91) 图7-42 缘宿防灾广场实景

引自：Itabashi Tourist Association.Itabashi 3-chome Enjuku Square[EB/OL].[2023-12-27].https://itabashi-kanko.jp/en/see/detail?id=236.

92) 图7-43 旧同润会地区防灾建筑用地原貌总平面示意图

引自：旭化成不動産レジデンス株式会社.「中延二丁目旧同潤会地区防災街区整備事業」権利変換計画認可取得[EB/OL].（2016-12-12）[2024-07-08].https://www.asahi-kasei.co.jp/file.jsp?id=613997.

93) 图7-44 旧同润会地区防灾建筑用地内建筑与街巷原貌

引自：旭化成不動産レジデンス株式会社.「中延二丁目旧同潤会地区防災街区整備事業」権利変換計画認可取得[EB/OL].（2016-12-12）[2024-07-08].https://www.asahi-kasei.co.jp/file.jsp?id=613997.

94) 图7-45 旧同润会地区防灾建筑改造平面示意图

引自：旭化成不動産レジデンス株式会社.「中延二丁目旧同潤会地区防災街整備事業組合」設立[EB/OL].（2016-03-07）[2024-07-08].https://www.asahi-kasei.co.jp/file.jsp?id=376761.

95) 图7-46 旧同润会地区防灾建筑改造后实景

引自：旭化成不動産レジデンス株式会社. ～ジャパン・レジリエンス・アワード（強靭化大賞）2020～中延二丁目旧同潤会地区防災街区整備事業が最高賞「グランプリ」を受賞品川区との協働による防災に強い街づくりのモデルケース[EB/OL].（2020-03-17）[2024-05-25].https://www.asahi-kasei.co.jp/file.jsp?id=721317.

96) 图7-47 东岸和田站以南地区防灾设施建筑场地原貌

引自：村上顕生.東岸和田駅東地区防災街区整備事業の取り組みと課題について[EB/OL].[2023-12-23].https://www.city.kawanishi.hyogo.jp/_res/projects/default_project/_page_/001/003/504/saikaihatujyuku45.pdf.

97) 图7-48 改造之前的老旧建筑街区

引自：村上顕生.東岸和田駅東地区防災街区整備事業の取り組みと課題について[EB/OL].[2023-12-23].https://www.city.kawanishi.hyogo.jp/_res/projects/default_project/_page_/001/003/504/saikaihatujyuku45.pdf.

98) 图7-49 用地划分与空间布局

引自：村上顕生.東岸和田駅東地区防災街区整備事業の取り組みと課題について[EB/OL].[2023-12-23].https://www.city.kawanishi.hyogo.jp/_res/projects/default_project/_page_/001/003/504/saikaihatujyuku45.pdf.

99) 图7-50 防灾改造建成后鸟瞰图

引自：村上顕生.東岸和田駅東地区防災街区整備事業の取り組みと課題について[EB/OL].[2023-12-23].https://www.city.kawanishi.hyogo.jp/_res/projects/default_project/_page_/001/003/504/saikaihatujyuku45.pdf.

100) 图7-51 防灾改造建成后的土生公园实景

引自：フジ住宅.プレミアムコンフォート岸和田土生町Ⅳ-東岸和田駅快適なロケーションで理想の家に暮らす[EB/OL].[2024-10-13].https://fuji-ie.com/bukken/4933/.

101) 图7-52 老旧木构住宅原貌

引自：奈良県土木部建築課.木造住宅耐震改修

事例の紹介第3集[EB/OL].[2023-12-27].https://www.pref.nara.jp/secure/12124/jirei3.pdf.

102) 图7-53 新设承重墙

引自：奈良県土木部建築課.木造住宅耐震改修事例の紹介第3集[EB/OL].[2023-12-27].https://www.pref.nara.jp/secure/12124/jirei3.pdf.

103) 图7-54 金属水平拉筋加固

引自：奈良県土木部建築課.木造住宅耐震改修事例の紹介第3集[EB/OL].[2023-12-27].https://www.pref.nara.jp/secure/12124/jirei3.pdf.

104) 图7-55 金属构件构造加固

引自：奈良県土木部建築課.木造住宅耐震改修事例の紹介第3集[EB/OL].[2023-12-27].https://www.pref.nara.jp/secure/12124/jirei3.pdf.

105) 图7-56 钢筋混凝土基础重筑

引自：奈良県土木部建築課.木造住宅耐震改修事例の紹介第3集[EB/OL].[2023-12-27].https://www.pref.nara.jp/secure/12124/jirei3.pdf.

106) 图7-57 从主入口看向建筑

引自：東京都都市整備局.建築物の耐震改修事例集[EB/OL].（2014-07-31）[2023-12-27].https://www.taishin.metro.tokyo.lg.jp/pdf/proceed/06_02.pdf.

107) 图7-58 采用与立面色彩相近的加固结构

引自：日本鳥取県未来づくり推進局広報課.鳥取県立中央病院の耐震補強工事が完成[EB/OL].（2011-05-20）[2023-12-27].http://db.pref.tottori.jp/movement_2011.nsf/webview_forNewCms/5FE42F54993E7F52492579670019E7CF?OpenDocument.

108) 图7-59 多种耐震改造措施

引自：東京都都市整備局.建築物の耐震改修事例集[EB/OL].（2014-07-31）[2023-12-27].https://www.taishin.metro.tokyo.lg.jp/pdf/proceed/06_02.pdf.

109) 图7-60 改造后建筑立面

引自：東京都都市整備局.建築物の耐震改修事例集[EB/OL].（2014-07-31）[2023-12-27].https://www.taishin.metro.tokyo.lg.jp/pdf/proceed/06_02.pdf.

110) 图7-61 免震装置位置平面示意图

引自：東京都都市整備局.建築物の耐震改修事例集[EB/OL].（2014-07-31）[2023-12-27].https://www.taishin.metro.tokyo.lg.jp/pdf/proceed/06_02.pdf.

111) 图7-62 免震装置设置实景

引自：東京都都市整備局.建築物の耐震改修事例集[EB/OL].（2014-07-31）[2023-12-27].https://www.taishin.metro.tokyo.lg.jp/pdf/proceed/06_02.pdf.

112) 图7-63 免震装置剖面图

引自：日本建設業連合会.徳海屋ビル免震レトロフィット[EB/OL].[2023-12-27]. https://www.nikkenren.com/kenchiku/qp/pdf/27/027.pdf.

113) 图7-64 筒井地区防灾改造实施区域

引自：名古屋市大曽根北・筒井都市整備事務所.筒井地区総合整備のあらまし[EB/OL].（2023-07-21）[2023-12-27].https://www.city.nagoya.jp/jutakutoshi/cmsfiles/contents/0000010/10237/230721_tutui.pdf.

114) 图7-65 筒井土地区划整理示意图

引自：名古屋市大曽根北・筒井都市整備事務所.筒井地区総合整備のあらまし[EB/OL].（2023-07-21）[2023-12-27].https://www.city.nagoya.jp/jutakutoshi/cmsfiles/contents/0000010/10237/230721_tutui.pdf.

115) 图7-66 道路改造前后对比

(a) 改造前；(b) 改造后

引自：日本名古屋市役所.井土地区画整理事業の概要[EB/OL].（2023-07-25）[2023-12-27] https://www.city.nagoya.jp/jutakutoshi/page/0000010237.html?hl=zh-CN

116) 图7-67 改造后的休息广场和游乐场

引自：住宅市街地整備推進協議.筒井地区(愛知県名古屋市)[EB/OL].[2023-12-27] http://www.jushikyo.jp/project/009.php#

117) 图7-68 居住街区环境品质提升

(a) 改造前；(b) 改造后

引自：日本名古屋市役所.井土地区画整理事業の概要[EB/OL].（2023-07-25）[2023-12-27].https://

www.city.nagoya.jp/jutakutoshi/page/0000010237.html?hl=zh-CN.

118) 图7-69太子堂二、三丁目街区范围示意图

引自：日本世田谷総合支所街づくり課. 太子堂二・三丁目地区地区街づくり計画変更の取り組み[EB/OL].（2016-03-01）[2023-12-27]. https://www.city.setagaya.lg.jp/mokuji/sumai/003/002/001/d00144707.html.

119) 图7-70太子堂二、三丁目局部鸟瞰图

引自：都市再生機構. 太子堂三丁目地区連鎖的事業展開による密集市街地の整備・改善[EB/OL].[2023-12-27].https://www.ur-net.go.jp/produce/case/lrmhph00000022ew-att/taishido3.pdf.

120) 图7-71 太子堂地区二、三丁目相关规划示意图

引自：東京都世田谷区世田谷総合支所街づくり課. 太子堂二・三丁目地区地区街づくり計画-地区計画[EB/OL].（2019-07-01）[2024-05-21]. https://www.city.setagaya.lg.jp/mokuji/sumai/003/002/001/d00123540_d/fil/panfu.pdf.

121) 图7-72 三轩茶屋公寓地块划分

引自：都市再生機構. 太子堂三丁目地区連鎖的事業展開による密集市街地の整備・改善[EB/OL].[2023-12-27].https://www.ur-net.go.jp/produce/case/lrmhph00000022ew-att/taishido3.pdf.

122) 图7-73 A区域集体住宅

引自：都市再生機構. 太子堂三丁目地区連鎖的事業展開による密集市街地の整備・改善[EB/OL].[2023-12-27].https://www.ur-net.go.jp/produce/case/lrmhph00000022ew-att/taishido3.pdf.

123) 图7-74 B、C区域共同住宅

引自：都市再生機構. 太子堂三丁目地区連鎖的事業展開による密集市街地の整備・改善[EB/OL].[2023-12-27].https://www.ur-net.go.jp/produce/case/lrmhph00000022ew-att/taishido3.pdf.

124) 图7-75三太路改造前后对比

（a）改造前；（b）改造后

引自：都市再生機構. 太子堂三丁目地区連鎖的事業展開による密集市街地の整備・改善[EB/OL].[2023-12-27].https://www.ur-net.go.jp/produce/case/lrmhph00000022ew-att/taishido3.pdf.

125) 图7-76 堀江・猫实元町中央地区防灾改造区域划分

引自：マヌ都市建築研究所.密集市街地防災まちづくり方針【堀江・猫実元町中央地区編】[EB/OL].（2018-06-01）[2024-05-04].https://www.city.urayasu.lg.jp/_res/projects/default_project/_page_/001/023/904/housin.pdf.

126) 图7-77 堀江・猫实元町中央地区历史街区原有风貌

引自：マヌ都市建築研究所.密集市街地防災まちづくり方針【堀江・猫実元町中央地区編】[EB/OL].（2018-06-01）[2024-05-04].https://www.city.urayasu.lg.jp/_res/projects/default_project/_page_/001/023/904/housin.pdf.

127) 图7-78 通过新中通路改造建构防灾骨架道路

引自：マヌ都市建築研究所.密集市街地防災まちづくり方針【堀江・猫実元町中央地区編】[EB/OL].（2018-06-01）[2024-05-04].https://www.city.urayasu.lg.jp/_res/projects/default_project/_page_/001/023/904/housin.pdf.

128) 图7-79防灾骨架道路新中通路改造后实景

引自：早川恵司. 密集市街地～堀江・猫実B地区土地区画整理事業の早期実現に向けた取り組み[EB/OL]. [2023-12-27] https://www.ur-lr.or.jp/forum/pdf/publication/2014/2bunkakai/2014_2-11.pdf

129) 图7-80街区防灾区块划分示意图

引自：マヌ都市建築研究所.密集市街地防災まちづくり方針【堀江・猫実元町中央地区編】[EB/OL].（2018-06-01）[2024-05-04].https://www.city.urayasu.lg.jp/_res/projects/default_project/_page_/001/023/904/housin.pdf.

130) 图7-81 防灾避难场所示意图

(a) 新桥周边广场用地；(b) 中央公民馆；(c) 浦安小学；(d) 境川沿岸环境；(e) 小公园；(f) 消防活动据点；(g) 总平面

引自：マヌ都市建築研究所.密集市街地防災まちづくり方針【堀江・猫実元町中央地区編】[EB/OL].(2018-06-01)[2024-05-04].https://www.city.urayasu.lg.jp/_res/projects/default_project/_page_/001/023/904/housin.pdf.

131) 图7-82 北沢五丁目・大原一丁目范围示意图

引自：東京都世田谷区北沢総合支所街づくり課.北沢五丁目・大原一丁目地区[EB/OL].(2021-05-15)[2023-12-27]. https://www.city.setagaya.lg.jp/mokuji/sumai/003/002/002/d00124007.html.

132) 图7-83需要改造的主要防灾道路

引自：東京都都市整備局.住宅市街地整備計画書(北沢5丁目・大原1丁目地区)[EB/OL].(2023-03-01)[2023-12-27]. https://www.toshiseibi.metro.tokyo.lg.jp/keikaku_chousa_singikai/pdf/misshu_37.pdf?2303=.

133) 图7-84 主要防灾道路交叉路口改造后实景

引自：東京都世田谷区北沢総合支所街づくり課.北沢五丁目・大原一丁目地区の街づくり[EB/OL].(2022-08-05)[2023-12-27].https://www.city.setagaya.lg.jp/mokuji/sumai/003/002/002/d00021917.html.

134) 图7-85街区公共空间防灾改造优化示意图

引自：日本世田谷区北沢5丁目・大原1丁目地区まちづくり協議会.北沢5丁目・大原1丁目地区まちづくり通信第24号[EB/OL].(2013-03-01)[2023-12-27].https://www.city.setagaya.lg.jp/mokuji/sumai/003/002/002/d00021917_d/fil/kita5dai1_tuushin_No-24.pdf.

135) 图7-86 用地性质划分的分区处理

引自：日本世田谷区北沢5丁目・大原1丁目地区まちづくり協議会.北沢5丁目・大原1丁目地区まちづくり通信第24号[EB/OL].(2013-03-01)[2023-12-27].https://www.city.setagaya.lg.jp/mokuji/sumai/003/002/002/d00021917_d/fil/kita5dai1_tuushin_No-24.pdf.

136) 图7-87 太阳能应急灯具

引自：KOTOBUKI.鹿島灘海浜公園[EB/OL].[2023-12-27]. https://townscape.kotobuki.co.jp/works/type1/park/073.html.

137) 图7-88 水元公园避难场所标识灯

引自：東京都公園協会.都立水元公園の防災施設がテレビ朝日「東京サイト」に登場！8月31日(水)13時45分～[EB/OL].(2022-08-29)[2023-12-27]. https://newscast.jp/news/8045168.

138) 图7-89港之森公园应急发电机

引自：都市再生機構.防災公園街区整備事業を活用したまちづくり[EB/OL].[2024-01-27].https://www.ur-net.go.jp/produce/lrmhph000001bb72-att/hndcds0000003tb8.pdf.

139) 图7-90东京都东村山中央公园的常设防灾厕所

引自：久間建築設計事務所.東村山中央公園トイレ2棟[EB/OL].[2023-12-27].https://www.kyuma.net/works6/907/.

140) 图7-91 下水道厕所示意图

引自：都市再生機構.防災公園街区整備事業を活用したまちづくり[EB/OL].[2024-05-24].https://www.ur-net.go.jp/produce/business/lrmhph000000106i-att/hndcds0000003t6d.pdf.

141) 图7-92 下水道厕所示例

(a) 平时；(b) 灾时

引自：日本世田谷区北沢5丁目・大原1丁目地区まちづくり協議会.北沢5丁目・大原1丁目地区まちづくり通信第22号[EB/OL].(2010-11-01)[2023-12-27].https://www.city.setagaya.lg.jp/mokuji/sumai/003/002/002/d00021917_d/fil/kita5dai1_tuushin_No-22.pdf.

142) 图7-93 耐震性蓄水池示意图

引自：東京都水道局.Water Supply Facilities

during Earthquakes[EB/OL]. [2023-12-27].https://www.waterworks.metro.tokyo.lg.jp/eng/life/kyoten.html.

143) 图7-94 东京都中野防灾四季公园防灾井

引自：NAKANO CENTRAL PARK. 9 月 1 日は『防災の日』。災害時に役立つ中野四季の森公園・中野セントラルパークの防災設備[EB/OL].(2020-08-28)[2023-12-27].https://www.nakano-centralpark.jp/event/3034.html.

144) 图7-95 大阪府茨木市岩仓公园防灾四角凉亭

引自：都市再生機構.岩仓公園-大阪府茨木市[EB/OL].（2018-10-31）[2023-12-27]. https://www.ur-net.go.jp/aboutus/publication/web-urpress55/special1.html.

145) 图7-96 炉発示例

(a) 平时；(b) 灾时

引自：日本世田谷区北沢5丁目・大原1丁目地区まちづくり協議会.北沢5丁目・大原1丁目地区まちづくり通信第22号[EB/OL].（2010-11-01）[2023-12-27].https://www.city.setagaya.lg.jp/mokuji/sumai/003/002/002/d00021917_d/fil/kita5dai1_tuushin_No-22.pdf.

表格

1) 表3-1 城市疏散避难通道的主要类型、职能与构成

作者自绘.

2) 表3-2 防灾避难场所的类型层次、职能与构成

参考：中华人民共和国住房和城乡建设部. 防灾避难场所设计规范：GB 51143—2015[S]. 北京：中国建筑工业出版社，2021：2.

3) 表3-3 疏散避难空间形态布局模式及其影响

改绘自：蔡凯臻，王建国. 安全城市设计——基于公共开放空间的理论与策略[M]. 南京：东南大学出版社，2013：173-174.

4) 表3-4 固定避难场所的类别及主要要求

改绘自：中华人民共和国住房和城乡建设部. 防灾避难场所设计规范：GB 51143—2015[S]. 北京：中国建筑工业出版社，2021：7.

5) 表3-5 城市各级疏散避难通道的宽度及作用

作者自绘.

6) 表3-6 建筑与环境设施的疏散避难支持作用

改绘自：蔡凯臻，王建国. 安全城市设计——基于公共开放空间的理论与策略[M]. 南京：东南大学出版社，2013：178.

7) 表4-1 居住街区疏散避难道路的类型层次

作者自绘.

8) 表4-2 居住街区主要空间要素及形态组合

作者自绘.

9) 表4-3 居住街区基本形态类型及其疏散避难影响

作者自绘.

10) 表4-4 居住街区主要空间要素对紧急避难疏散的影响

作者自绘.

11) 表4-5 建筑倒塌影响范围简化计算主要指标

引自：中华人民共和国住房和城乡建设部. 防灾避难场所设计规范：GB 51143—2015[S]. 北京：中国建筑工业出版社，2021：107.

12) 表4-6 紧急疏散避难空间主要效能评价的基本构成

作者自绘.

13) 表6-1 多、低层居住街区建筑倒塌影响范围控制的计算取值

作者自绘根据：中华人民共和国住房和城乡建设部.防灾避难场所设计规范：GB 51143—2015[S].北京：中国建筑工业出版社，2021：106-108.

14) 表6-2 空间设计与技术设施整合的空间层级

改绘自：蔡凯臻.提升空间防灾安全的城市设计策略——基于街区层面紧急疏散避难的时空过程[J].建筑学报,2018(8):46-50.

15) 表7-1 北沿路用地最西侧住宅建筑至紧急避难场所最短疏散路径分段距离统计表

引自：胡燕.城市公共空间周边居住用地规划设计策略初探——以南京江宁东山公园周边北沿路用地规划设计为例[D]. 南京：东南大学，2020.

16) 表7-2 编号7、8主要疏散路径断面宽度统计表

引自：胡燕.城市公共空间周边居住用地规划设计策略初探——以南京江宁东山公园周边北沿路用地规划设计为例[D]. 南京：东南大学，2020.